智能变电站二次设备现场消缺处理

安徽电力调度控制中心
国网宣城供电公司
组编

中国电力出版社
CHINA ELECTRIC POWER PRESS

内 容 提 要

本书结合智能变电站建设、运维的技术要求和安徽省相关的运维经验，对智能变电站发展变化历程、关键技术、常用调试仪器设备、合并单元、智能终端、保护装置、交换机及相关二次设备的告警现象与处理原则进行全面梳理，并结合生产现场事故案例进行深入剖析。

全书共分为9个章节，分别是智能变电站概述、智能变电站关键技术介绍、智能变电站常用调试消缺仪器介绍、合并单元装置调试及异常处理、智能终端装置调试及异常处理、保护装置调试及异常处理、交换机调试及异常处理、其他二次设备调试及异常处理、典型案例分析。

本书可作为智能变电站运维、检修、调试人员的专业参考书籍和培训教材，也可供相关专业技术人员及电力院校相关专业师生参考。

图书在版编目（CIP）数据

智能变电站二次设备现场消缺处理 / 安徽电力调度控制中心，国网宣城供电公司组编. —北京：中国电力出版社，2023.7

ISBN 978-7-5198-7652-4

Ⅰ. ①智… Ⅱ. ①安… ②国… Ⅲ. ①智能系统–变电所–二次系统 Ⅳ. ①TM63

中国国家版本馆CIP数据核字（2023）第047910号

出版发行：中国电力出版社
地　　址：北京市东城区北京站西街19号（邮政编码100005）
网　　址：http://www.cepp.sgcc.com.cn
责任编辑：罗　艳（010-63412315）
责任校对：黄　蓓　王小鹏
装帧设计：张俊霞
责任印制：石　雷

印　　刷：廊坊市文峰档案印务有限公司
版　　次：2023年7月第一版
印　　次：2023年7月北京第一次印刷
开　　本：710毫米×1000毫米　16开本
印　　张：17.5
字　　数：290千字
印　　数：0001—1500册
定　　价：98.00元

前 言

PREFACE

近年来，随着电网规模的快速发展，电网新技术和新设备被广泛应用以及智能变电站的迅速崛起，尤其近年智能变电站的快速增加，电网现代化的继电保护和安全自动装置也越来越复杂。一方面，要确保供电的稳定性和可靠性；另一方面，智能变电站各类二次设备涉及整个电网的安全稳定运行，在电网安全中扮演着举足轻重的角色，也对智能变电站运维、检修、调试人员现场工作的效率和质量提出更高的要求。因此，关于智能变电站的合并单元、智能终端、交换机以及保护装置等运维的关键性技术的学习与应用将直接影响着电网的安全和经济运行，培养一支精通智能变电站相关故障处理的二次检修队伍对电力系统的安全运行至关重要。

本书参考相关技术规程规范等资料，从智能变电站发展概况、关键性技术，包括 SV 与 GOOSE 通信机制、常用消缺调试仪器仪表开始介绍，针对合并单元、智能终端、保护装置、交换机、备自投等设备的日常调试与异常处理进行详细分析，利用现场实际案例进行总结分析，旨在为读者建立一套智能变电站继电保护装置现场异常与处置的完整知识体系，以期提高运维、检修、调试对智能变电站二次系统故障、告警的消缺能力。

由于编者水平和经验有限，书中难免有疏漏和不足之处，敬请读者批评指正。

编 者

2023 年 6 月

目 录

CONTENTS

第1章 智能变电站概述

2020 年 9 月国家明确提出碳达峰、碳中和目标，加快降低碳排放，建设生态文明，实现可持续发展，已经成为社会的普遍共识。近年来，国家持续推进能源结构调整，大力发展可再生能源经济发展。以电网数字化助推能源清洁低碳转型，关系经济社会发展和国计民生，可以实现我国电网从传统电网向高效、经济、清洁、互动的现代电网升级和跨越，为经济发展和绿色转型提供强大支撑。

智能变电站是电网数字化、智能化的基础，是连接发电和用电的枢纽，是整个电网安全、可靠运行的重要环节。应用网络技术、开放协议、一次设备在线监测、变电站全景电力数据平台、电力信息接口标准等方面的发展，驱动了变电站一、二次设备技术的融合及变电站运行方式的变革，由此逐渐形成了完备的智能变电站技术体系。与传统的变电站相比，智能变电站具有技术更加先进、安全可靠、占地少、成本低、少维护、环境友好等一系列优势。智能变电站的研究、建设既是下一代变电站的发展方向，又是建设智能电网的物理基础和要求。

智能变电站采用先进、可靠、集成、低碳、环保的智能设备，以全站信息数字化、通信平台网络化、信息共享标准化为基本要求，自动完成信息采集、测量、控制、保护计量和监测等基本功能，并可根据需要支持电网实时自动控制、智能调节、在线分析决策、协同互动等高级功能的变电站。智能变电站是智能电网建设的重要节点之一，其主要作用就是为智能电网提供标准的、可靠的节点（包括一、二次设备和系统）支撑。智能变电站作为智能电网的重要基础和支撑，其站内设备具有信息数字化、功能集成化、结构紧凑化、状态可视化等主要技术特征，智能变电站系统应建立站内全景数据系统信息平台，提供子系统标准化、规范化存取访问，以及与智能电网调度等其他系统进行标准化交互。

1.1 智能变电站发展历程

随着超高压、特高压交直流输电技术在网间功率传输的广泛应用，太阳能、风能等绿色能源的应用不断扩展，静态无功补偿装置（static var compensator，SVC）、动态无功补偿装置（static var generator，SVG）、柔性输电等技术进一步发展运用，电网的运行控制迎来更大的挑战。先进的电网技术、传感测量技术、通信技术、信息技术、计算机技术和控制技术与传统电网高度集成而形成新型电网。作为智能电网中的一个环节，智能变电站是电网数字化、智能化的重要组成部分。

信息化是智能变电站的关键，需要实现信息纵向的贯通和横向的充分交互，一次设备不再通过大量电缆与二次设备交互，而是通过与过程层设备配合进行网络化的数据交互。因此，实现变电站信息交换的标准化是智能变电站建设的基础。国际电工委员会（International Electrotechnical Commission，IEC）建立了新一代的变电站信息交换标准——IEC 61850《电力应用自动化用通信网络和系统》系列标准。目前的智能变电站主要以符合 IEC 61850《电力应用自动化用通信网络和系统》系列标准的变电站通信网络和系统、网络化的二次设备为主要建设目标，同时探索智能化的一次设备、信息化的运行管理系统等技术和手段，不断提高变电站的智能化水平。

智能变电站的工程实践主要经历了以下三个阶段：

（1）第一阶段称为数字化阶段。侧重在数字化的层面进行设备的研发与应用工作，通过网络取代一、二次设备间和二次设备间的大量电缆，简化变电站的建设与维护。从 2007 年的数字化变电站建设开始，在运行维护过程中验证了通用面向对象的变电站事件（generic object-oriented substation event，GOOSE）、采样值（sampled valve，SV）等过程层数据传输技术和组播注册协议（GARP multicast registration protocol，GMRP）、IEEE 1588《网络化测控系统的精密时钟同步协议》系列标准等网络技术的可行性，同时也发现技术发展中存在的问题，为智能变电站的发展奠定技术基础。

（2）第二阶段称为智能化阶段。从 2010 年变电站智能化改造开始，通过开展过程层应用，利用电子式互感器、一体化智能网关机等设备，运用一次设备在线监测、顺序控制、智能告警等技术，推动变电站逐步往智能化方向发展。

第二阶段从过程层通信、自动控制和保护设备、变电站建设等不同方面制定了一系列智能变电站技术标准，以过程层通信为例，国家电网有限公司制定了选用延时固定、相对可靠的点对点通信作为过程层通信的标准方案，南方电网公司制定了选用对时同步、组网的过程层通信方案作为标准方案，并对方案实现细节做出了详细的规范要求。在此阶段，智能变电站的建设逐步走向规范化和标准化。

（3）第三阶段称为发展提升阶段。2013 年，国家电网有限公司提出建设新一代智能变电站的目标，智能变电站进一步向集成化方向发展，通过应用隔离式断路器、集成电子式互感器，一次设备充分融合、智能化，占用空间显著减少，可靠性大大提高，建设和维护工作量显著降低。二次设备功能融合，部分电压等级合并单元、智能终端一体化，保护、测控一体化，测控集成计量等多种功能，同时通过应用预制二次设备舱等技术方案，简化了二次设备布置和空间占用，变电站的建设调试周期显著缩短，充分体现了智能变电站的技术和经济优势，为未来进一步推广应用奠定了基础。

智能变电站的发展历经数字化变电站和智能变电站两个阶段，在设备层面，智能变电站更强调智能一次设备概念。数字化变电站已经具有一定程度的设备集成和功能优化的概念，而智能变电站设备集成化程度更高，可以实现一、二次设备的一体化、智能整合和集成。

在系统层面，智能变电站更具备“全网”意识。数字化变电站主要从满足变电站自身的需求出发，而智能变电站则更强调满足电网的运行要求，比数字化变电站更加注重变电站之间、变电站与调度中心之间的统一与协调，以在全网范围内提高系统的整体运行水平为目标。

在技术上，实现智能变电站可以减少设备的检修次数和检修时间，提高设备的使用效率；减少自动化设备数量，简化二次接线，提高系统的可靠性；设备具有互操作性，方便了设备的维护和更新，减少投运时间，提高工作效率；此外，还可以方便变电站的扩建及自动化系统的扩充。

在经济上，可以实现信息在运行系统和其他支持系统之间的共享，减少重复建设和投资；减少占地面积，从而减少建设投资；减少变电站生命周期内的总体成本，包括初期建设成本和运行维护成本等。

智能变电站从提出开始就受到极大的关注，随着相关软硬件技术的不断发展和成熟，智能变电站已经在电网范围内得到广泛应用，对我国变电站的自动化运行和管理带来深远的影响。

1.2 IEC 61850 标 准

现代自动化控制技术越来越依赖于通信技术的发展，智能变电站的显著特征就是计算机可以识别和处理的数字信号代替常规的电缆硬接线，并通过网络通信技术实现共享和互操作。变电站通信朝着网络化、互联的方向，发展为一个广域网、局域网和现场总线并存的网络结构。变电站的信息传输呈现多层次、多局部交错互联的形态，并由此实现信息的沟通、汇集和共享。为了达到智能变电站的要求，必须在变电站内外形成通信网络来实现信息共享。在智能变电站建设初期，很多企业和设备厂家使用 IEC 60870－5－103－1997《远动设备和系统　第 5 部分：传输规约　第 103 节：保护设备信息接口的配套标准》规约或者各自定义了一些关于变电站自动化通信的私有协议。各个设备生产厂家虽然使用的通信协议是相同的，但是由于各自采用的方法不同，因而难以实现兼容设备之间的通信与操作，为实际变电站运行管理带来许多困扰。随着 IEC 61850《电力应用自动化用通信网络和系统》系列标准的制定和发展，当前智能变电站建设和应用中，其自动化系统的通信协议统一采用此类标准。

IEC 61850《电力应用自动化用通信网络和系统》系列标准的宗旨是“一个世界、一种技术、一种标准”，它的目标是实现设备间的互操作，其作为国际统一变电站通信标准已经获得广泛的认同与应用。它不仅应用在变电站内，还运用于变电站与调度中心之间及各级调度中心之间。

1.2.1 标准概述

国际电工委员会 IEC TC57 工作组负责电力系统自动化标准的制定工作，最初的电力系统通信标准都是面向数据点的。受当时通信技术和手段的限制，标准中更多地关注数据如何传输的问题。随着电力系统自动化技术的迅速发展和实施复杂度的不断提高，迫使需要站在更高的层次，跳出各个自动化子系统内部，考察和设计各信息子系统的边界。一旦站在系统边界的角度，从系统集成目的考虑，信息交换的内容实际上比数据如何在系统之间传输更为重要。基于这样的认识，新一代的、面向对象的电力自动化系统 IEC 61850《电力应用自动化用通信网络和系统》系列标准被制定出来，涵盖电力一次系统、二次系统，以及通信系统的对象模型、服务模型及它们之间的关系。

IEC 61850《电力应用自动化用通信网络和系统》系列标准作为全球统一的变电站通信标准，它的主要目标是实现设备间的互操作，实现变电站自动化系统无缝集成，该标准是电力系统无缝通信体系的基础。所谓互操作是一种能力，使分布的控制系统设备间能即插即用，自动互联，实现通信双方理解互相传达与接收到的逻辑信息命令，并根据信息正确响应、触发动作、协调工作，从而完成一个共同的目标。互操作的本质是如何解决计算机异构信息系统集成问题。因此，IEC 61850《电力应用自动化用通信网络和系统》系列标准采用面向对象思想建立逻辑模型、基于可扩展标记语言（extensible markup language，XML）技术的变电站配置语言（substation configuration description language，SCL）、将ASCI 映射到制造报文规范（manufacturing message specification，MMS）协议、基于 ASN.1 编码的以太网报文等计算机异构信息集成技术。

IEC 61850《电力应用自动化用通信网络和系统》系列标准是目前关于智能变电站数据通信的最完整的国际标准。与传统的变电站自动化系统的工程设计和通信现实相比，IEC 61850《电力应用自动化用通信网络和系统》系列标准更侧重于一个统一环境即系统平台的建立，这个平台包括通信平台、管理平台及测试平台，在这个平台上可以实现一致性要求。它具有开放系统的特点，实现信息分层、系统配置、映射对象与具体网络独立、数据对象统一建模，在测控、保护、计量、故障录波、监测智能电子设备（intelligent electronic device，IED）之间能够进行无缝链接，避免了烦琐的协议转换，实现了间隔层与站控层及间隔层与智能设备之间的互操作。IEC 61850《电力应用自动化用通信网络和系统》系列标准的制定是为了实现变电站互操作性、自由配置、长期稳定性的目的，其相对于其他标准，如监控与数据采集系统（supervisory control and data acquisition，SCADA）通信协议，有如下突出的特点：

（1）使用面向对象的统一建模语言（unified modeling language，UML）。

（2）采用分布、分层的结构体系。

（3）使用抽象通信服务接口（abstract communication service interface，ACSI）和特殊通信服务映射（specific communication service mapping，SCSM）技术。抽象建模与具体实现独立，服务与通信网络独立，适用于传输控制协议/网际协议（transmission control protocol/internet protocol，TCP/IP）、开放式系统互联（open system interconnect，OSI）、制造报文规范（manufacturing message specification，MMS）等多种传送协议。

（4）实现智能电子设备间的互操作性，不同制造厂家提供的智能设备可交换信息并使用这些信息执行特定功能。

（5）提供自我描述的数据对象及其服务，满足智能变电站功能和性能要求。

（6）具有面向未来的、开放的体系结构，能够定义其他领域的任何新的逻辑节点和公共数据类，并可兼容主流通信技术而发展，可伴随系统需求而进化。

1.2.2 IEC 61850 标准组成

IEC 61850《电力应用自动化用通信网络和系统》系列标准最初是针对变电站站内的网络通信协议，由于变电站内、变电站与调度中心、调度中心之间存在各种协议，相互不兼容，需要协议转换才可连接，IEC TC57 工作组从信息源变电站的过程层直到调度中心之间采用统一的通信协议，数据对象统一建模和 IEC 61970《能量管理系统应用程序接口（EMS－API）》系列标准通用信息模型（common information model，CIM）协调一致，于是在 2000 年的 SPAG 会议上决定以 IEC 61850《电力应用自动化用通信网络和系统》系列标准为基础建立无缝远动通信体系结构，并在 2004 年正式发布，成为全球唯一的变电站自动化设备互操作的通信标准。国内等同标准为 DL/T 860《变电站通信网络和系统》系列标准。

IEC 61850《电力应用自动化用通信网络和系统》系列标准共分为 10 个部分，具体组成结构如表 1－1 所示。

表 1－1　IEC 61850《电力应用自动化用通信网络和系统》系列标准的组成

国际标准序号	国内等同标准序号	中文名称
IEC/TR 61850－1－2013	DL/Z 860.1—2018	《变电所的通信网络和系统　第 1 部分：引言和概要》
IEC/TS 61850－2－2019	DL/Z 860.2—2006	《电力设施自动化用通信网络和系统　第 2 部分：词汇》
IEC 61850－3－2013	DL/T 860.3—2004	《电力自动化的通信网络和系统　第 3 部分：通用要求》
IEC 61850－4－2011	DL/T 860.4—2018	《功率效用自动控制的通信网络和系统　第 4 部分：系统和项目管理》
IEC 61850－5－2013	DL/T 860.5—2006	《变电所的通信网络和系统　第 5 部分：功能和设备模型的通信要求》
IEC 61850－6	DL/T 860.6—2012	《电力系统自动化用通信网络及系统　第 6 部分：变电站相关的智能电子装置（IEDs）通信用配置描述语言》

续表

国际标准序号	国内等同标准序号	中文名称
IEC 61850－7－1－2011	DL/T 860.71—2014	《变电所的通信网络和系统　第7－1部分：基本通信结构原理和模型》
IEC 61850－7－2－2010	DL/T 860.72—2013	《电源效用自动化控制用通信网络和系统　第7－2部分：基本信息和通信架构　抽象通信服务接口（ACSI）》
IEC 61850－7－3－2010	DL/T 860.73—2013	《功率效用自动控制用通信网络和系统　第7－3部分：基本通信结构　公用数据类别》
IEC 61850－7－4－2010	DL/T 860.74—2014	《变电所的通信网络和系统　第7－4部分：基本通信结构兼容逻辑节点种类和数据种类》
IEC 61850－8－1－2011	DL/T 860.81—2016	《变电所的通信网络和系统　第8－1部分：专用通信设施映像（SCSM）　多媒体短信服务（MMS）（ISO 9506－1和ISO 9506－2）和ISO/IEC 8802－3上的映像》
IEC 61850－9－2－2011	DL/T 860.92—2016	《公用电力事业自动化的通信网络和系统　第9－2部分：专用通信服务映射（SCSM）　通过ISO/IEC 8802－3的抽样值》
IEC 61850－10－2012	DL/T 860.10—2018	《变电所的通信网络和系统　第10部分：一致性测试》

（1）引言和概要。包括适用范围和目的，定义了变电站内智能设备之间的通信和相关系统要求。

（2）词汇。给出了IEC 61850《电力应用自动化用通信网络和系统》系列标准中涉及的关于变电站自动化系统的特定术语及其定义。

（3）通用要求。详细说明系统通信网络的总体要求，重点是质量要求（可靠性、可用性、可维护性、安全性、数据完整性及总的网络要求），还涉及了环境条件（温度、湿度、压力、机械振动、电磁干扰等）和供电要求的指导方针，并根据其他标准和规范对相关的特定要求提出了建议。

（4）系统和项目管理。提出了对系统和项目管理过程的要求以及对工程和试验所用的专用支持工具的要求。主要包括工程过程及其支持工具、整个系统及其智能设备的生命周期、系统生命期内的质量保证三个方面。

（5）功能和设备模型的通信要求。规范了变电站自动化系统所完成功能的通信要求和装置模型。为了区分技术服务和变电站之间以及变电站内智能设备之间的通信要求而对功能进行描述：为支持功能自由分配要求，将功能适当地分解为相互通信的几个部分，给出其交换数据和性能要求——对典型变电站配置，上述规定可通过数据流的安排加以补充。

（6）与智能电子设备有关的变电站内通信配置描述语言。规定了描述通信相关的智能设备的配置和参数、通信系统配置、开关间隔（功能）结构及它们之间关系的文件格式，目的是在不同制造商的智能设备管理工具和系统管理工具之间，以某种兼容的方式交换智能设备的性能描述和变电站自动化系统描述。

（7）基本通信结构。这部分是变电站设备之间协调工作和通信体系概述。

（8）特定通信服务映射（SCSM）映射到制造报文规范（MMS）和 ISO/IEC 8802－3 的映射，说明了在局域网上交换实时数据的方法，将 ACSI 映射到 MMS 的服务和协议，主要用于站控层到间隔层间的映射。

（9）特定通信服务映射（SCSM）通过 ISO/IEC 8802－3 的采样值，规定了间隔层和过程层间的映射。

（10）一致性测试，规定了变电站自动化系统和设备通信方面的一致性测试方法，还给出了设置测试环境的准则，规定了互操作的等级。

从 IEC 61850《电力应用自动化用通信网络和系统》系列标准通信协议体系的组成可以看出，这一体系对变电站自动化系统的网络和系统做出了全面、详细的描述和规范。

1.2.3 基本术语

（1）功能（function）：功能就是变电站自动化系统执行的任务，如继电保护、控制、监测等。一个功能由称作逻辑节点的子功能组成，它们之间相互交换数据。按照定义只有逻辑节点之间才交换数据，因此，一个功能要同其他功能交换数据必须包含至少一个逻辑节点。

（2）逻辑节点（logical node，LN）：LN 是 IEC 61850《电力应用自动化用通信网络和系统》系列标准中用来表示功能的最小单元。一个 LN 表示一个物理设备内的某个功能，如节点 PDIS 表示距离保护功能，节点 XCBR 表示断路器功能等。LN 执行一些特定的操作，LN 之间通过逻辑连接交换数据。一个 LN 就是一个用它的数据和方法定义的对象。与主设备相关的逻辑节点不是主设备本身，而是它的智能部分或者是在二次系统中的映射，如本地或远方的输入/输出（input/output，I/O）、智能传感器和传动装置等。

（3）逻辑设备（logical device，LD）：LD 是一种虚拟设备，是为了通信目的而定义的一组逻辑节点的容器。例如，可以将一个间隔内的保护功能组织为一个 LD。LD 往往还包含经常被访问和引用的信息的列表，如数据集（data set）。一个实际的物理设备可以根据应用的需要映射为一个或多个 LD。但反过来，一个 LD 只能位于同一物理设备内，即 LD 不可以跨物理设备而存在。

（4）服务器（server）：一个服务器用来表示一个设备外部可见的行为，一个服务器必须提供一个或多个服务访问点（service access point）。在通信网络中，一个服务器就是一个功能节点，它能够提供数据，或允许其他功能节点访问它的资源。

（5）逻辑连接（logical connection，LC）：逻辑节点之间的连接是逻辑节点之间进行数据交换的逻辑通道。显然，只有具有逻辑连接关系的逻辑节点之间才可以进行数据交换。

（6）物理连接（physical connection，PC）：物理设备之间实际存在的通信连接。

上述基本术语所表达的概念之间的关系可以利用统一建模语言表示，如图 1–1 所示。

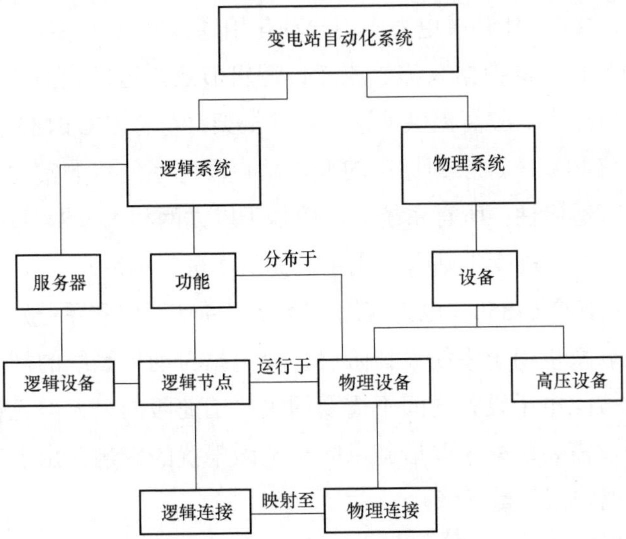

图 1–1　基本术语之间的关系

1.2.4　主要应用价值

1. IEC 61850 标准的实现过程

（1）分配、合并、定义装置的自动化功能，从逻辑节点库中提取对应的 LN。组建成装置对应的 LD，构建出信息模型的框架：用数据对象（data object，DO）及其数据属性（data attribute，DA）对模型进行填充、描述，实例化信息模型的属性。

（2）依照抽象通信服务接口（abstract communication service interface，ACSI）。根据信息模型的属性构建出信息模型的服务。

（3）依照特殊通信服务映射（specific communication service mapping，SCSM）将抽象的通信服务映射到具体的通信网络及协议上，服务借助通信得以实现。

（4）依照变电站配置语言（substation configuration description language，SCL）组织并发布装置的配置文件，实现装置信息和功能服务的自我描述，服务可被识别和享用。

2. IEC 61850 标准的优势

IEC 61850《电力应用自动化用通信网络和系统》系列标准的应用在各方面均具有优势。

（1）规范：IEC 61850《电力应用自动化用通信网络和系统》系列标准定义了变电站自动化功能的数据名称，或者说逻辑节点，这样就消除了工程应用中的不确定性。标准为供应商提供了系统设计框架，符合 IEC 61850《电力应用自动化用通信网络和系统》系列标准的变电站自动化系统将非常便于拓展，对于未来的应用具有适应性：所有系统的应用基于以太网和 MMS，以太网的应用为根据可用率的要求定制变电站自动化系统提供了可实现性。

（2）设计：IEC 61850《电力应用自动化用通信网络和系统》系列标准定义的数据模型可以直接用于系统设计阶段，变电站自动化系统的硬件设计变得十分简单，因为智能电子设备之间不需要网关，工业级的以太网元件可以用于高压等级的电网，需要额外采取措施以防止电磁干扰的影响，由于所使用的元件减少则需要协调的工作量下降。

SCL 通过系统规范描述文件（system specification description，SSD）定义了间隔内一次、二次设备的规范，保护和控制方案可以模板化，以适应特定工程的需要，设备之间的联系通过光缆，省去大量二次线，设计工程量大幅度下降。

（3）制造：由于采用了 SCL，结构定义工作简单化，部分可以自动实现，协调工作减少，系统建设和运转迅速；数据交换的出错率下降，调试人员基于共同的标准工作，不需要去熟悉不同的规约。在工厂内完全可以用以太网连接方式模拟现场试验，大大提高系统测试的效率。变电站自动化系统问题的发现和修改变得十分有效。

（4）安装：应用以太网通信大量减少了电缆和接口，由于接线引起的错误大大减少；由于以太网应用的普遍性，变电站现场试验时很容易获得以太网测试的工具：TCP/IP 技术的应用，利用 MMS 在变电站内可以随处获取试验数据，尤其变电站内不同地方的许多试验涉及因果关系，因此，在某个地方具有完整信息的数据可以提高试验的效率。

（5）运行维护：变电站自动化系统性能获得提高，系统没有因网关引起的延时，以太网的多播模式可以同时发布信息，对等通信（peer to peer）的通信模式没有瓶颈，采取级别优先传输机制确保重要信息快速发送，发布订阅机制可以有效优化网络流量等。

系统可用率提高，如智能设备之间的互闭锁实现不需要站控层干预，对等通信模式确保个别装置障碍不影响系统运行，交换式以太网确保网络不会崩溃，事件发生及时发布信息。规约统一后人员培训、系统运行维护变得简单，新增间隔对运行系统的影响减小。

3. IEC 61850 标准的功能

（1）三层构架及逻辑接口：IEC 61850《电力应用自动化用通信网络和系统》系列标准完成了计量、保护、控制和在线监测四大功能，从逻辑、物理和通信上将系统分为三层，即站控层、间隔层和过程层，并定义了三层之间的接口，由过程层网络和站控层网络进行通信连接。站控层的功能分为两类：一是与过程相关的功能，指利用各个间隔或全站的信息对多个间隔或全站的一次设备发生作用的功能，如母线保护或全站范围内的逻辑闭锁等，站控层通过逻辑接口完成通信功能；二是与接口相关的功能，指与远方控制中心、工程师站及人机界面的通信，通过逻辑接口完成通信功能。

（2）逻辑节点描述：为了实现智能化的目标，所有变电站设备的已知功能被标识并分成许多子功能，即逻辑节点（LN）。逻辑节点分布在不同设备内和不同层内。因此，IEC 61850《电力应用自动化用通信网络和系统》系列标准将定义逻辑节点间的通信，逻辑节点通过逻辑连接互联，物理装置则通过物理连接实现互联。逻辑节点是物理装置的一部分，逻辑连接（LC）则是物理连接（PC）的部分。由于难以为当前和未来的应用定义全部功能，规定各种分布和相互作用，所以采取通用的方法规定和标准化逻辑节点间的相互作用。

（3）信息分层模型：信息模型及其建模方法是 IEC 61850《电力应用自动化用通信网络和系统》系列标准的核心，该系列标准采用分层的概念对实际设

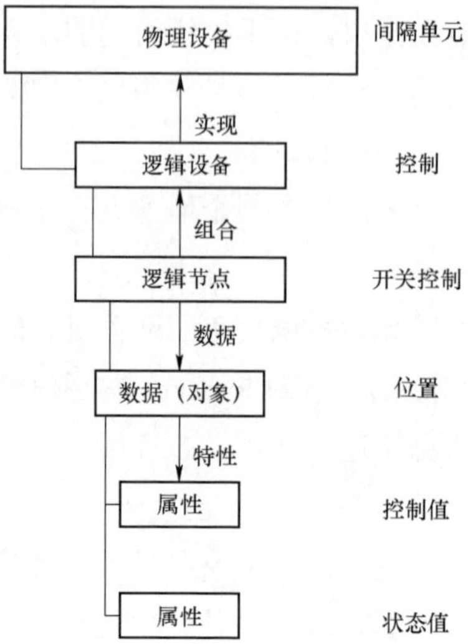

图 1-2　信息分层模型

备进行建模，其模型如图 1-2 所示。所有的实际设备都被称为物理设备或者服务器，与信息模型的外层网络相连。每个物理设备首先被抽象成虚拟的逻辑设备，然后根据具体功能的不同，将逻辑设备分为一个或多个逻辑节点来描述，每个逻辑节点包含各种数据，每个数据里面又包含不同的数据属性。通过这样的结构来表示各种数据。

（4）功能自由分布和分配：位于不同物理设备的两个或者多个逻辑节点所完成的功能称为分布的功能，即为所有功能在一个通路内的通信。就地功能或者分布功能的定义不是唯一的，它依赖于执行功能的步骤和定义，直到完成功能。为实现分布功能，丢失一逻辑节点或者丢失包含通信链路时，功能可完全地闭锁或者将功能降级以弱化故障的影响。为了满足通信的要求，所有功能被分解成逻辑节点，然后进行功能建模，这些节点可分布在一个或多个物理装置上。一些通信数据不涉及任何一个功能，仅仅与物理装置本身有关，如铭牌信息等，因此需要一个特殊的逻辑节点“装置”，即 LLN0 逻辑节点。逻辑节点间通过逻辑连接（LC）相连，专用于逻辑节点之间的数据交换。

（5）工程配置语言 SCL：基于 XML 技术，IEC 61850《电力应用自动化用通信网络和系统》系列标准定义了一种变电站配置语言（SCL）。描述智能变电站系统与一次设备之间的关系及智能设备配置情况，SCL 提供了统一工程数据格式，有四种文件类型。

1）系统规范描述文件（system specification description，SSD）：包含一次系统接线图及相关逻辑节点。

2）全站系统配置文件（substation configuration description，SCD）：包含一次系统、二次设备及其与一次设备的关联以及通信系统，是最完整的描述文件。

3）智能设备能力描述文件（IED capability description，ICD）：包含智能设备功能、信息模型及服务模型。

4）智能设备实例配置文件（configured IED description，CID）：包含二次设备模型、与一次系统的关联以及通信参数。

（6）IEC 61850《电力应用自动化用通信网络和系统》系列标准通信网络：IEC 61850《电力应用自动化用通信网络和系统》系列标准使用以太网技术，采用总线型和环网以及双网或单网等多种形式。以太网交换机必须支持优先级设置（IEEE 802.1Q《局域网和城域网　桥和虚拟桥接网络》系列标准）和虚拟局域网（VLAN，IEEE 802.1P）。位于站控层和间隔层之间的网络采用抽象通信服务接口映射到制造报告规范、传输控制协议/网际协议（TCP/IP）以太网或光纤网。在间隔层和过程层之间保护、测量、控制和智能设备的通信采用单点向多点的单向传输以太网。IEC 61850《电力应用自动化用通信网络和系统》系列标准中没有继电保护管理机，变电站内的智能电子设备均采用统一的协议，通过网络进行信息交换。

（7）通信映射：特定通信服务映射在抽象的 ACSI 和具体的某一特定协议之间建立映射关系。该标准将 ACSI 映射到 MMS，形成了基于 IEEE 802.3《以太网（IEEE 计算机学会）》系列标准的过程总线，传输层至少支持 TCP/IP 的应用层协议，该协议适用于站控层和间隔设备间，或间隔层设备间，或站控层设备间的通信。

ACSI 即抽象通信服务接口，它是独立于通信协议，独立于具体实现，独立于操作系统的抽象服务过程和相关数据类的描述。ACSI 主要由客户/服务器模式和发布/订阅模式两种通信机制组成。前者针对控制、读写数据值等功能服务，后者针对快速和可靠的数据传输服务。它通过不同的 SCSM 映射到不同的协议。其中，IEC 61850-8-1-2011《变电所的通信网络和系统　第 8-1 部分：专用通信设施映像（SCSM）　多媒体短信服务（MMS）（ISO 9506-1 和 ISO 9506-2）和 ISO/IEC 8802-3 上的映像》核心 ACSI 服务采用 MMS 作为应用层协议，IEC 61850-9-2《公用电力事业自动化的通信网络和系统　第 9-2 部分：专用通信服务映射（SCSM）　通过 ISO/IEC 8802-3 的抽样值》GOOSE/采样值服务器应用层是 GOOSE 协议，时间同步服务使用了简单网络时间协议（simple network time protocol，SNTP）。

（8）时间同步系统：时间同步系统的对时有事件顺序记录（sequence of event，SOE）、装置时标、采样同步和系统同步四个目的。在 IEC 61850《电力应用自动化用通信网络和系统》系列标准中定义了通过网络进行对时的协议 IEEE 1588-2019《网络化测控系统的精密时钟同步协议》，是基于精密时钟原理的高精度网络对时协议，采用以太网传输方式。时间同步系统通过交换机实现，无须附加接线，精度为纳秒级，被对时设备需要具备精密时钟对时功能，免除了额外专门的时间同步器，减少了连接至传感器的费用。主要应用于间隔层及过程层设备的装置时标或采样同步对时。

（9）一致性测试：产品投运前应进行协议实现的一致性测试，这不仅实现了不同厂家产品的互操作性，减少数据交换过程中不同协议间转换时人力物力的浪费，而且保证了智能变电站安全稳定运行。

4. 智能变电站 IEC 61850

（1）智能变电站网络结构：智能变电站全站设备支持 IEC 61850《电力应用自动化用通信网络和系统》系列标准，站内设备按“三层两网”结构配置，“三层”指站控层、间隔层和过程层，“两网”指全站网络在逻辑功能上分为站控层网络和过程层网络，其中过程层网络包括 GOOSE 网络和采样测量值（sampled measured value，SMV）网络，使用 MMS、GOOSE、SMV 报文实现变电站数字化，其网络结构如图 1-3 所示。

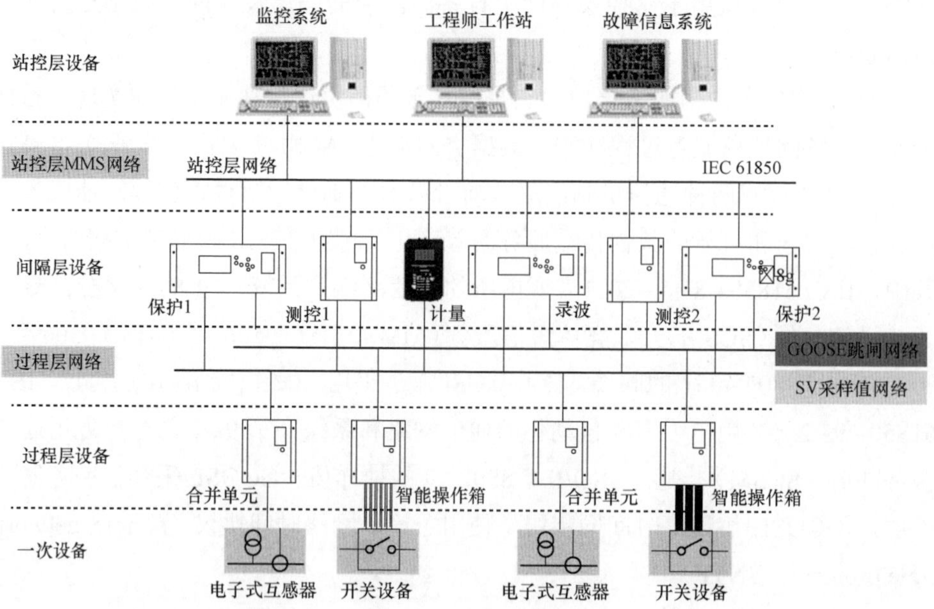

图 1-3 智能变电站“三层两网”结构图

高采样率的采样值和 GOOSE 报文的快速传输，依靠虚拟网协议和多播技术，将流量限制在有限范围传输以减小网络负担和提高传输的实时性。降低网络流量信息可以通过以下三种措施解决：

1）对于 SMV 业务接入点端口，通过端口速率设置来防止 SMV 业务挤占关键业务的带宽。

2）对于业务的数据通信，采用 GMRP 动态组播协议来降低网络中的数据流量。

3）对于关键业务通信，在网络中实施服务质量（quality of service，QOS）机制，采用 VLAN 组划分的方式实现，通过优先级划分处理保证关键数据先传送。

对智能变电站不同网络层实时报文的优先级处理如表 1–2 和表 1–3 所示。

表 1–2　过程层网络实时报文优先级

报文类型	发送方式	优先级
SMV 报文	周期性	4
GOOSE 输入报文	周期性	1
GOOSE 输出报文	突发性	4
时钟同步报文	不定期	1

表 1–3　站控层网络实时报文优先级

报文类型	发送方式	时延要求	优先级
遥测、遥信报文	周期性	＜100ms	3
Control 报文	突发性	＜3ms	4
事件报告或设备状态报文	周期性	＜100ms	3
定值、录波、事件记录和文件	突发性	＜500ms	2
闭/解锁、联动命令	突发性	＜500ms	4
时钟同步报文	不定期	—	1

（2）智能变电站信息流：智能变电站通过光纤链路将各个智能设备（IED）相互连接，按照规范要求各个智能设备之间通过光纤直连或网络连接进行信息交换。下面介绍几种保护装置的典型光纤链路信息流向。

1）220kV 线路保护及其相关设备光纤链路信息流向如图 1–4 所示，该图展示了 220kV 线路保护（单套）的光纤链路连接情况，合并单元、智能终端采集一次设备信息通过光纤以直连或组网的方式传送至线路保护，由线路保护进运算，并通过光纤实现对一次设备的控制。合并单元、智能终端也将采集的一次设备信息传送给测控、故障录波等设备，测控装置通过网络交换机发送命令至智能终端实现对一次设备的遥控。图中省略了保护装置、故障录波等装置与站控层的连接。

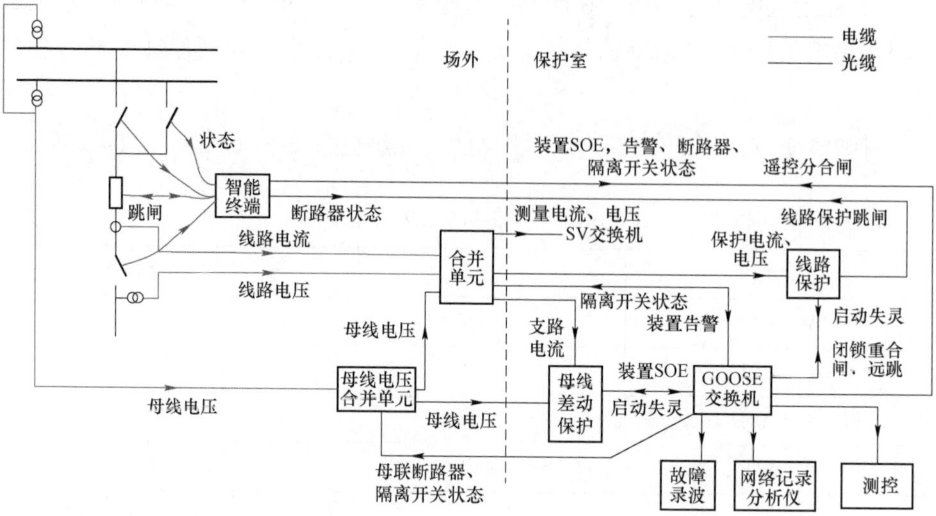

图 1-4　220kV 线路保护（单套）光纤链路及信息流

220kV 线路保护的电压和电流由线路间隔合并单元提供，母线电压由母线电压合并单元送入线路间隔合并单元，并在线路间隔合并单元内实现电压切换，切换所需的隔离开关位置由线路智能终端通过 GOOSE 交换机传输。线路保护经点对点直跳光纤到相应智能终端，完成断路器的跳合功能并通过直跳光纤接收断路器的位置、闭锁重合闸等信号。线路保护经点对点直采光纤从相应合并单元采集线路电流、线路电压、经切换后的母线电压。线路保护与母线保护之间通过 GOOSE 交换机传输启动失灵、其他保护动作等信号。

2）220kV 变压器保护及其相关设备光纤链路信息流向如图 1-5 所示，该图展示了 220kV 变压器保护（单套）的光纤链路连接情况：变压器各侧合并单元、智能终端采集一次设备信息通过光纤以直连的方式传送至变压器保护，经变压器保护运算后，通过光纤实现对一次设备的控制。各侧合并单元、智能终端也将采集的一次设备信息传送给测控、故障录波等设备，测控装置通过网络交换机发送命令至智能终端实现对一次设备的遥控。图中省略了保护装置、故障录波等装置与站控层的连接。

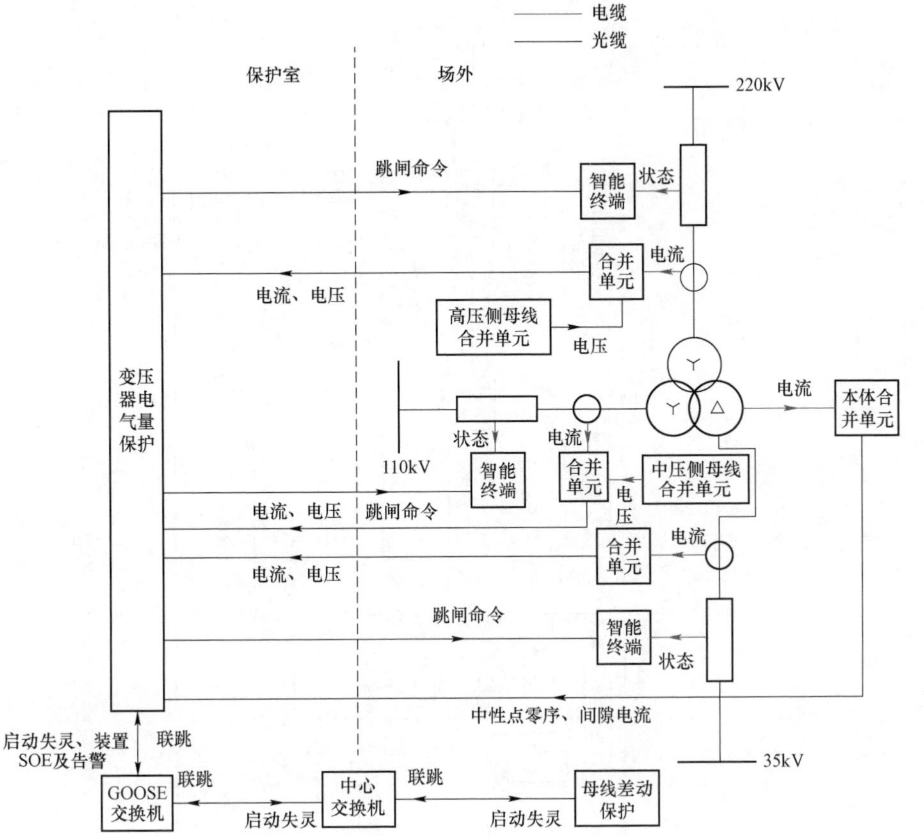

图 1-5　220kV 变压器保护（单套）光纤链路及信息流

变压器保护三侧电流、电压以直采方式从各侧合并单元获取，高、中侧母线电压由对应侧母线合并单元通过 SV 级联送入各侧间隔合并单元，低压侧母线电压由低压侧合并单元直接采集模拟量（图中省略），本体合并单元采集各侧中性点零序及间隙电流。变压器保护经点对点直跳光纤到各侧智能终端，完成断路器的跳闸功能。变压器保护经 GOOSE 网络与高压侧母线保护传输启动失灵、高压侧失灵联跳等信号。

3）220kV 母线保护及相关设备光纤链路信息流向如图 1-6 所示，该图展示了 220kV 母线保护（单套）的光纤链路连接情况：合并单元、智能终端采集一次设备信息通过光纤以直连的方式传送至母线保护，通过组网实现母线保护和线路保护、变压器保护间的信息交互，经母线保护计算后，通过光纤实现对一次设备的控制。图中省略了合并单元、保护装置等与其他装置的连接，省略了母线保护与其他间隔的连接，省略了保护装置、故障录波等装置与站控层的连接。

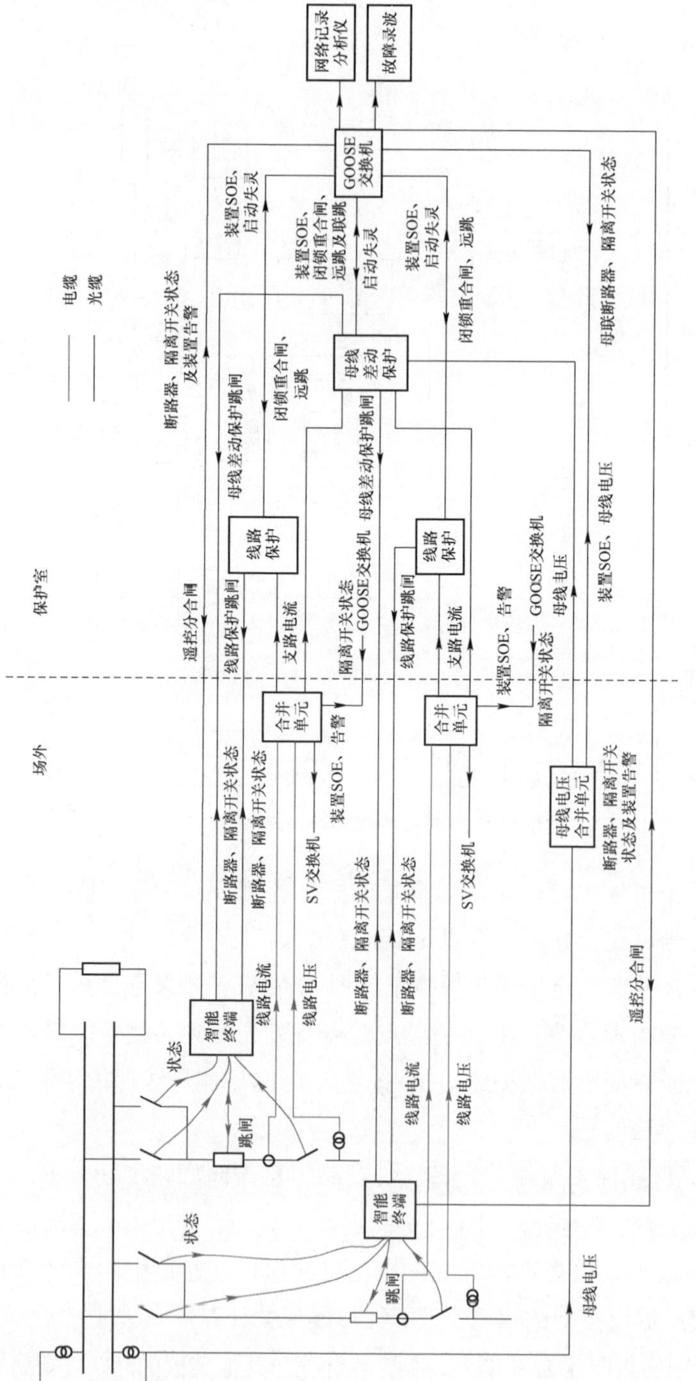

图 1-6 220kV 母线保护光纤链路及信息流

母线保护经点对点直采光纤到母线电压合并单元及各间隔合并单元，实现电压电流采集功能，母线保护经点对点直跳光纤到各间隔智能终端，完成断路器的跳合功能并通过直跳光纤接收各间隔隔离开关位置、母联断路器位置、母联断路器手合等信号。母线保护与各间隔线路保护之间信息流可参考线路保护信息流部分。

1.3　电子式互感器及智能组件简介

1.3.1　电子式互感器

1. 电子式互感器简介

（1）电子式互感器的分类。随着光电子、光纤通信和数字信号处理技术的发展和应用，数字化电压和电流测量技术的研究进一步深入，数字化电气量测量系统由电压和电流互感器、数字信号处理器以及它们之间的连接电缆（包括光缆）组成，电压和电流互感器是电气量测量系统的关键，可以通过不同的物理原理来实现。

电子式互感器依其变换原理可以分为两大类：采用光学测量原理的电光效应互感器和采用线圈测量方式的半常规互感器。通常又将电子式互感器分为有源和无源两大系列，有源电子式互感器又称为电子式电压/电流互感器（electronic voltage transformer/electronic current transformer，EVT/ECT），其特点是需要向传感头提供电源，主要是以罗柯夫斯基（Rogowski）线圈（以下简称罗氏线圈）为代表；无源电子式互感器主要指采用法拉第效应（Faraday effect）光学测量原理的电流互感器，又称为光电式电压/电流互感器（OVT/OCT），其特点是无须向传感头提供电源。

半常规互感器主要基于小功率输出的传统电磁感应、电容和电阻分压技术。电流变换既可用微型电流互感器，也可用罗氏线圈，但由于后者具有更好的暂态响应特性，故一般采用后者进行电流变换。在户外、空气绝缘变电站中应用时，要解决处于高电位电子设备的供电问题和信号从高电位到低电位的传送问题。

电光效应的互感器电流变换主要是利用石英晶体的法拉第效应，即光束通过磁场作用下的晶体产生旋转，测量光线旋转角度来量测电流，电压变换主要是利用石英晶体的泡克尔斯效应测量电场强度来量测导线的对地电压。

（2）电子式互感器的优点。与传统的电磁式互感器相比，除原理、结构不同外，在性能上，特别是暂态性能、绝缘性能方面有较大区别，电子式互感器具有以下优点：

1）优良的绝缘性能，造价低。在电子式互感器中，高压侧与低压侧之间的信号传输采用绝缘材料制造的石英光纤，因此，绝缘结构简单，造价低。

2）不含铁芯，消除了磁饱和、铁磁谐振等问题。电磁感应式互感器由于使用了铁芯，不可避免地存在磁饱和、铁磁共振和磁滞效应等问题，而电子式电流互感器不存在这方面的问题。

3）抗电磁干扰性能好，低压侧无开路高压的危险。电磁感应式电流互感器的低压侧开路时，会产生高压的危险。由于电子式电流互感器的高压侧与低压侧之间只存在光纤联系，而光纤具有良好的绝缘性能，不存在低压侧开路而产生高压的危险，而且免除了电磁干扰。

4）动态范围大，测量精度高。电网正常运行时，电流互感器流过的电流并不大，但短路电流一般很大，而且随着电网容量的增加，短路故障时短路电流越来越大。电磁感应式电流互感器因存在磁饱和问题，难以实现大范围测量；电子式电流互感器有很宽的动态范围，额定电流可测到几安培至几千安培。

5）频率相应范围宽。电子式互感器的频率可达到 1MHz。电子式互感器已被证明可以测出高压电力线上的谐波，还可以进行暂态电压/电流、高频电压/电流与直流电压/电流的测量。

6）没有因充油而产生的易燃、易爆炸等危险。电磁感应式互感器一般采用充油或充气的办法来解决绝缘问题，这样不可避免地存在易燃、易爆炸等危险。而电子式电流互感器绝缘技术结构简单，不存在此类危险。

7）体积小、质量轻。电子式互感器的质量比电磁式互感器的质量小得多，给运输与安装带来了很大方便。

8）适应了电力计量与保护数字化、微机化和自动化发展的潮流。现代的电子式电流/电压互感器的输出均有数字量及模拟量。输出的数字接口的物理层和链接层符合国际电工委员会的遥控设备和系统 IEC 60870《远动设备和系统》系列标准以及变电站的通信和系统 IEC 61850《电力应用自动化用通信网络和系统》系列标准。能够与电力系统中数字化的继电保护、通信及计量相兼容。

2. 有源式互感器系统

有源式互感器又称为电子式电压/电流互感器（EVT/ECT），其特点是需要向传感头提供电源，目前成熟产品均采用光纤供能方式。

（1）罗氏线圈原理：罗氏线圈是一种较成熟的测量元件，实际上是一种特殊结构的空心线圈，将测量导线均匀地绕在截面均匀的非磁性材料的框架上，如图1−7所示。

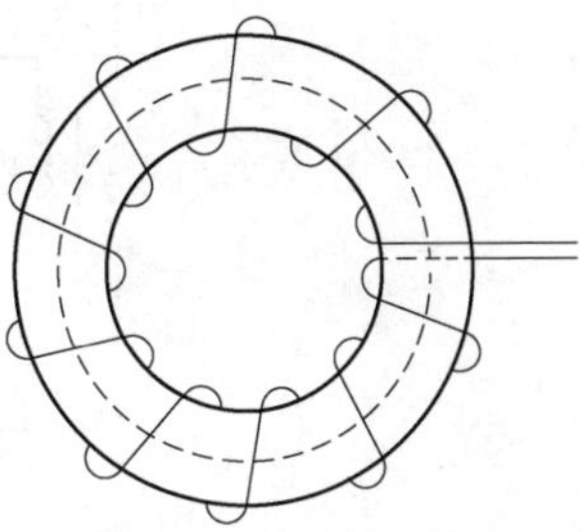

图1−7　罗氏线圈示意图

它可根据被测电流的变化，感应出相应的变化信号，其特点在于被测电流几乎不受限制，反应速度快，可以测量前沿上升时间为纳秒级的电流，且精度可高达0.1%。从测量大电流的观点来看，罗氏线圈是一种较理想的敏感元件。由于它不与被测电路直接接触，可方便地对高压回路进行隔离测量，当被测电流从线圈中心通过时，在线圈两端将会产生一个感应电压，若线圈匝数密度 n 及线圈截面积 s 均匀，则线圈感应电压的大小为

$$U = -\mu_0 ns \frac{\mathrm{d}i}{\mathrm{d}t} \tag{1-1}$$

式（1−1）表明空芯线圈的感应信号与被测电流的微分成正比，经积分变换等信号处理便可获知被测电流的大小。

有源电子式电流互感器高压侧有电子电路构成的电子模块，电子模块采集线圈的输出信号，经滤波、积分变换及A/D转换后变为数字信号，通过电光转换电路将数字信号变为光信号，然后通过光纤将数字光信号送至二次侧供继电保护、测控和电能计量等设备使用。有源电子式电流互感器高压侧的电子模块需工作电源，利用激光供电技术实现对高压侧电子模块的供电是普遍采用的方法，这也是有源电子式互感器的关键技术之一。

（2）低功耗电流互感器（LPCT）：采用带铁芯线圈的低功率电流互感器（low power current transformer，LPCT）是常规感应式电流互感器的发展，变电站二次系统的电子设备要求的输入功率很低，LPCT可以满足体积很小但测量范围很广的要求。

LPCT包含一次绕组、较小的铁芯和损耗极小的二次绕组，后者连接分流电阻 R_{sh}、二次电流 I_2 在分流电阻上产生的电压 U_S，在幅值和相位上正比于一次电流，分流电阻集成于LPCT中，R_{sh} 选取使其对互感器的功耗近于零。LPCT的

输出电压信号由位于高压侧的信号处理电路转换为数字光脉冲信号，经由光纤传至低压端，然后由低压侧信号处理电路将光信号还原为电信号，如图 1–8 所示。

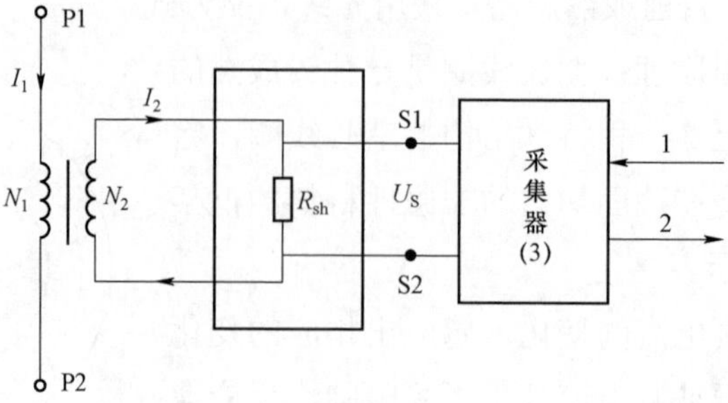

图 1–8　LPCT 示意图

（3）有源电子式电压互感器：根据使用场合不同，有源电子式电压互感器一般采用电容分压或电阻分压技术，如图 1–9 所示，利用与有源电子式电流互感器类似的电子模块处理信号，使用光纤传输信号。与常规的电容式电压互感器不同的是其额定容量在毫瓦级，输出电压不超过±5V。因此，R_1（或 Z_{C1}）应达到数百兆欧以上，而 R_2（或 Z_{C2}）在数十千欧量级，为使电压变比 K_2 接近 $K_2=R_2(R_1+R_2)$ 或 $C_1(C_1+C_2)$，要求负载阻抗 $Z \gg R_2$（或 Z_C）。同时，分压所用电阻和电容在 −40～+80℃的环境温度中应阻值稳定，并有屏蔽外界电磁干扰的措施。

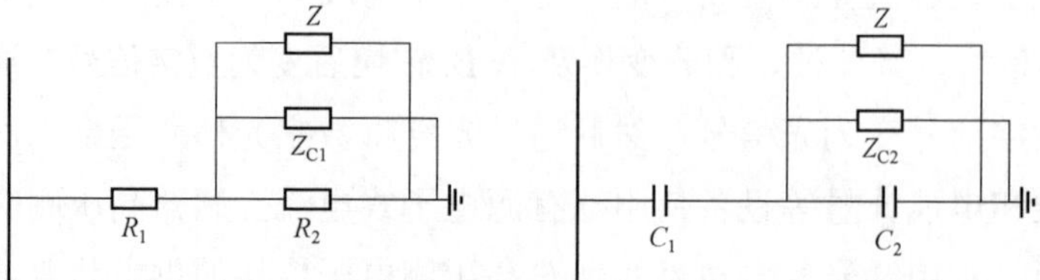

图 1–9　电阻和电容型电压变换器原理图

3. 无源式互感器系统

无源型互感器主要指采用光学测量原理的互感器，又称为光电式电压/电流互感器（OVT/OCT），其特点是无需向传感头提供电源。无源式互感器主要可分为两大类：基于磁光效应的开环互感器（MOCT）及纯光纤原理的闭环互感器。

（1）法拉第效应原理。光电式电流互感器（OCT）采用了光学测量原理并采用光纤传送数字信号，电光效应的变换器一般采用旋光原理来对电流进行测量，其中应用最多的是法拉第效应。

其原理为线性偏振光通过在磁场环境下的介质时，偏振的方向会发生旋转，如图 1－10 所示。偏振光的法拉第旋转角度θ为

$$\theta = V\int H\,\mathrm{d}l \tag{1-2}$$

式中：V为光学材料的维尔德（Verdet）常数，即介质的旋光特性（所有材料都存在法拉第效应，对于抗磁性介质，此效应最弱；对于顺磁性及铁磁性介质，此效应较强，但是只有抗磁性介质的维尔德常数不受温度影响），rad/A；H为磁场强度，A/m。

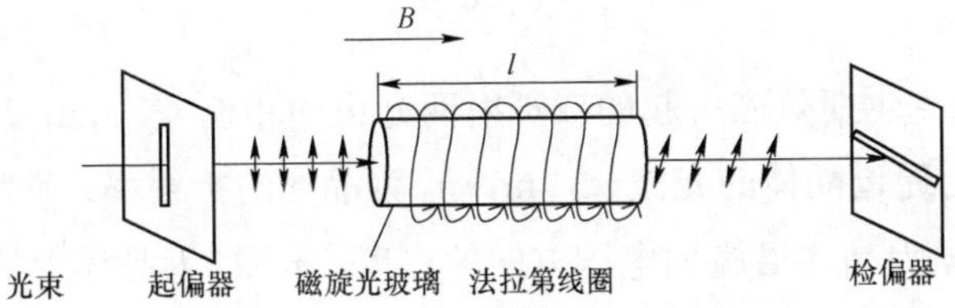

图 1－10　法拉第磁光效应示意图

若光路设计为闭合回路，由全电流定理可得

$$\theta = V\oint H\mathrm{d}l = Vi \tag{1-3}$$

只要测量出法拉第旋转角，就可以按式（1－3）求得磁场强度的大小，从而间接测出产生这个磁场的电流大小。一般可采用光功率振幅检测和光功率相位检测两种方法测出法拉第旋转角θ的大小。由于光学传感器的动作特性，当θ很小时，曲线接近线性；当θ增大时，曲线不再是线性，存在非线性误差，即线性双折射效应。

（2）泡克尔斯效应。1893 年德国物理学家泡克尔斯发现，一些晶体在电场作用下会改变其各向异性性质，产生附加的双折射效应。晶体折射率随外加电压呈线性变化的现象称为线性生电光效应，即泡克尔斯效应。泡克尔斯效应只存在于无对称中心的晶体中，泡克尔斯效应有 2 种工作方式：一种是通光方向与被测电场方向重合，称为纵向泡克尔斯效应；另一种是通光方向与被测电场方向垂直，称为横向泡克尔斯效应。光学电场测量应用最为普遍的有两种电光晶体：锗酸铋（bismuth germanium oxide，BGO）晶体，随温度形变小，均匀性好，无自然双折射效应和热电效应，但是电场调制时感光轴发生旋转，加工工艺要求高，晶体半波电压高，测量电场灵敏度不如 LN 晶体高，适用于高压强电

场的测量；铌酸锂（lithium niobate，LN）晶体，随温度形变较大，存在自然双折射效应，电场调制时光轴不发生旋转，加工方便，晶体半波电压低，测量灵敏度高，适用于空间电场和弱电场的测量。

1）纵向泡克尔斯效应。当一束线偏光沿与外加电场 E 平行的方向入射处于此电场中的电光晶体时，由于泡克尔斯效应使线偏光入射晶体后产生双折射，于是从晶体出射的两双折射光束就产生了相位差，该相位差与外加电场的强度成正比，利用检偏器等光学元件将相位变化转换为光强变化，即可实现对外加电场或电压的测量。其表达式为

$$\delta = \frac{2\pi}{\lambda_0} n_0^3 \gamma E d = \frac{2\pi}{\lambda_0} n_0^3 \gamma U \tag{1-4}$$

式中：δ 为由泡克尔斯效应引起的双折射两光束的相位差，rad；E 为外加电场强度，N/C；λ_0 为通过晶体的光波长，m；n_0 为晶体的折射率；γ 为晶体的线性电光系数，m/V；d 为晶体沿施加电压方向的厚度，m；U 为晶体上的外加电压，V。

从式（1-4）中可以看出：此相位差正比于加在晶体上的电压，与晶体厚度（晶体的外形尺寸）无关。

2）横向泡克尔斯效应。当外加电场 E 与晶体的通光方向垂直时，两双折射光束产生的相位差为

$$\delta = \frac{2\pi}{\lambda_0} n_0^3 \gamma \frac{l}{d} U \tag{1-5}$$

式中：l 为晶体通光方向的长度。

从式（1-5）中可以看出：横向泡克尔斯效应的相位差与晶体尺寸的伸缩有关。

4. 电子式互感器存在的问题

由于有源电子式互感器需要对传感器进行供能，长期大功率的激光供能会影响光器件的使用寿命，激光器运行温度范围为 20～35℃，因此，合并单元只能放在室内，与过程层就地化要求有较大差距。

罗氏线圈输出信号与其结构有很强的相关性，温度变化会导致结构变化，从而影响输出结果，此外，隔离开关操作的干扰问题一直未能有效解决。部分产品采取高压取能模式，但不能达到唤醒时间为 0。高压部分有电子器件，现场维护比较麻烦。

如前所述，无源互感器基本可以分为两类：磁光效应和纯光纤互感器。磁

光效应互感器光学系统属于开环系统，环境温度的变化会导致磁光玻璃的维尔德常数发生变化，LED 的发光波长随温度的变化而变化，波长的变化又会导致维尔德常数变化；光学部件准确定位的困难、组装时的应力会导致双折射，利用双光路减弱干扰双折射时的光路系统相当复杂，光学系统的加工装配工艺有待提高，对光学材料的加工工艺、光路耦合工艺、光路的装配工艺的要求都很高。

纯光纤原理的互感器是采用光纤围绕被测载流导线 N 圈作为电流敏感元件，利用法拉第原理的全光纤互感器采用偏振检测法或利用法拉第效应的非互易性通过干涉仪进行检测，是一个闭环的系统，有利于修正误差。与光学玻璃的性质类似，光纤内存在线性双折射，温度、振动等影响不可避免。

1.3.2　智能组件简介

1. 合并单元

按照 IEC 61850《电力应用自动化用通信网络和系统》系列标准的相关定义，合并单元（merging unit，MU）是指用于对来自二次转换器的电流和电压数据进行时间相关组合的物理单元。一次互感器将电气量传输给合并单元，对电气量进行合并和同步处理后，按照通信方式的要求，将电气量处理成数字信号，并发送给间隔层中需要使用该信号的设备。在某种程度上，合并单元在过程层将数据实现共享和数字化，同时也具备采集电压、电流瞬时数据、采样值有效性处理、采样值输出、时钟同步及守时、设备自检及指示、电压并列和切换的功能。

与合并单元配合出现的是互感器。合并单元与互感器的常见组合方式主要有两种：一种是“互感器+合并单元”模式（分散布置形式），另一种是电子式互感器模式（集成布置方式）。鉴于前文所述，电子式互感器技术上仍然不够成熟，使用过程中有较多弊端，可靠性较差，所以智能变电站广泛采用的是“互感器+合并单元”模式。

电压信号通过“电压互感器+母线电压合并单元”的形式采集，电流信号采用“电流互感器+间隔合并单元”的形式采集，母线合并单元通过光纤级联的形式与间隔合并单元实现电流和电压数据的时间相关组合，然后再由间隔合并单元向间隔层设备提供数字化采样信息。

2. 智能终端

智能变电站的显著特点是一次设备智能化，即要实现断路器的智能化。国家电网有限公司企业标准 Q/GDW 383—2009《智能变电站技术导则》中的智能设备定义为“一次设备与其智能组件的有机结合体，两者共同组成一台（套）完整的智能设备”。其实现方式有两种：一种是直接将智能控制模块内嵌在断路器中，智能断路器是一个不可分割的整体，可直接提供网络通信；另一种方式是将智能控制模块形成一个独立装置——智能操作箱，安装在传统断路器附近，实现现有断路器的智能化。前者所指的智能断路器配有电子设备、数字通信接口、传感器和执行器，不但具有分合闸功能，而且在监测和诊断方面具有智能控制、在线监测诊断、数字通信、电子操控等附加功能。后者比较容易实现，国内智能化变电站建设基本采用“常规断路器+智能终端”的方案。

断路器智能终端与断路器、隔离开关及接地开关等一次开关设备就近安装，完成对一次设备的信息采集和分合控制等功能。断路器智能终端又可分为分相智能终端和三相智能终端。分相智能终端与采用分相机构的断路器配合使用，一般用于 220kV 及以上电压等级；三相智能终端与采用三相联动机构的断路器配合使用，一般用于 110kV 及以下电压等级。

3. 交换机

交换是按照通信两端传输信息的需要，用人工或设备自动完成的方法把要传输的信息送到符合要求的相应路由上的技术的统称。广义上的交换机就是一种在通信系统中完成信息交换功能的设备。

在计算机网络中，交换概念的提出改进了共享工作模式，这种新的工作模式就是共享网络带宽。交换机是一种智能型设备，工作于数据链路层，以媒体存取控制（media access control，MAC）地址为基础，对帧进行封装转发操作。交换机可以学习 MAC 地址，并把其存放在内部地址表中，通过在数据帧的始发者和目标接收者之间建立临时的交换路径，使数据帧直接由源地址到达目的地址。使用交换机可以把网络“分段”，经济地将网络分成小的冲突网域，为每个工作站提供更高的带宽。通过对照 MAC 地址表，交换机只允许必要的网络流量通过交换机。通过交换机的过滤和转发，可以有效地隔离广播风暴，减少误包和错包的出现，避免共享冲突。

以太网交换机可以用来连接多个局域网段，在网络设备之间实现无冲突的专用通信。交换机在同一时刻可进行多个端口之间的数据传输，每一端口都可视为独立的网段，连接在其上的网络设备独自享有全部的带宽，无须同其他设备竞争使用。

小　结

本章首先简述智能变电站的发展历程，概括了智能变电站发展的三个阶段，重点介绍了智能变电站的基础 IEC 61850《电力应用自动化用通信网络和系统》系列标准的由来、组成、基本术语，对智能变电站网络结构及信息流展开分析。最后简要介绍电子式互感器和智能组件。通过本章学习，读者能够对智能变电站建立初步认识，为本书后续学习打下基础。

第 2 章

智能变电站关键技术介绍

智能变电站以全站信息数字化、通信平台网络化、信息共享标准化为基本要求，其应用对继电保护工作者提出了更高要求，除了继电保护知识外，还需掌握变电站自动化、网络通信等相关专业技术，只有具备多专业综合素质才可能把智能变电站继电保护工作做好。

本章节主要针对智能变电站涉及的关键技术开展介绍，如 IED 信息模型、变电站配置描述语言 SCL、GOOSE 技术、SV 技术、虚端子、对时技术、同步技术等。

2.1　面向对象建模（IED 模型）

IEC 61850《电力应用自动化用通信网络和系统》系列标准中 IED 的信息模型为分层结构化类模型。信息模型的每一层都定义为抽象的类，并封装了相应的属性和服务，属性描述了这个类的所有实例的外部可视特征，而服务提供了访问（操作）类属性的方法。

如图 2-1 所示，IEC 61850《电力应用自动化用通信网络和系统》系列标准中 IED 的分层信息模型自上而下分为四个层级：服务器（server）、逻辑设备（logical device）、逻辑节点（logical node）和数据（data），上一层级的类模型由若干个下一层级的类模型“聚合”而成，位于最低层级的 data 类由若干数据属性（data attribute，DA）组成。一个 IED 可定义为 server 对象，每个 server 对象中至少包含一个 LD 对象，每个 LD 对象至少包含 3 个 LN 对象：LLN0、LPHD 及其他应用逻辑节点。server 代表设备的外部可视性能；LD 包含一组特定功能，代表一组典型变电站功能的逻辑实体，如控制；LN 是一个特定应用功能，为交换数据的最小功能单元，可以与其他逻辑节点进行信息交互，如开关控制；data 代表一个信息，如断路器位置；DA 表示数据对象的内涵，如具体的断路器分合状态（0 表示分位，1 表示合位）。

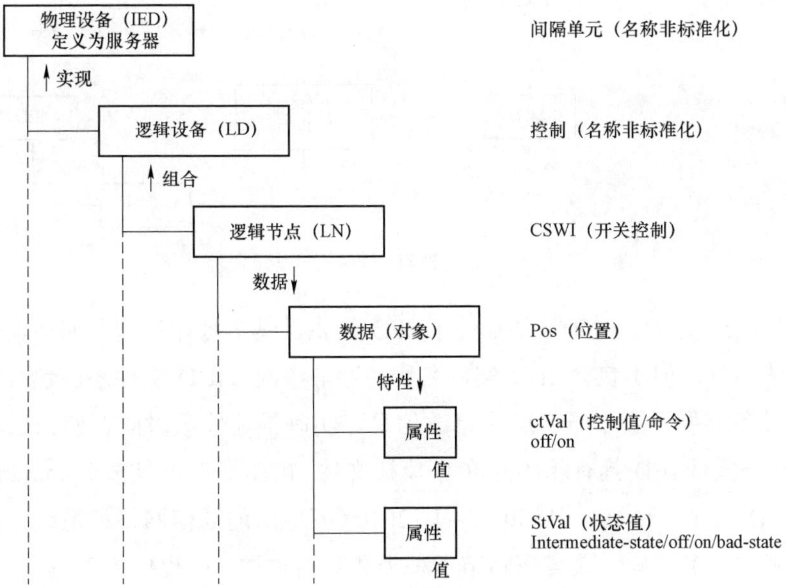

图 2-1　智能变电站 IED 数据模型

2.2　统 一 语 言 描 述

变电站配置描述语言（substation configuration language，SCL）基于 XML1.0，利用 XML 的自描述特性，主要用于智能化设备能力描述和变电站系统与网络通信拓扑结构描述。可扩展标记语言（extensible markup language，XML），适用于定义特定领域有关的、语义结构化的标记语言。XML 使用文档类型定义（document type definition，DTD）或者模式（schema）来描述 XML 的文档格式。XML 也是一种简单的数据存储语言，使用一系列简单的标记描述数据，XML 的文档结构具有灵活性、可扩展性，另外从数据处理的角度看，易于掌握与阅读。

IEC 61850《电力应用自动化用通信网络和系统》系列标准定义了 SCL 的具体格式，共分为四类，分别以 ICD、SSD、SCD、CID、CCD 为后缀进行区分。智能变电站在具体实施过程中，通过系统配置工具和 IED 配置工具完成上述文件的配置，如图 2-2 所示。

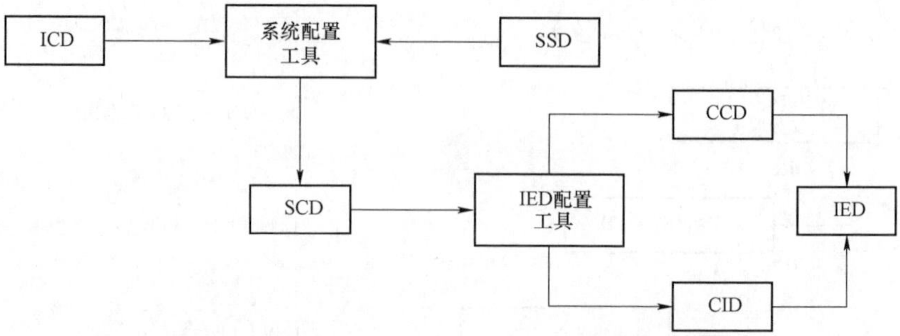

图 2-2　智能变电站继电保护工程配置流程图

（1）ICD 文件：ICD 文件描述了 IED 提供的基本数据模型及服务，包含模型自描述信息，但不包含 IED 实例名称和通信参数，ICD 文件还应包含设备厂家名、设备类型、版本号、版本修改信息，明确描述修改时间、修改版本号等内容，同一型号 IED 具有相同的 ICD 模板文件，ICD 文件不包含 Communication 元素；ICD 文件按照 IEC 61850-7-4-2010《变电所的通信网络和系统　第 7-4 部分：基本通信结构　兼容逻辑节点种类和数据种类》中提供的模型及 Q/GDW 1396—2012《IEC 61850 工程继电保护应用模型》中的规定进行建模，尽量不进行扩展，如需扩展需工程各方协调，尽可能少用通用输入输出逻辑节点（GGIO），不同类型保护应使用不同的 LN 模型；ICD 文件中所有 LN 的 DO 建议都要有中文描述，对于重要信息的 DO 一定要有中文描述。

（2）SSD 文件：SSD 文件描述变电站一次系统结构以及相关联的逻辑节点，全站唯一，SSD 文件应由系统集成厂商提供，并最终包含在 SCD 文件中。

（3）SCD 文件：SCD 文件包含全站所有信息，描述所有 IED 的实例配置和通信参数、IED 之间的通信配置以及变电站一次系统结构，SCD 文件应包含版本修改信息，明确描述修改时间、修改版本号等内容，SCD 文件建立在 ICD 和 SSD 文件的基础上，也可由系统配置工具生成。

（4）CID 文件：CID 文件是 IED 的实例配置文件，从 SCD 文件导出生成，禁止手动修改，以避免出错，一般全站唯一，每个装置一个，直接下载到装置中使用。IED 通信程序启动时自动解析 CID 文件映射生成相应的逻辑节点数据结构，实现通信与信息模型的分离，可在不修改通信程序的情况下，快速修改相关模型映射与配置。

（5）CCD 文件：CCD 文件是 IED 的回路实例配置文件，从 SCD 文件导出生成，用于描述 IED 的 GOOSE、SV 发布/订阅信息的配置文件，包括发布/订阅的控制块配置、内部变量映射、物理端口描述和虚端子连接关系等信息。该文件从 SCD 文件导出后下装到 IED 中运行。

2.3　GOOSE 技 术

2.3.1　GOOSE 技术简介

通用面向对象的变电站事件（generic object oriented substation event，GOOSE），采用发布者/订阅者的方式，实现装置间一点对多点数据的快速传递。在继电保护系统中，GOOSE 报文一般作为跳合闸信号、开关位置信息和闭锁信号等信息的载体，在保护单元和智能终端之间传输，并最终达到控制断路器的目的。GOOSE 网络连接过程层设备与间隔层设备，并用于传输 GOOSE 报文，实现间隔层和过程层设备之间的状态与控制数据交换。

GOOSE 可以采用点对点的方式连接，也可以采用组网的方式。前者不需要交换机，但在每个保护单元和智能终端之间都要用专用的光纤连接，后者更符合 IEC 61850《电力应用自动化用通信网络和系统》系列标准及信息共享的原则，但在网络流量过大时会对跳合闸的实时性产生影响，因此一般赋予 GOOSE 报文较高的优先级，从而保证其可靠传输。

2.3.2　GOOSE 报文内容解析

GOOSE 报文以帧为最小单位，每帧格式见表 2-1~表 2-3。

表 2-1　　GOOSE 报文格式

Header MAC	MAC 目的地址（6 字节）=0x010CCD010000～0x010CCD0101FF
	MAC 源地址（6 字节）
Priority tagged	TPID（2 字节标记）=0x8100
	TCI（2 字节）=User priority（3bit）+CFI（1bit）+VID（12bit）
Ethertype	Ethertype（2 字节）=0x88B8
Header	AppID（2 字节）=0x0000～0x3FFF
	Length（2 字节）=8+m
	Reserved 1（2 字节）=0x0000
	Reserved 2（2 字节）=0x0000

续表

APDU	APDU（*m* 字节<1493）
MAC 填充	（Pad bytes if necessary）（若干字节）
MAC 计算检验	CRC（4 字节）

表 2－2 **GOOSE 的 APDU 格式**

说明	报文内容
APDU 数据 T－L	标记＝61H
	长度
GOCBRef 字符串	标记＝80H
	长度≤65
	GOOSE 控制块索引（GOCBRef）
允许生存时间，INT32U	标记＝81H
	长度≤5
	t
DatSet 名字符串	标记＝82H
	长度≤65
	DatSet 名字符串
GoID 字符串	标记＝83H
	长度≤65
	GOOSE 标识（GoID）
StNum 加 1 时的时间，8 字节 UTC 时间	标记＝84H
	长度＝8
	t
变化序号，INT32U，每次报文中的数据有变位时，此值加 1，初始值＝1，值 0 保留	标记＝85H
	长度≤5
	StNum
报文（递增）顺序号，INT32U，初始值＝1，StNum 变化时此值复归到 0	标记＝86H
	长度≤5
	SqNum

续表

说明		报文内容
测试标志 Test，BOOLEAN		标记＝87H
		长度＝1
		Test
配置版本号（配置次数），INT32U		标记＝88H
		长度≤5
		confRev
未配置好标志，BOOLEAN		标记＝89H
		长度＝1
		ndsCom
GOOSE 数据的 ASN.1 编码单元个数，INT32U		标记＝8aH
		长度≤5
		总个数
GOOSE 数据 T－L		标记＝abH
		长度
GOOSE 状态	RPIT/XCBR1.Pos.stVal（数据 1）	标记＝83H
		长度＝1
		stVal
	RPIT/XCBR1.Pos.q（数据 2）	标记＝84H
		长度＝2
		q（2 字节）
	RPIT/XCBR1.Pos.t（数据 3）	标记＝91H
		长度＝8
		t
GOOSE 整型	RPIT/DT1ZBAT1.Vol.mag.i（数据 4）	标＝85H
		长度＝4
		INT32（4 字节）
GOOSE 浮点	RPIT/DT1ZBAT1.Vol.mag.f（数据 5）	标记＝87H
		长度＝5
		08H
		FLOAT32（4 字节）
…		…

表 2-3　　GOOSE 数据的 q 属性

bit7	bit6	bit5	bit4	bit3	bit2	bit0～1	
细化品质						有效性	
旧数据	故障	抖动	坏基准值	超值域	溢出	0=好，1=无效， 2=保留，3=可疑	
bit15	bit14	bit13	bit12	bit11	bit10	bit9	bit8
			操作员闭锁	测试	源	细化品质	
不精确	不一致						

注　bit13～bit15 未用。

GOOSE 报文主要分网络参数、GOOSE 参数和 GOOSE 数据三块内容。

1. 网络参数

（1）Destination（目的地址）。一种组播 MAC 地址，在交换机上以组播的形式传递，GOOSE 的目的地址一般以 01-0C-CD-01 开头，后面两个字节可自由分配。目的地址是集成设计时统一分配的，是全站唯一的，是 GOOSE 报文订阅机制的重要参数之一。它的正确配置是过程层通信的最基本条件，工程人员可将其认定为 GOOSE 数据的唯一标识。

（2）Source（源地址）。装置板卡的物理地址，在过程层应用中没有实际意义，但也应保证其不冲突，该物理地址可由厂家修改。

（3）VLAN 标识。VLAN 标记字段的长度是 4 字节。4 字节标记字段的结构见表 2-4。VLAN 标记的前 2 个字节和标准 MAC 帧中的长度/类型字段的作用一样，但它总是设置为 0x8100，称为标签协议标识符（tag protocol identifier，TPID）。后面 2 个字节中，前 3 位是用户优先级字段（user priority），接着的 1 位是规范格式指示符（canonical format indicator，CFI），最后的 12 位是虚拟局域网标识符（VLAN identifier，VID）。

表 2-4　　VALN 协中优先级/VLAN 标记字段的结构

字节		bit7	bit6	bit5	bit4	bit3	bit2	bit1	bit0
1	TPID	0x8100							
2									
3	TCI	User priority			CFI	VID			
4		VID							

1）User priority：用于区分报文优先级。高优先级帧应设置为 4～7，低优先级帧则为 1～3。应避免采用优先级 0，因为这会引起不可预见的传输延时。如果不配置优先级，则采用默认值 4。

2）CFI：规范格式指示符。智能变电站 SV/GOOSE 报文应设为 0。

3）VID：虚拟网支持功能是可选的，如果采用这种机制，应设定虚拟网标识（VID）。它唯一地标志了这个以太网帧是属于哪一个 VLAN。采样值虚拟网标识（VID）的默认值为 0。VLAN 的工作原理具体可见交换机部分。

4）AppID：GOOSE 报文的另一个重要标识，一般配置成与目的地址的后两个字节相同。

2. GOOSE 参数

（1）GOOSE control（block）reference（GOOSE 控制块索引）。是 GOOSE 报文的重要标识，控制块索引为 IED+LD/LNGOgocbName，如 PL2211ANPI1/LLN0GOgocb0。

（2）Time allowed to live（报文生存时间）。应为“MaxTime”配置参数的两倍（即 $2t_0$）。若订阅此 GOOSE 报文的装置在 $2t_0$ 时间内没有收到报文，将判断此 GOOSE 链路中断。

（3）Dataset reference（数据集索引）。是 GOOSE 报文的重要标识。数据集索引为 IED+LD/LNGOdatSet。如 220 线路保护的数据集索引为 PL2211ANPI1/LLN0$dsGOOSE0。

（4）GOOSE ID。GOOSE 报文的又一个重要标识，与目的地址、AppID、GOCBRef 类似，都是 GOOSE 报文的唯一标识。接收方应严格检查 AppID、GoID、GOCBRef、DataSet、ConfRev 等参数是否匹配。如 PL2211ANPI1/LLN0.gocb0。

（5）Event timestamp。GOOSE 数据最后一次变位的 UTC 时间。

（6）State change number（stNum）。记录 GOOSE 数据总共的变位次数。当 GOOSE 数据发生变化时，stNum 加 1。装置上电时，stNum 应初始化为 1。

（7）Sequence number（sqNum）。记录 GOOSE 数据最后一次变位至今发送的报文数。它随 GOOSE 心跳报文自动累加 1，当 GOOSE 数据变位时，sqNum 置 0。装置上电时，sqNum 应初始化为 1。

（8）Test（检修标识位）。GOOSE 检修位，接收方据此判断 GOOSE 报文是否为检修状态，并根据检修机制确定是否使用此 GOOSE 报文的内容。一般地，互相连接的 IED 设备同时处于检修或者运行状态时，GOOSE 报文的内容将被采用。否则，接收到的 GOOSE 报文不参与运行处理。

（9）Configure rev（confRev）。GOOSE 报文的重要标识，配置版本号。

3. GOOSE 数据

GOOSE 数据项的数目、数据项的次序都是由 GOOSE 数据集定义的，图 2-3 所示即为预先定义的数据集。比如第一个数据表示 A 相跳闸信号。如果数据值为 TRUE，表示该保护发送 A 相跳闸命令。IEC 61850《电力应用自动化用通信网络和系统》系列标准在 GOOSE 数据项中含有数据品质和时间项，实际应用中多省略这两项，仅含有状态量，如图 2-4 所示的某线路保护 GOOSE 报文。

	= ldInst	= prefix	= lnClass	= lnInst	= doName	= daName	= fc
1	PI1	Break1	PTRC	1	Tr	phsA	ST
2	PI1	Break1	PTRC	1	Tr	phsB	ST
3	PI1	Break1	PTRC	1	Tr	phsC	ST
4	PI1	Break1	PTRC	1	StrBF	phsA	ST
5	PI1	Break1	PTRC	1	StrBF	phsB	ST
6	PI1	Break1	PTRC	1	StrBF	phsC	ST
7	PI1	Break1	PTRC	1	BlkRecST	stVal	ST
8	PI1	Break2	PTRC	1	Tr	phsA	ST
9	PI1	Break2	PTRC	1	Tr	phsB	ST
10	PI1	Break2	PTRC	1	Tr	phsC	ST
11	PI1	Break2	PTRC	1	StrBF	phsA	ST
12	PI1	Break2	PTRC	1	StrBF	phsB	ST
13	PI1	Break2	PTRC	1	StrBF	phsC	ST
14	PI1	Break2	PTRC	1	BlkRecST	stVal	ST
15	PI1		RREC	1	Op	general	ST
16	PI1	RemTr1	PSCH	1	ProRx	stVal	ST
17	PI1	RemTr2	PSCH	1	ProRx	stVal	ST
18	PI1		GGIO	4	Alm1	stVal	ST

图 2-3　GOOSE 数据集示例

常见的 GOOSE 参数分为布尔型、位串型、时间型、浮点型四种：

（1）布尔型有 0 和 1 两种状态，用于表示普通的开关量信号。

（2）位串型有 01、10、00、11 四种状态，一般用于表示断路器、隔离开关等双位置信号，01 表示“分”位置，10 表示“合”位置，00 表示“中间”位置，“11”表示“无效”位置。

（3）时间型数据用于表示数据变位的 UTC 时间，通常在数据集中建立属性名称为 t 的条目。

（4）浮点型用于传递温度、湿度等模拟量采集信号。

2.3.3 GOOSE 报文检修处理机制

（1）当装置检修压板投入时，装置发送的 GOOSE 报文中的 Test 位应置 True。

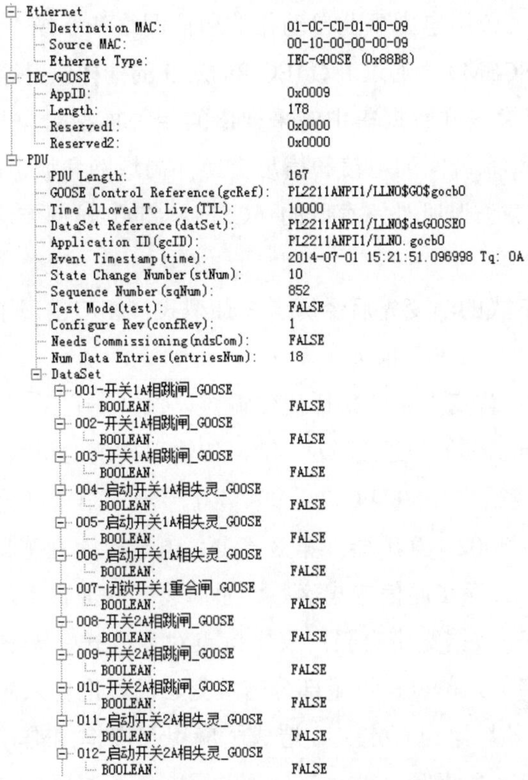

图 2-4　某线路保护的 GOOSE 报文

（2）GOOSE 接收端装置应将接收的 GOOSE 报文中的 Test 位与装置自身的检修压板状态进行比较，只有两者一致时，才认为信号有效并进行处理或动作，不一致时宜与前状态保持一致。

（3）当发送方 GOOSE 报文中 Test 置位时，发生 GOOSE 中断，接收装置应报具体的 GOOSE 中断告警，但不应报“装置告警（异常）”信号，不应点亮“装置告警（异常）”灯。

2.4　SV 技术

2.4.1　SV 技术简介

智能站中，采样值数字化传输信息，基于发布/订阅机制，是过程层与间隔层设备之间通信的重要组成部分，通过 GB/T 20840《互感器》系列标准、IEC

61850-9-2-2011《公用电力事业自动化的通信网络和系统　第 9-2 部分：专用通信服务映射（SCSM）　通过 ISO/IEC 8802-3 的抽样值》等相关标准规范 SV 信息通信过程，交换采样数据集中的采样值的相关模型对象和服务到 ISO/IEC 8802-3《信息技术 系统间的电信和信息交换　局域网和城市区域网　第 3 部分：带检测冲突的载波监听外路存取的（CSMA/CD）访问方法及物理层规范》帧之间的映射。

SV 报文数据格式的演变先后经历了 3 种型式，相应出现了 3 种标准。

1. IEC 60044-8-2002 报文

最早应用于数字化变电站的采样值传输协议报文，它采用多模光纤为媒质，传输速率为 2.5Mbit/s，帧长度固定为 54B，传输采样值通道数固定为 12 路，传输时间为 179μs。遵循 IEC 60044-7-1994《互感器　第 7 部分：电子电压互感器》/IEC 60044-8-2002《互感器　第 8 部分：电子电流互感器》的合并单元采用 FT3 格式编码，其存在通信方式落后、通信速率低等缺点。该协议具有下列缺点：最高采样率和数据宽带有限；仅支持点对点方式，无法实现数据共享，传输格式以 16 个字节为单位，不足部分需填充，而标准并未对如何进行字节填充作出说明，多由各厂家自行定义，造成了应用互操作困难。上述缺点限制了 IEC 60044-8-2002《互感器　第 8 部分：电子电流互感器》在数字化变电站中的广泛使用。

2. IEC 61850-9-1-2003 报文

与智能设备间采用点对点通信方式，通信速率高，可达 100Mbit/s，但跨间隔通信效率低，是 2010 年前建造的变电站主要采用的通信报文。可以看成将 IEC 60044-8-2002《互感器　第 8 部分：电子电流互感器》的数据封装为以太网数据包，并通过以太网传输，其实现相对比较容易，在早期的合并单元、控制保护等设备中有一定的应用。

3. IEC 61850-9-2-2011 报文

标准的合并单元输出接口为以太网，一个光纤以太网口，复用一个 RJ-45 电气以太网口。合并单元输出的 IEC 61850-9-2-2011《公用电力事业自动化的通信网络和系统　第 9-2 部分：专用通信服务映射（SCSM）　通过 ISO/IEC 8802-3 的抽样值》报文，与 GOOSE 同时接入间隔层的间隔层交换机；主干网使用含 VLAN 功能的主干网交换机，配合 VLAN 技术，该方案能较好地控制网络数据流量，缩短网络传输的离散时间。

设备采样数据传输均采用 IEC 61850–9–2–2011《公用电力事业自动化的通信网络和系统　第 9–2 部分：专用通信服务映射（SCSM）　通过 ISO/IEC 8802–3 的抽样值》，并采用点对点的同步时钟系统或 IEEE 1588《网络化测控系统的精密时钟同步协议》系列标准网络时钟同步协议来实现同步采样。采样值传输网络通信模式，是数字化变电站发展的方向，具有通信灵活、通信可靠且可方便实现分布式保护等优点。

2.4.2　SV 报文内容解析

IEC 61850–9–2–2011《公用电力事业自动化的通信网络和系统　第 9–2 部分：专用通信服务映射（SCSM）　通过 ISO/IEC 8802–3 的抽样值》报文分为网络参数、SV 参数和 SV 数据三块内容，SV 报文结构如表 2–5～表 2–7 所示。

表 2–5　　SV 的帧格式

Header MAC	MAC 目的地址（6 字节）＝0x010CCD040000～0x010CCD0401FF
	MAC 源地址（6 字节）
Priority tagged	TPID（2 字节标记）＝0x8100
	TCI（2 字节）＝User priority（3bits）＋CFI（1bit）＋VID（12bits）
Ethertype	Ethertype（2 字节）＝0x88BA
Header	AppID（2 字节）＝0x4000～0x7FFF
	Length（2 字节）＝8＋*m*
	Reserved 1（2 字节）＝0x0000
	Reserved 2（2 字节）＝0x0000
APDU	APDU（*m* 字节＜1493）
MAC 填充	（Pad bytes if necessary）（若干字节）
MAC 计算检验	CRC（4 字节）

表 2–6　　SV 的 APDU 报文格式

说明	报文内容
APDU 数据 T–L	标记＝60H
	长度

续表

说明	报文内容
ASDU 数目	标记=80H
	长度=01
	ASDU 数目
ASDU 数据 T-L	标记=A2H
	长度
ASDU（1）T-L	标记=30H
	长度
SVID 字符串	标记=80H
	长度≤34
	SVID 字符串
DatSet 字符串，可选	标记=81H
	长度≤19
	DatSet 字符串
样本计数器，INT16U	标记=82H
	长度=2
	SmpCnt
配置版本号，INT32U	标记=83H
	长度=4
	confRev
刷新时间，可选	标记=84H
	长度=6
	RefrTm
同步标志 smpSynch，BOOLEAN	标记=85H
	长度=1
	Sync
采样率，INT16U，可选	标记-86H
	长度=2
	SmpRate

续表

说明	报文内容
采样值 T-L	标记=87H
	长度
通道 1	数据（4 字节）
	q（4 字节）
通道 2	数据（4 字节）
	q（4 字节）
通道 *n*	数据（4 字节）
	q（4 字节）
ASDU（*n*）	—

表 2-7　　SV 数据的 q 属性

bit7	bit6	bit5	bit4	bit3	bit2	bit0～1	
细化品质						有效性	
旧数据	故障	抖动	坏基准值	超值域	溢出	0=好，1=无效， 2=保留，3=可疑	
bit15	bit14	bit13	bit12	bit11	bit10	bit9	bit8
			操作员闭锁	测试	源	细化品质	
不精确	不一致						

注　bit13～bit31 未用。

SV 报文头部分与 GOOSE 报文结构相同，只是取值不同。在数据部分，每个 SV 数据项由 INT32 带符号整型数据和 4 字节品质位组成，电流单位值 1mA，电压单位值 10mV，均为一次值。图 2-5 为某线路合并单元 SV 报文。需要注意的是，从图中可见，每个数据项均带有数据品质 q，其中数据有效为 0x00000000，检修位品质为 0x00000800，数据无效品质为 0x00000001。

2.4.3　SV 报文检修处理机制

（1）当合并单元装置检修压板投入时，发送采样值报文中采样值数据的品质 q 的 Test 位应置 True。

```
Ethernet
    Destination MAC:                01-0C-CD-04-40-01
    Source MAC:                     00-E1-C2-C3-C4-C5
    Ethernet Type:                  IEC-SV (0x88BA)
SV 9-2
    AppID:                          0x4001
    Application Length:             203
    Reserved1:                      0x0000
    Reserved2:                      0x0000
PDU
    PDU Length:                     192
    Number of Asdu:                 1
    Sequence of ASDU:               186
    ASDU[1]
        smvID:                      ML2211BMU/LLN0.smvcb0
        Sample Count(smpCnt):       1677
        Configure Rev(confRev):     1
        Sample Sync(smpSynch):      1
        Sequence of Data:           144
            01-MU额定延时9-2          v=0, q=0x00000000
            02-A相保护电流9-2          v=-17811, q=0x00000000
            03-A相保护电流9-2          v=-17811, q=0x00000000
            04-B相保护电流9-2          v=-77917, q=0x00000000
            05-B相保护电流9-2          v=-77917, q=0x00000000
            06-C相保护电流9-2          v=95723, q=0x00000000
            07-C相保护电流9-2          v=95723, q=0x00000000
            08-A相测量电流9-2          v=-17811, q=0x00000000
            09-B相测量电流9-2          v=-77917, q=0x00000000
            10-C相测量电流9-2          v=95723, q=0x00000000
            11-A相测量电压9-2          v=-3142194, q=0x00000000
            12-A相测量电压9-2          v=-3142194, q=0x00000000
            13-B相测量电压9-2          v=-13745731, q=0x00000000
            14-B相测量电压9-2          v=-13745731, q=0x00000000
            15-C相测量电压9-2          v=16887378, q=0x00000000
            16-C相测量电压9-2          v=16887378, q=0x00000000
            17-中性点零序电流9-2        v=-5, q=0x00000000
            18-同期电压9-2             v=0, q=0x00000000
```

图 2－5　某线路合并单元 SV 报文

（2）SV 接收端装置应将接收的 SV 报文中的 Test 位与装置自身的检修压板状态进行比较，只有两者一致时才将该信号用于保护逻辑，否则应按相关通道采样异常进行处理，保护装置应报警并闭锁相关保护。

（3）对于多路 SV 输入的保护装置，一个 SV 接收软压板退出时，应退出该路采样值，该 SV 中断或检修均不影响本装置运行。

2.5　SV、GOOSE 报文传输机制

2.5.1　GOOSE 报文传输机制

GOOSE 是一种面向通用对象的变电站事件。主要用于实现在多个具有保护功能的 IED 之间实现保护功能的闭锁和跳闸，它具有高传输成功概率。GOOSE 报文的传输机制如下。

1. GOOSE 报文发送时间间隔

GOOSE 报文并不是按固定时间间隔来发送的，在没有 GOOSE 变位事件发

生时，GOOSE 报文的发送间隔相对比较长，按固定时间间隔（通常为 5s）来进行，但是在发生事件时，数据发生了变化，发送时间间隔就会设置为最小（一般按 2、2、4、8ms 发送），在此阶段，发送时间间隔会逐渐增大，直到事件状态稳定，GOOSE 报文的发送又变为固定长时间间隔。该过程如图 2-6 所示。

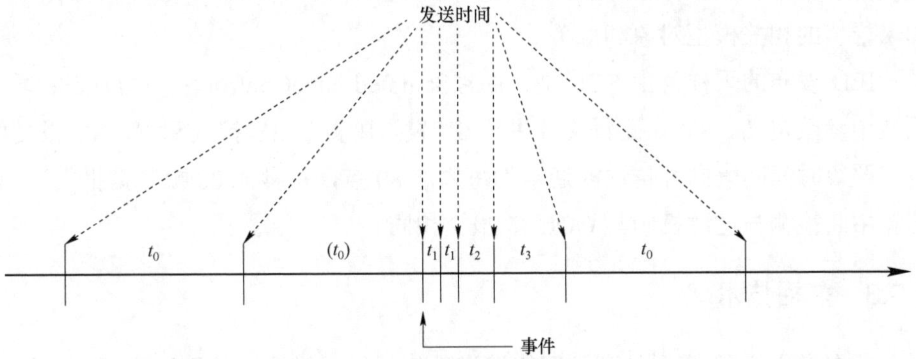

图 2-6　GOOSE 报文发送机制

t_0—稳定状态下（长时间内无事件发生）报文重发时间间隔；（t_0）—由于事件发生导致 t_0 变短的时间间隔；t_1—事件发生后最短的重发时间间隔；t_2、t_3—重发直到再次回到稳定状态时间间隔

2. GOOSE 报文接收方对通信中断的检测

对于一个重发的 GOOSE 报文，会在报文中附带一个 TimeAllowedToLive 的参数，即生存时间，该参数告知接收方等待下一个重发的 GOOSE 报文的最长时间，如果在该时间内，接收方没有收到重发的报文，就可以认为是发生了通信中断。

3. GOOSE 报文过滤机制

对于 GOOSE 报文的发送方，它可能会以组播的方式发送多个报文，每个报文都是与特定数据相关的，报文头中包含有不同的目标地址；对于接收方，网络底层会收到网络上所有的 GOOSE 报文，其中包括接收方需要的信息和它不需要的信息，所以需要对报文进行过滤，为了减轻中央处理器（CPU）的负担，这个过滤的任务一般由网络控制器来完成。

接收方采取订阅的形式来获取需要的 GOOSE 报文，接收方配置了一个 GOOSE 报文目标地址列表，并对网络控制器进行设置，网络控制器收到 GOOSE 报文后就将报文中的目标地址与目标地址列表中的地址做对比，如果该目标地址包含在地址列表中，那么就认为该 GOOSE 报文是接收方订阅的，在 CPU 从网络控制器读取 GOOSE 报文时，将报文传送给 CPU。然后接收方会进一步对 GOOSE 报文进行解析。

2.5.2 SV 报文传输机制

SV 报文传输数字化的采样值信息。基于发布/订阅机制，交换采样数据集中的采样值的相关模型对象和服务。

IED 发布的采样值由 SCL 文件中＜SampledValueControl＞、＜DataSet＞等元素中参数定义。SV 在配置文件里分 SV 发送配置与 SV 接收配置，SV 报文始终按照等时间间隔向外传送（通常为每周波 80 点，每秒 4000 帧数据报文），其传输中断检测与过滤机制与 GOOSE 报文相同。

2.5.3 多播技术

发布者/订阅者模型是利用网络发送数据的一种模型，特别适用于多数据源向多接收者发送流量大、实时性要求高的数据。IEC 61850《电力应用自动化用通信网络和系统》系列标准中规定，SV 报文和 GOOSE 报文这两类重要的实时报文均采用发布者/订阅者模型进行通信，具体实现时可有以下两种方案：基于 VLAN 的发布者/订阅者模式和基于 MAC 多播地址过滤的发布者/订阅者模式。

在图 2-7 中，发布者和订阅者具有相同的 VID=20，交换机接收到多播报文后，根据帧中的 VID，将该帧转发到支持该 VID 的端口上。

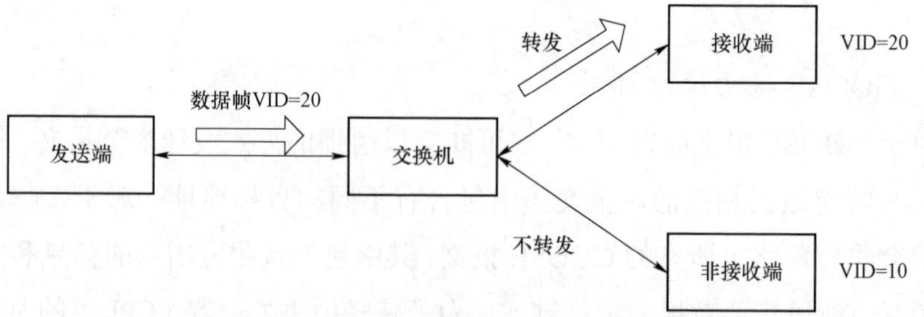

图 2-7　基于 VLAN 的发布者/订阅者模式

另一种实现发布者/订阅者模式的通信方式是基于 MAC 多播地址过滤机制。如果以太网帧的目的地址第一字节的最低位为 1，则该地址为多播地址，该帧为多播帧。交换机接收到多播帧后，将多播帧转发到交换机的所有端口，接收端装置的网卡可通过编程实现对多播地址的过滤并决定是否接收该多播帧。SV 报文和 GOOSE 报文所用的多播地址（6 个字节）有以下结构：前三个字节被电气与电子工程师协会（Institute of Electrical and Electronics Engineers，IEEE）定为 01－0C－CD；第四个字节为 01，则为 GOOSE；第四个字节为 04，则为 SV；最后两个字节为独立地址，其范围可参考表 2－5。根据工程应用情况，最后两个字节也可对表 2－5 的地址进行扩充。

图 2－8 所示的是基于 MAC 多播过滤机制的发布者/订阅者通信模式。发布者发送的数据帧的目的地址为 01－0C－CD－01－00－0C，交换机上的所有端口都会收到该帧，由于非订阅者的多播地址列表中没有该地址，因此该帧将被丢弃。如果交换机支持 IGMP Snooping 协议，多播报文也可以不在交换机上广播，而是仅转发到订阅该报文的端口上。

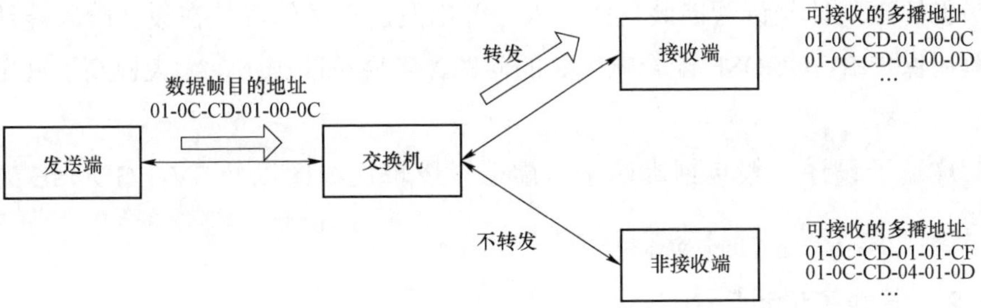

图 2－8　基于 MAC 多播过滤机制的发布者/订阅者通信模式

2.6　虚　端　子

2.6.1　虚端子简介

网络通信技术作为推动智能变电站发展的关键因素，深刻影响了继电保护的实现方式，从根本上改变了智能变电站二次系统信息传输的模式，主要表现为信息传输介质和端子连接方式的变化。

传统变电站的保护、测控等二次设备开关量开入、开出，模拟量输入、输出等端子排，保护装置的各开关量、跳合闸出口、模拟量采集端口等都一一对应于具体的端子。智能变电站中，原有传统的端子概念消失了，取而代之的是基于网络传输的数字信号，原有点对点的电缆连接也被网络化的光缆连接所取代。此时，仍旧按照传统的设计理念、设计方法去对待智能变电站，设计阶段能够表现的仅仅是从各二次设备之间以及到交换机的光缆连接，所有信息全部隐含在光缆中。而事实上，变电站中的每个 SV、GOOSE 信息仍需要一一配置，因此便引入了“虚端子”的概念，以虚端子代替物理端子，逻辑连接代替物理连接，用以反映二次设备之间的 SV、GOOSE 配置与联系。

虚端子是一种虚拟端子，是为了便于形象地反映智能变电站二次设备之间 SV、GOOSE 信息的联系，与传统屏柜的端子存在着对应的关系，是网络上传递的 SV、GOOSE 信号的起点和终点。工程设计上，ICD 文件中会预先定义逻辑节点，该逻辑节点中的数据或数据属性与外部输入对应。虚端子的连接工作类似常规变电站物理回路上的电缆连接。该方法能够将基于网络传输的 SV/GOOSE 数字信号端子的形式一一表达，使得设计、施工、调试及运行维护人员能够直观地阅读智能装置的开入、开出及出口逻辑等；在设计阶段能够成功解决保护 SV/GOOSE 配合难表达的问题，实现按图施工，大大提高了施工、调试的效率。

虚端子设计一般包括虚端子、虚端子逻辑连线图以及 SV、GOOSE 配置表等。

2.6.2 虚端子设计

虚端子设计一般包括虚端子、虚端子逻辑连线图以及 SV、GOOSE 配置表等。

1. 虚端子

将智能装置的逻辑输入 1～i 分别定义为虚端子 IN1～INi，输出逻辑 1～j 分别定义为虚端子 OUT1～OUTj。

虚端子除了标注该虚端子信号的中文名称外，还标注信号在智能装置中的内部数据属性。智能装置的虚端子设计需要结合变电站的主接线形式，完整体现与其他装置联系的全部信息，并留出适量的备用虚端子。

2. 虚端子之间的逻辑连线

以智能装置的虚端子为基础，根据继电保护原理，将各智能装置 SV/GOOSE 配置以连线的形式加以表示，虚端子逻辑连线 1～k 分别定义为 LL1～LLk。虚端子逻辑连线可以直观地反映不同智能装置之间 SV/GOOSE 联系的全貌，供保护专业人员阅读。

3. SV/GOOSE 配置表

SV/GOOSE 配置表以虚端子逻辑连线为基础，根据逻辑连线，将智能装置间 SV/GOOSE 以列表的方式加以整理再现。SV/GOOSE 配置表由虚端子逻辑连线及其对应的起点、终点组成。其中逻辑连线由逻辑连线编号 LL*k* 和逻辑连线名称共 2 项内容组成；逻辑连线起点包括起点的智能装置名称、虚端子 OUT*j*、虚端子的内部数据属性共 3 项内容；逻辑连线终点的智能装置名称、虚端子 IN*i*、虚端子的内部属性 3 项内容。

SV/GOOSE 配置表对所有虚端子逻辑连线的相关信息系统化地进行整理，作为图纸依据。在具体工程设计中，首先根据智能装置的开发原理，设计智能装置的虚端子；其次结合继电保护原理，在虚端子的基础上设计完成虚端子逻辑连线；最后按照逻辑连线，设计完成 SV/GOOSE 配置表。

引入虚端子的概念后，二次设备厂家可根据设计规范设计并提供其装置的 SV/GOOSE 输入/输出虚端子定义，封装在装置的能力描述 ICD 文件中；设计院根据该定义设计 SV/GOOSE 连线，以表格等形式提供；工程集成商通过 SV/GOOSE 组态工具和设计院的设计文件，完成虚端子连接和其他网络参数配置，组态形成项目的变电站配置描述文件（SCD）；二次设备厂家使用装置配置工具和全站统一的 SCD 文件，提取描述 IED 实例配置通信参数的 CID 文件、含 SV/GOOSE 收发的配置信息的 CCD 文件，并下发到装置；调试人员进行测试。

如图 2-9 所示，给出了实际工程中线路保护的 SV 虚端子表和 GOOSE 虚端子表。

为了更清晰地展示回路关系，各厂家系统配置工具提供虚回路可视化功能，可完整地展示线路保护 SV/GOOSE 收发信息。如图 2-10 所示为完整的线路间隔 SV 和 GOOSE 虚端子连接关系。

NO	信息发布装置	数据集属性	发布信息名称	信息订阅装置	数据集属性	订阅信息名称
1	IL2202A: 220kV XX线线路智能终端A	RPIT/XCBR6STPos$stVal	断路器A相位置	PL2202A: 220kV XX线线路保护A	PIGO/GOINGGIO1STDPCSO1$stVal	断路器分相跳闸位置TWJa
2	IL2202A: 220kV XX线线路智能终端A	RPIT/XCBR7STPos$stVal	断路器B相位置	PL2202A: 220kV XX线线路保护A	PIGO/GOINGGIO2STDPCSO1$stVal	断路器分相跳闸位置TWJb
3	IL2202A: 220kV XX线线路智能终端A	RPIT/XCBR8STPos$stVal	断路器C相位置	PL2202A: 220kV XX线线路保护A	PIGO/GOINGGIO3STDPCSO1$stVal	断路器分相跳闸位置TWJc
4	PM2201A: 220kV 母线保护A	PIGO/LinPTRC7STTr$general	支路7_保护跳闸	PL2202A: 220kV XX线线路保护A	PIGO/GOINGGIO23STSPCSO1$stVal	其他保护动作-1
5	IL2202A: 220kV XX线线路智能终端A	RPIT/GGIO10STInd10$stVal	压力降低禁止重合闸逻辑2YJJ	PL2202A: 220kV XX线线路保护A	PIGO/GOINGGIO10STSPCSO1$stVal	低气压闭锁重合闸
6	IL2202A: 220kV XX线线路智能终端A	RPIT/GGIO10STInd6$stVal	闭锁本套保护重合闸	PL2202A: 220kV XX线线路保护A	PIGO/GOINGGIO4STSPCSO1$stVal	闭锁重合闸-1
7	PM2201A: 220kV 母线保护A	PIGO/LinPTRC7STTr$general	支路7_保护跳闸	PL2202A: 220kV XX线线路保护A	PIGO/GOINGGIO4STSPCSO2$stVal	闭锁重合闸-2

(a) 220kV 线路保护（A 套）GOOSE 虚端子表

图 2-9　线路保护的 SV 虚端子表和 GOOSE 虚端子表（一）

NO	信息发布装置	数据集属性	发布信息名称	信息订阅装置	数据集属性	订阅信息名称
1	ML2202A: 220kV××线线路合并单元A	MUSV/LLN0MXDelayTRtg	MU额定延时	PL2202A: 220kV ××线线路保护A	PISV/SVINGGIO1MXSvIn	MU额定延时
2	ML2202A: 220kV××线线路合并单元A	MUSV/SVOUTTCTR1MXAmp	保护A相电流I_{a1}	PL2202A: 220kV ××线线路保护A	PISV/SVINGGIO10MXSvIn	保护A相电流I_{a1}
3	ML2202A: 220kV××线线路合并单元A	MUSV/SVOUTTCTR1MXAmpR	保护A相电流I_{a2}	PL2202A: 220kV ××线线路保护A	PISV/SVINGGIO11MXSvIn	保护A相电流I_{a2}
4	ML2202A: 220kV××线线路合并单元A	MUSV/SVOUTTCTR2MXAmp	保护B相电流I_{b1}	PL2202A: 220kV ××线线路保护A	PISV/SVINGGIO12MXSvIn	保护B相电流I_{b1}
5	ML2202A: 220kV××线线路合并单元A	MUSV/SVOUTTCTR2MXAmpR	保护B相电流I_{b2}	PL2202A: 220kV ××线线路保护A	PISV/SVINGGIO13MXSvIn	保护B相电流I_{b2}
6	ML2202A: 220kV××线线路合并单元A	MUSV/SVOUTTCTR3MXAmp	保护C相电流I_{c1}	PL2202A: 220kV ××线线路保护A	PISV/SVINGGIO14MXSvIn	保护C相电流I_{c1}
7	ML2202A: 220kV××线线路合并单元A	MUSV/SVOUTTCTR3MXAmpR	保护C相电流I_{c2}	PL2202A: 220kV ××线线路保护A	PISV/SVINGGIO15MXSvIn	保护C相电流I_{c2}
8	ML2202A: 220kV××线线路合并单元A	MUSV/SVOUTTVTR1MXVol	保护A相电压U_{a1}	PL2202A: 220kV ××线线路保护A	PISV/SVINGGIO2MXSvIn	保护A相电压U_{a1}
9	ML2202A: 220kV××线线路合并单元A	MUSV/SVOUTTVTR1MXVolR	保护A相电压U_{a2}	PL2202A: 220kV ××线线路保护A	PISV/SVINGGIO3MXSvIn	保护A相电压U_{a2}
10	ML2202A: 220kV××线线路合并单元A	MUSV/SVOUTTVTR2MXVol	保护B相电压U_{b1}	PL2202A: 220kV ××线线路保护A	PISV/SVINGGIO4MXSvIn	保护B相电压U_{b1}
11	ML2202A: 220kV××线线路合并单元A	MUSV/SVOUTTVTR2MXVolR	保护B相电压U_{b2}	PL2202A: 220kV ××线线路保护A	PISV/SVINGGIO5MXSvIn	保护B相电压U_{b2}
12	ML2202A: 220kV××线线路合并单元A	MUSV/SVOUTTVTR3MXVol	保护C相电压U_{c1}	PL2202A: 220kV ××线线路保护A	PISV/SVINGGIO6MXSvIn	保护C相电压U_{c1}
13	ML2202A: 220kV××线线路合并单元A	MUSV/SVOUTTVTR3MXVolR	保护C相电压U_{c2}	PL2202A: 220kV ××线线路保护A	PISV/SVINGGIO7MXSvIn	保护C相电压U_{c2}
14	ML2202A: 220kV××线线路合并单元A	MUSV/SVOUTTVTR8MXVol	同期电压U_{x1}	PL2202A: 220kV ××线线路保护A	PISV/SVINGGIO8MXSvIn	同期电压U_{x1}
15	ML2202A: 220kV××线线路合并单元A	MUSV/SVOUTTVTR8MXVolR	同期电压U_{x2}	PL2202A: 220kV ××线线路保护A	PISV/SVINGGIO9MXSvIn	同期电压U_{x2}

(b) 220kV 线路保护（A 套）SV 虚端子表

图 2-9　线路保护的 SV 虚端子表和 GOOSE 虚端子表（二）

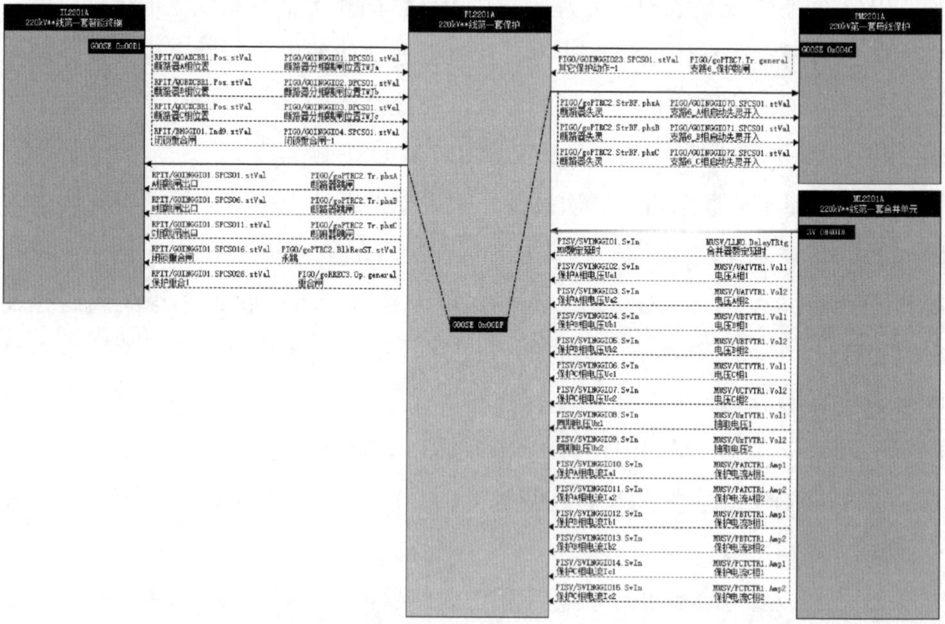

图 2-10　线路间隔 SV 和 GOOSE 虚端子可视化

2.7　对　时　技　术

2.7.1　概述

对时技术用于为变电站用时设备提供全站统一的时间基准，实现时钟同步，为系统故障分析和处理提供准确的时间依据，是提高综合自动化水平的必要技术手段。变电站中时间同步系统由主时钟单元、时钟扩展单元、传输介质组成，其中主时钟单元由时间信号同步单元、守时单元、时间信号输出单元、显示与告警单元组成。

变电站中应用的时钟源类型主要有全球定位系统（global positioning system，GPS）、北斗卫星定位系统。全球定位系统（GPS）是美国从 20 世纪 70 年代开始研制，GPS 授时的应用较早、精度高（可达 100ns）、可靠性高，因而在电力系统中得到了普遍应用。北斗卫星定位系统是中国独立开发的全球卫星导航系统，提供海、陆、空全方位的全球导航定位服务，授时精度可达到 20ns。

变电站采用 GPS 或北斗时钟作为基准源，由站内时钟接收装置通过天线获得 GPS 或北斗时钟，再通过主时钟向其他装置发送准确的时钟同步信号进行对时。由于站内主时钟是地面时钟系统的基准源，要求其具备较高的对时及守时精度，智能变电站主时钟普遍采用高精度的原子钟守时。

智能变电站时钟同步（对时）方式主要有秒脉冲（one pulse per second，1PPS）、IRIG–B（inter–range instrumentation group–B）码、网络时间协议/简单网络时间协议（network time protocol/simple network time protocal，NTP/SNTP）和 IEEE 1588《网络化测控系统的精密时钟同步协议》等。不同的对时方式对应不同的同步对时精度，见表 2–8。

表 2–8　　不同时钟同步方式精度对比

时钟同步方式	同步精度
网络时间协议（SNTP）	0.2～10ms
IRIG–B 码	1μs～1ms
IEEE 1588 精密时钟同步协议（precision time protocol，PTP）	<1μs

2.7.2 技术要求

1. IEC 61850 标准对时间同步的要求

IEC 61850《电力应用自动化用通信网络和系统》系列标准对智能化变电站中过程层、间隔层和站控层的 IED 智能电子设备的同步精度提出了要求，将 IED 设备对时精度分为 5 个等级，分别用 T1～T5 表示，见表 2–9。

表 2–9　IEC 61850《电力应用自动化用通信网络和系统》系列标准对时间同步的要求

时间性能类	精度	目的
T1	1ms	事件时标
T2	0.1ms	用于分布同期的过零和数据时标
T3	25μs	用于配电线间隔或其他要求低的间隔
T4	4μs	用于输电线间隔或用户未另外规定的地方
T5	1μs	用于对时间同步要求高的地方

2. 智能变电站常用对时方式精度要求

智能变电站常用对时方式有 SNTP 网络对时、串口＋脉冲对时、IRIG–B 码对时、IEEE 1588《网络化测控系统的精密时钟同步协议》对时，不同的对时方式对应不同的对时精度，见表 2–10。

表 2–10　不同对时方式精度对比

对时方式	同步精度
SNTP 网络对时	10ms
串口＋脉冲对时	1ms
IRIG–B 码对时	1μs
IEEE 1588 精密时钟同步协议对时	1μs

3. 时间同步系统技术要求

变电站中时间同步系统由主时钟单元、时钟扩展单元、传输介质组成，其中主时钟单元由时间信号同步单元、守时单元、时间信号输出单元、显示与告警单元组成。

（1）时间信号同步单元技术要求：

1）时间信号同步单元接收基准时间信号，并将本地时间同步到基准时间，时间信号同步单元应能同时接收基准时间信号、GPS 基准时间信号、地面时间中心通过网络传递来的基准时间信号（当地面时间中心存在时）。

2）主时钟应双重化配置，支持北斗系统和 GPS 系统单向标准授时信号，优先采用北斗系统，有条件的厂站可以接入 IEEE 1588《网络化测控系统的精密时钟同步协议》网络时钟信号源。

3）主时钟支持两路以上时钟信号源同时输入，根据时钟信息的状态、时间质量、主备控制策略等进行自动优化、选择及锁定当前授时信号。

4）时钟源信号切换时，秒脉冲信号（pulse per second，PPS）输出稳定，跳变不超过 0.1μs。

（2）时间信号输出单元技术要求：

1）输出单元应保持时间信号有效时输出，时间无效时应禁止输出或输出无效标志。

2）在多时间源工作模式下，时间输出应不受时间源切换的影响。

3）主时钟时间信号输出端口在电气上均应相互隔离。

4）时间输出信号有脉冲信号、IRIG−B 码、串行口时间报文、网络时间报文等方式。

5）站控层设备宜采用 NTP/SNTP 网络对时方式。

6）间隔层设备和过程层设备宜采用 IRIG−B（DC），条件具备优先采用 IEEE 1588《网络化测控系统的精密时钟同步协议》网络对时方式。

7）具备异常时钟信息的防误功能。

（3）守时单元技术要求：

1）守时单元应采用高精度、高稳定性的恒温晶体作为本地守时时钟。

2）守时单元应包括本地守时时钟和辅助电源（电池）。

3）时间信号同步单元正常工作时，守时单元的时间被同步到基准时间，当接收不到有效的基准时间信号时，应在规定的保持时间内，输出符合守时精度要求的时间信号。

（4）时钟扩展单元技术要求。因主时钟的时间信号输出路数有限，故应根据实际需要配置时钟扩展单元。时钟扩展单元应满足如下规定：

1）时钟扩展单元的时间信号由主时钟通过光口接入，应支持 A、B 路输入，两路间自动切换。

2）时钟扩展单元应具有延时补偿功能，用来补偿主时钟到扩展单元间传输介质引入的时延。

3）时钟扩展单元应具备自诊断功能，并支持通过本地人机界面、外部信息接口显示信息、设置配置参数。

4）时钟扩展单元的技术要求除了上述三条外，同时还应满足时间信号输出单元技术要求规定。

5）时钟扩展单元具有简单的守时功能，守时指标应满足守时单元技术要求的规定。

6）装置故障（含失电）、装置异常、时间有效性等表征装置运行状态的信息硬接点输出。

（5）时间同步系统对传输介质的技术要求：主时钟时间信号输出单元和时钟扩展单元要能支持使用同轴电缆、屏蔽控制电缆、音频通信电缆、光纤等传输介质来传递时间信号。

4. 时间同步系统对电源的技术要求

主时钟、时钟扩展单元应采用双电源供电功能，能同时适应以下供电电源：

（1）交流电源。额定电压为 220V，允许偏差为－20%～＋15%；频率为 50Hz，允许偏差±5%；交流电源波形为正弦波，谐波含量小于 5%。

（2）直流电源。额定电压为 220、110、48V，允许偏差为－20%～＋15%；直流电源电压波纹系数小于 5%。

（3）装置双电源均需经过防雷设施，在装置内自动切换。

2.7.3 脉冲对时方式

1. 脉冲对时方式原理

脉冲对时信号主要分为三种，即秒脉冲信号（pulse per second，PPS）、分脉冲信号（pulse per minute，PPM）、时脉冲信号（pulse per hour，PPH）。其输出方式有晶体管－晶体管逻辑（transistor transistor logic，TTL）电平、静态空接点、RS－422、RS－485 和光纤等。脉冲对时方式进行对时时，装置利用 GPS 所提出的时间脉冲信号进行时间同步校准，常见的秒脉冲信号如图 2－11 所示。

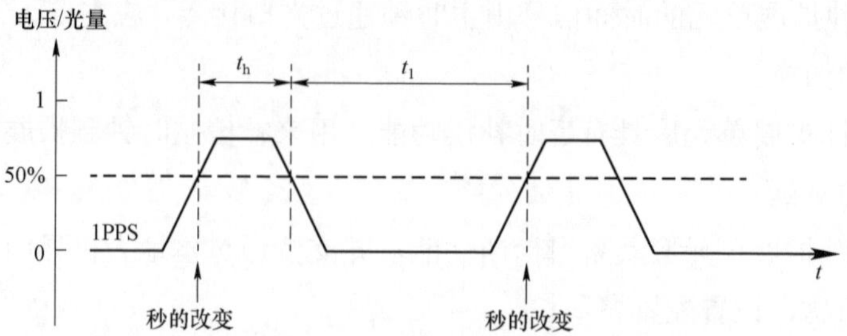

图 2－11　秒脉冲信号

智能变电站过程层设备若采用 1PPS 对时方式，应采用 850nm 波长的光纤接口，其技术指标如下：

（1）脉冲宽度：t_h＞10ms。

（2）秒准时沿：上升沿，上升时间小于等于 100ns。

（3）上升沿的时间准确度：优于 1μs。

（4）使用光纤传导时，亮对应高电平，灭对应低电平，由灭转亮的跳变对应准时沿。

2. 脉冲对时方式的特点

（1）实现简单，可用电缆或光缆作为传输通道。

（2）抗干扰能力弱于 IRIG－B 码。

（3）不能传输完整的时间信息，需与串口报文等其他报文配合使用。

（4）对时误差小于 1μs，只能对时到秒。

2.7.4　IRIG－B 码对时方式

1. IRIG－B 码对时方式原理

IRIG－B 码对时兼顾了通信对时报文和脉冲信号的优点，是一种精度很高并且又含有标准的时间信息的对时方式。其报文中包含了秒、分、小时、日期等相关时间信息，同时每一帧报文的第一个跳变又对应于整秒，相当于秒脉冲同步信号，如图 2－12 所示。装置进行 IRIG－B 码对时时，利用内嵌解码模块，检测出时间信息和对时脉冲，通过串口将时间信息直接下发到各个功能插件。

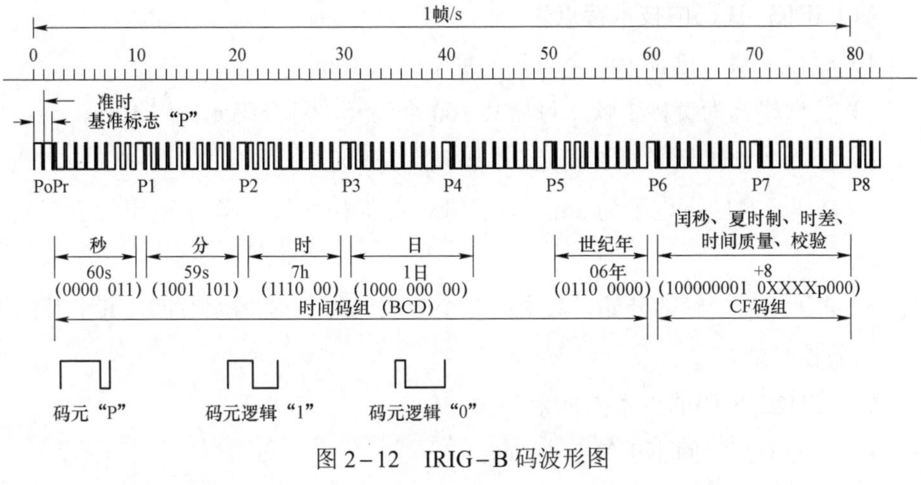

图 2－12　IRIG－B 码波形图

IRIG-B 码对时有交流（AC）码和直流（DC）码两种方式。其中 AC 码以调制的方式编码，适合较远距离传送，DC 码是依靠电平逻辑来编码，传送距离较近。技术规范规定，凡新投运的需授时的变电站，间隔层设备宜采用 RS-485 接口的 IRIG-B（DC）码对时信号，过程层设备宜采用 1310nm 波长光纤接口的 B 码对时信号，如图 2-13 所示。

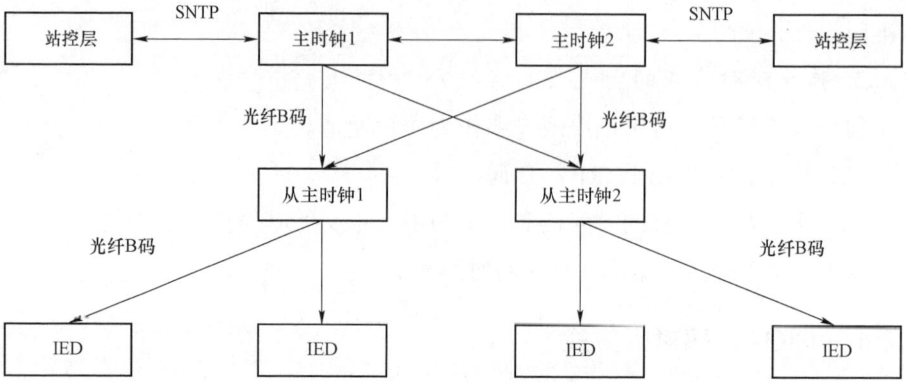

图 2-13　变电站 B 码对时网络图

2. IRIG-B 码对时方式的特点

IRIG-B 码对时方式实现方式简单；当采用 B 码对时时，不需要现场总线的通信报文对时方式，也不需要 GPS 输出大量脉冲接点信号；同步精度高，可靠性好，源脉冲带有完整时间信息；软件冗错复杂，硬件解码稍复杂，需建立全站独立同步网。

（1）IRIG-B 码的技术特点为：

1）每秒 1 帧，包含 100 个码元，每个码元 10ms。

2）传送格式为每秒 1 帧，每帧共 100 个码元，每个码元占用 10ms。

3）分为 3 种码元，即 P 码元、1 码元、0 码元。

4）P 码元对应高电平为 8ms，0 逻辑对应高电平为 2ms，1 逻辑对应高电平为 5ms。

5）P 码元为一帧的开始，其中第二个 P 码元为 PPS（秒脉冲），其上升沿为该秒的整秒时刻。

（2）IRIG-B 码的技术指标为：

1）脉冲上升时间小于等于 100ns。

2）抖动时间小于等于 200ns。

3）秒准时沿的时间准确度优于 1μs。

4）使用光纤传导时，亮对应高电平，灭对应低电平，由灭转亮的跳变对应准时沿，可支持闰秒。

2.7.5　SNTP 对时方式

SNTP 对时在多数情况下，其精度可以保持在 1ms 内，主要应用于变电站站控层网络的对时。

SNTP 对时主要采用客户端/服务器的通信模式。服务器以接收的 GPS 标准时间信息（或者自带的原子钟）作为系统基准时间。客户端通过定期访问服务器获得准确的时间信息，并调整自己的时钟，以达到时间同步的目的，SNTP 工作原理如图 2-14 所示。

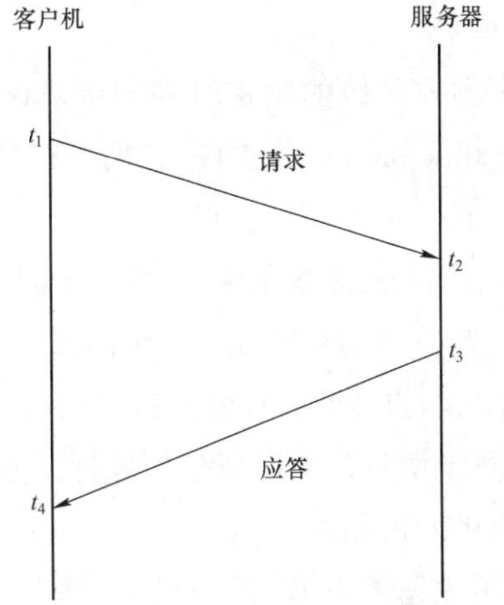

图 2-14　SNTP 工作原理图

t_1—客户机发出请求数据包时刻（以客户机的时间系统为参照）；t_2—服务器收到请求数据包时刻（以服务器的时间系统为参照）；t_3—服务器回复应答数据包时刻（以服务器的时间系统为参照）；t_4—客户机收到应答数据包时刻（以客户机的时间系统为参照）

如图 2-14 所示，客户机首先发送一个请求数据包，服务器收到该请求数据包后回送一个应答数据包。两个数据包中都携带着被发出时刻和被接收时刻的时间信息，即时间戳，根据这四个时间戳，客户机就可以计算出与服务器的时间偏差和网络延时。

数据包在网络上的传输时间为

$$\Delta=(t_4-t_1)-(t_3-t_2) \tag{2-1}$$

假设请求包和应答包在网络上传输时间相同，则单程网络延时为传输延时的一半，即

$$\delta=\frac{(t_4-t_1)-(t_3-t_2)}{2}=\frac{(t_2-t_1)+(t_4-t_3)}{2} \tag{2-2}$$

由此可算出客户机和服务器两个时间系统的偏差为

$$\theta=t_2-(t_1+\delta)=\frac{(t_2-t_1)-(t_4-t_3)}{2} \tag{2-3}$$

客户机通过 t_1、t_2、t_3 和 t_4 计算出时间偏差和网络延时后，在本地时间上加上时间偏差就可以达到和服务器的时间同步。

2.7.6 IEEE 1588 对时方式

1. IEEE 1588 标准概况

IEEE 1588《网络化测控系统的精密时钟同步协议》系列标准全称为精密时钟同步协议（precision time protocol，PTP），用于在局域网中的不同设备间实现亚微秒级的同步精度。具有如下技术特点：

（1）IEEE 1588《网络化测控系统的精密时钟同步协议》使用原有以太网的数据线传送时钟信号，无需额外的对时线，使组网连线简化，成本降低。

（2）较之早期的 NTP/SNTP 网络时间协议（只有软件），IEEE 1588《网络化测控系统的精密时钟同步协议》对时既使用软件，亦同时使用硬件，硬件与软件配合，由此获得更高的对时精度。

2. IEEE 1588 时钟同步基本原理

PTP 协议的基本原理是指主从时钟之间进行同步信息包的发送，对信息包的发出时间和接收时间信息进行记录，并且对每一条信息包“加盖”时间标签。有了时间标签，从时钟就可以计算出网络中的传输延时以及自己与主时钟的时间差，从而进行时钟的校准同步。

为了描述和管理时间信息，PTP 协议定义了 4 种多点传送的信息包，即同步信息包 Sync、Sync 之后的信息包 Follow_Up、延时测量信息包 Delay_Req 和 Delay_Req 的应答信息包 Delay_Resp。同步信息包传递的机制称为“延时—请求响应机制”，如图 2-15 所示。

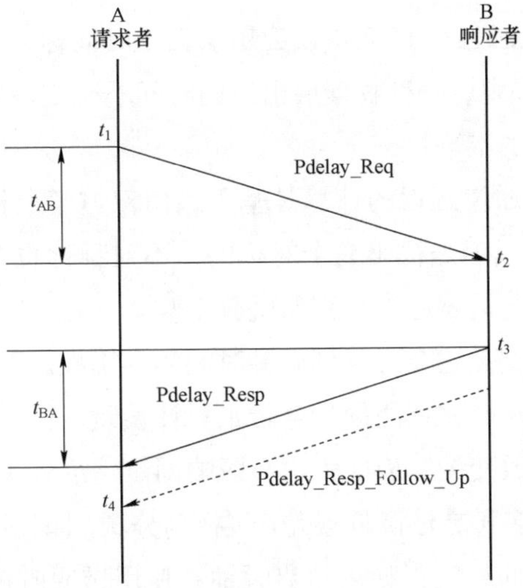

图 2-15 延时一请求响应机制

主时钟周期性发送包括时钟质量的 Sync 消息包，紧接着发送 Follow_Up 信息包通告上个信息包的实际发送时间 t_1（本节提到的时间都是指时钟的本地时间）；从时钟记录 Sync 信包的到达时间 t_2，紧接着在 t_3 时刻发送 Delay_Req 信息包；主时钟记录 Delay_Req 信息包到达时间 t_4，并发送消息 Delay_Resp 把 t_4 告知从时钟。从时钟根据 4 个时间信息计算出两个时钟的偏差和传输延迟。

假设主从之间的消息往返延迟是相等的，则图 2-15 中 t_1、t_2、t_3、t_4 四点的连线是一个等腰梯形，从时钟可计算出自身与主时钟之间的传输延迟 Delay 为

$$\text{Delay} = \frac{(t_4 - t_1) - (t_3 - t_2)}{2} \tag{2-4}$$

从时钟与主时钟的时间偏差 Offset 为

$$\text{Offset} = \frac{(t_2 - t_1) + (t_3 - t_4)}{2} \tag{2-5}$$

从时钟根据计算出来的偏差修改本地时间，从而达到与主时钟同步。

注意式（2-4）和式（2-5）成立的前提是主从时钟之间信息包往返传输时间是相等的。

在同步开始之前，同步域的所有时钟会先通过分布式的最佳主时钟算法确定自己的状态，从而确定域中的主时钟。

3. 影响 IEEE 1588 时钟同步精度的因素

（1）如果 PTP 信息包在 PTP 协议应用层打上时间标签，然后发送出去，由于从 PTP 协议应用层到达时钟物理层出口的时间不确定，协议栈处理信息包的时间会影响时间标签的准确性。

（2）时钟偏差和通道延迟的计算是基于通信双方延迟相等，实际上由于网络抖动等因素，传输延迟是很难完全对称的，不对称性也会影响精度。尤其是长距离的信息包传输，同步精度更容易受到影响。

（3）时钟的晶振偏差也会影响到时钟时间的准确性。

（4）多层次的主从时钟逐级同步会带来累计误差。

（5）对网络拓扑改变的响应能力也会影响同步精度。

PTP 标注引入了多种方法降低误差，包括划分域，即设计为小系统消除网络组件影响；硬件打时间标签；使用边界时钟；使用透明时钟进一步降低非对称性影响；精简 PTP 帧头，减少网络带宽开销，相应降低可能的网络排队延时。

2.8 同 步 技 术

2.8.1 概述

电力互感器是电力系统中为电能计量、继电保护及测控等装置提供电流、电压信号的重要设备。智能变电站数据采集有两种方式，包括集中采样和分散就地采样。常规变电站数据采集为集中采样方式，在不考虑一、二次电气量传变延时的情况下，继电保护等自动化装置只要根据自身的采样脉冲在某一时刻对相关电流互感器（TA）、电压互感器（TV）的二次电气量进行采样就能保证数据的同时性。

智能变电站中，继电保护等自动化设备的数据采集模块前移至合并单元，由于各间隔合并单元的采集处理环节相互独立，没有统一协调，且一、二次电气量的传变附加了延时环节，导致各间隔互感器的二次数据不具有同时性，无法直接用于自动化装置计算。

针对智能变电站将数据采集模块前移至合并单元推广应用过程中遇到的数据同步问题，解决方法主要有两种：插值再采样同步、基于外时钟同步方式同步。第一种解决方法的思路是，不依赖外部时钟，严格要求其等间隔脉冲采样以及精确的传变延时，继电保护设备根据传变延时补偿和插值计算在同一时刻进行重采样，保证了采样值的同步性。插值重采样算法比较成熟，其误差主要来自算法的影响。第二种解决方法的思路是放弃对处理环节延时精确性的限制，采用统一时钟协调各互感器的采样脉冲，全部互感器在同一时刻采集数据并对数据标定，带有同一标号的各互感器二次数据，同样实现了数据同时性。该方式需要铺设独立的对时链路，容易受外部干扰和衰耗的影响。IEEE 1588《网络化测控系统的精密时钟同步协议》是一种基于网络传输协议的外部时钟同步方法，可以在应用数据链路层传输对时脉冲，不需要 B 码方式下的专门光纤通道。采用插值重采样和外部时钟同步的数据同步方法在相关工程中均有应用。

2.8.2　插值同步

对于跨间隔的母线保护、主变压器保护、光纤差动保护的应用，Q/GDW 441—2010《智能变电站继电保护技术规范》中规定了“模拟量应直采”，保证其保护功能不依赖于外部时钟和数据链路的传输延时。

根据 Q/GDW 441—2010《智能变电站继电保护技术规范》，对采样值的要求如下：

（1）保护装置采样值采用点对点接入方式，采样同步应由保护装置实现，根据 GB/T 20840.8—2007《互感器　第 8 部分：电子式电流互感器》（IEC 60044-8-2002《互感器　第 8 部分：电子电流互感器》）或 DL/T 860.92—2016《电力自动化通信网络和系统　第 9-2 部分：特定通信服务映射（SCSM）　基于 ISO/IEC 8802-3 的采样值》（IEC 61850-9-2-2011《公用电力事业自动化的通信网络和系统　第 9-2 部分：专用通信服务映射（SCSM）　通过 ISO/IEC 8802-3 的抽样值》）协议，在工程应用时应能灵活配置。

（2）MU 应输出电子式互感器整体的采样响应延时。

（3）MU 采样值发送间隔离散值应小于 10μs。

前一点要求合并单元与保护装置采用点对点连接方式，不经过交换机。后两点规定了合并单元的发送均匀度指标。

插值同步方案并不实现保护装置与合并单元系统时钟的同步，而是通过跟踪两者系统时钟，将非同步点（合并单元的系统时钟）的数据插值到同步点（保护装置的系统时钟）的一种用于智能变电站跨间隔数据同步的方法。它通过软件插值算法利用已有的不同时刻的采样值计算出新的同一时刻的采样值。这种同步方式数据源侧的采样数据是不同步的，而在数据接收端进行同步，不依赖于外部设备或外部信号，完全由数据接收端设备的软件完成，设备之间也不需要同步时钟同步，只要设备运行正常，就能进行同步，因此从安全性方面考虑，这种不依赖于外部时钟的同步方式是可靠的。但是采样值插值同步以后已不是原来的采样值，而是新计算出来的值，因此这一值与原采样值之间存在一定的误差，这一误差与插值算法有关，工程中通过选取合适的算法可以将这一误差完全控制在允许范围内。下面将重点介绍站内跨间隔保护装置的数据插值同步。

当采样数据不经过交换机，采用点对点方式直接传输时，假设线路 1 间隔和线路 2 间隔合并单元分别按各自晶振控制下以不同的采样率独立采样，将采样值打包形成报文后传给母线保护，报文中记录了数据源地址信息、帧序号、数据链路传输固定延时 Delay 等，延时 Delay 由电子互感器厂家经测试后提供，并且固定不变。母线保护解析出各个间隔合并单元的报文内容，根据其中的时间 Delay 推算到母线保护装置时间系统下的各间隔采样值，用于保护计算。由于保护装置使用的采样频率一般为 1.2kHz，而合并单元采样频率为 4kHz，并且各间隔的采样数据也不刚好对应至保护装置时间系统内的同一时刻，因此需要对收集到的各路数据进行重新插值采样。插值重采样的原理如图 2-16 所示。

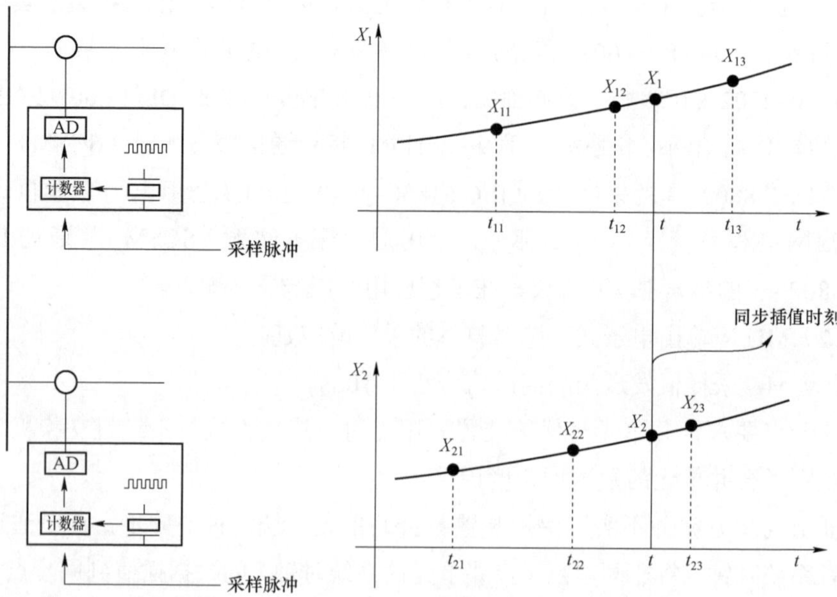

图 2-16　插值同步

母线保护在自身的时间基准下，分别于 t_{11}、t_{12}、t_{13} 和 t_{21}、t_{22}、t_{23} 时刻收到来自间隔 1 和间隔 2 合并单元发送的采样数据，由于不同间隔采样数据到达时刻的差异，母线保护装置再根据自身的采样频率重新插值采样，得到一组各间隔同一时刻的采样值 X_1 和 X_2 参与保护计算。为了保证插值算法的精确性，要求合并单元发送的数据有很高的等间隔性。

2.8.3　对时同步

当采样数据经过交换机传输后，由于交换机的数据存储转发环节增加了传输延时，并且该延时受到报文大小和网络工况的影响，造成传输延时存在不确定性。由于电气单元的采样脉冲由合并单元控制，此时可以采用外时钟同步法，将所有间隔合并单元的采样脉冲拉至同步，保证所有间隔的电气单元在同一时刻进行采样，保护装置根据接收的相同包序号的报文用于计算。

外部时钟同步方式是一种依靠外部时钟源发出同步信号进行同步的方式，首先将站内的所有合并单元对上时，这种信号可以是脉冲信号、IRIG−B 码信号、IEEE 1588《网络化测控系统的精密时钟同步协议》信号等。合并单元在接收到同步信号后稍作处理便立即发出采样脉冲，由于合并单元与外部时钟之间完成了同步，这时从电子互感器采集的数据是对应同一时刻的。这种方式保证了采样值数据在源头是同步的，虽然数据传输过程中可能延时不一样，但同一采样序号的数据始终是同步的。

IEEE 1588《网络化测控系统的精密时钟同步协议》同步是一种网络协议对时方案，这种方式同样有一个高精度的时钟源。和其他外同步信号相比，IEEE 1588《网络化测控系统的精密时钟同步协议》定义了最优主钟算法：当时钟源丢失以后，它会利用已有的信息通过一系列算法推算出网络中时钟最准的设备，然后以该设备为主时钟，其他设备作为从时钟与主时钟对时，不存在时钟源丢失带来的问题。采用 IEEE 1588《网络化测控系统的精密时钟同步协议》对合并单元进行同步后，使各合并单元与主钟间的时间误差小于 1μs，从而保证电子式互感器同时采集数据，满足采样精度的要求。这种同步方式既依靠外部的精确时钟源，同时也利用软件计算来实现同步。

第3章

智能变电站常用调试消缺仪器介绍

智能变电站二次系统常用的调试及消缺仪器主要有手持式光数字测试仪、合并单元测试仪、光功率计、抓包工具、报文分析软件及 SCD 配置工具等。本章主要对这些常见的仪器和软件进行简单介绍。

3.1 手持式光数字测试仪

智能变电站具有一次设备智能化、二次设备网络化的特点，二次设备具有统一的数据来源和标准传输规约。与传统变电站二次测试仪相比，智能变电站二次测试仪除了保护功能校验模块之外，还具备 SCD 文件检查、SV 测试、GOOSE 测试、核相与极性测试、时钟系统测试、网络报文抓包与记录等其他功能，是集多种功能于一体的便携式调试设备。

3.1.1 保护功能测试

保护功能测试部分，智能变电站二次测试仪与传统变电站二次测试仪一样，都由交流试验、递变试验、状态序列、谐波试验、比例差动保护、整组试验、距离保护、零序保护、反时限保护、低压减载/低周减载等组成。

1. 交流试验

交流试验模块，如图 3－1 所示，是一个通用型、综合性测试模块，通过设置相应的电压或电流为变量，赋予变量一定的变化步长，并且选择合适的试验方式，可方便地测试各种电压电流保护的动作值、返回值，以及动作时间和返回时间等。

交流试验模块中的幅值、相角、频率可手动输入修改，也可以通过设置步长的变化进行修改。

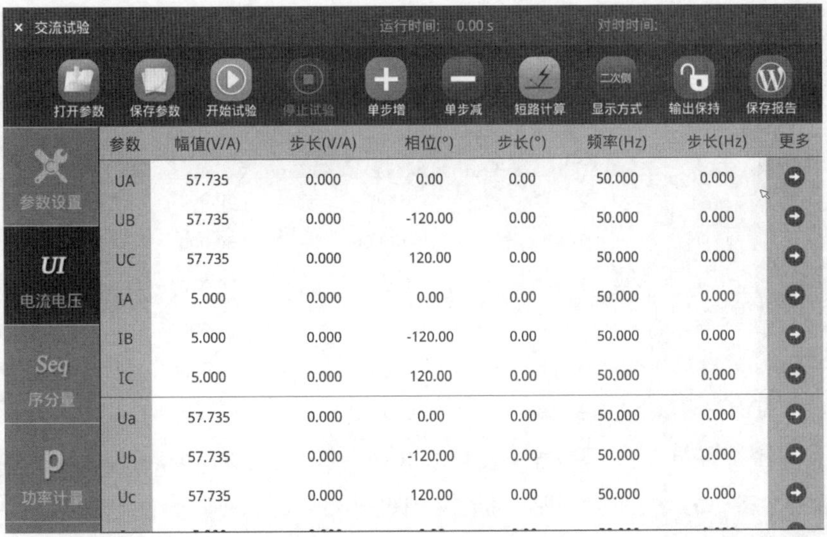

图 3－1 交流试验[1]

2. 递变试验

递变试验模块，如图 3－2 所示，可根据指定的模拟量按给定的步长和每步时间作阶梯变化$\Delta/\Delta t$，用于完成各种继电器动作/返回值的自动测试，包括：

（1）交流型继电器：电压继电器、电流继电器、功率方向继电器等的动作值、返回值、灵敏角以及动作时间测试等。

（2）直流型继电器：直流电压继电器、直流电流继电器、中间继电器等的动作值、返回值以及动作时间测试。

3. 状态序列

状态序列模块，如图 3－3 所示，主要是为了满足电力系统中一些特殊的保护测试需要。例如，做厂用电的快切以及备用电源的自动投入试验，配电系统保护装置多次重合闸等。状态系列试验中可添加多个状态，每个状态可根据实际情况自由定义电压电流数据，模拟复杂的电网状态变化。通过开入量的翻转来获取并测量保护的动作值与动作时间。开始测试后会按预先设定的序列输出测试，状态之间的切换可按设定的时间触发、开入量触发、手动触发或者按设定的对时触发。和交流试验模块类似，状态序列会按 SMV 发送设置好的 SMV 控制块及通道映射发送 SMV 报文，按 GOOSE 接收设置的内置开入（digital input，DI）和接收 GOOSE 通道的映射关系反应试验结果：

[1] 本书部分图片为系统截图，未做修改。

图 3－2　递变试验

（1）可以灵活控制多个状态输出，每个状态可以输出 18 相电压、18 相电流。

（2）每个状态可以增删、插入，可以命名，可以设置不同的触发方式。

（3）可以方便灵活地模拟各种复杂的故障情况，测试复杂的逻辑组合。

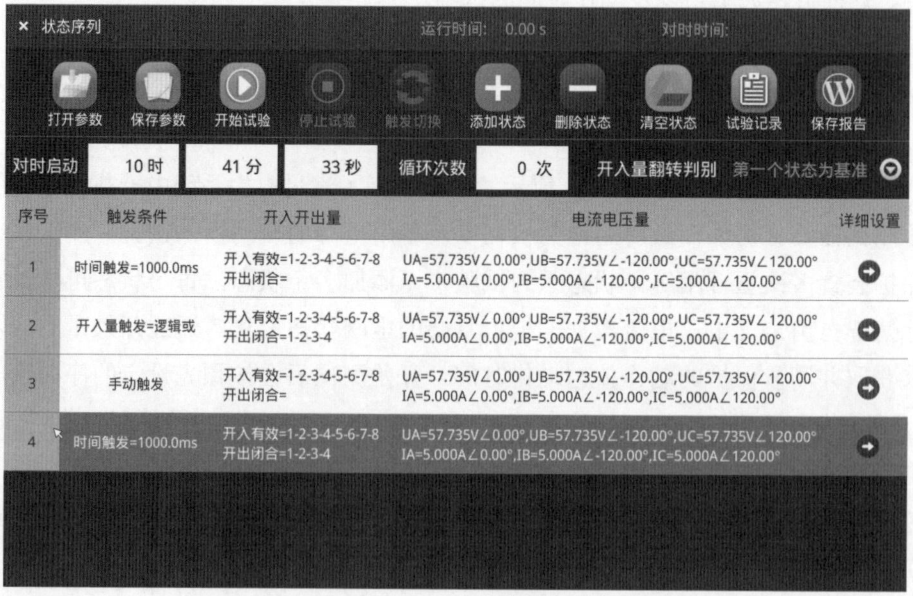

图 3－3　状态序列

4. 谐波试验

谐波试验模块，如图 3-4 所示，可实现三相电压、电流的各次谐波分量叠加输出，用于测试电力系统的设备在各种谐波情况下的工作行为，常用来校验差动谐波制动系数。

（1）U_A、U_B、U_C、I_A、I_B、I_C 均可以叠加直流及 2～24 次谐波输出。

（2）各次分量可以按幅值显示和记录，也可以按基波的百分比方式显示和记录。

（3）可以选择自动变化，也可选择手动变化，幅值和相位均可变化。

（4）可测量接点动作时间。

图 3-4 谐波试验

5. 比例差动试验

比例差动试验模块，如图 3-5 所示，根据微机型或集成电路型变压器、发电机以及电动机差动保护的特点进行设计，用于自动测试其比例制动特性以及动作时间特性等，模拟变压器原方电流和付方电流加至差动保护装置，由保护组合出动作电流和制动电流进行试验。

（1）自动搜索比例制动特性曲线。

（2）任意设置定点进行比例制动测试，可以测试动作时间。

（3）预先绘出比例制动特性理论曲线及误差范围。

（4）设置多种比例制动的制动电流和动作电流算法。

（5）TA 的二次电流校正可以为高侧调整、低侧调整或外部接线调整。

（6）可直接设置平衡系数，也可根据变压器参数自动计算，可用于标幺值差动保护测试。

（7）可输出 3 路电流进行单相差动测试，可输出 6 路电流进行高低侧 6 相差动测试。

图 3-5 比例差动试验

6. 整组试验

整组试验相当于继电保护装置的静模试验，通过设置各试验参数，模拟各种瞬时、永久性的单相接地、相间短路或转换性故障，以达到对距离、零序保护装置以及重合闸的动作进行整组试验或定值校验。整组校验过电流、零序和距离等保护，进行整组传动试验。

（1）整组校验过电流、零序和距离等保护，进行整组传动试验。

（2）能测试在有（无）检同期和检无压条件下，重合闸及后加速动作情况。

（3）能模拟转换性故障。

7. 距离保护

在 110kV 及以上线路保护中一般都设置了距离保护作为线路的主保护，而且经常集中在一套保护装置中。距离保护测试模块，如图3–6所示，就是针对这种情况开发的能一次性自动测试完各种接地距离、相间距离的软件。

（1）能一次性自动完成多段距离保护的各种故障定值的校验。

（2）能测试同一种故障下，保护三相同时或不同时跳闸的时间。

（3）能设置永久性故障，测试重合闸和永跳的时间。

（4）可采用 Z、φ 方式，也可采用 R、X 方式设置阻抗定值。

（5）通过设置“触发切换”的方式，能手动控制故障量的输出。

图3–6　距离保护

8. 零序试验

在110kV及以上线路保护中，一般除了设置距离保护外，还会设置零序保护作为线路的主保护。零序试验模块，如图3–7所示，就是针对这种情况开发的能一次性自动测试完多条零序测试项目的软件。

（1）能一次性自动完成多段距离保护的各种故障定值的校验。

（2）能测试同一种故障下，保护三相同时或不同时跳闸的时间。

（3）能设置永久性故障，测试重合闸和永跳的时间。

（4）即可采用 Z、φ 方式，也可采用 R、X 方式设置阻抗定值。

（5）通过设置“触发切换”的方式，能手动控制故障量的输出。

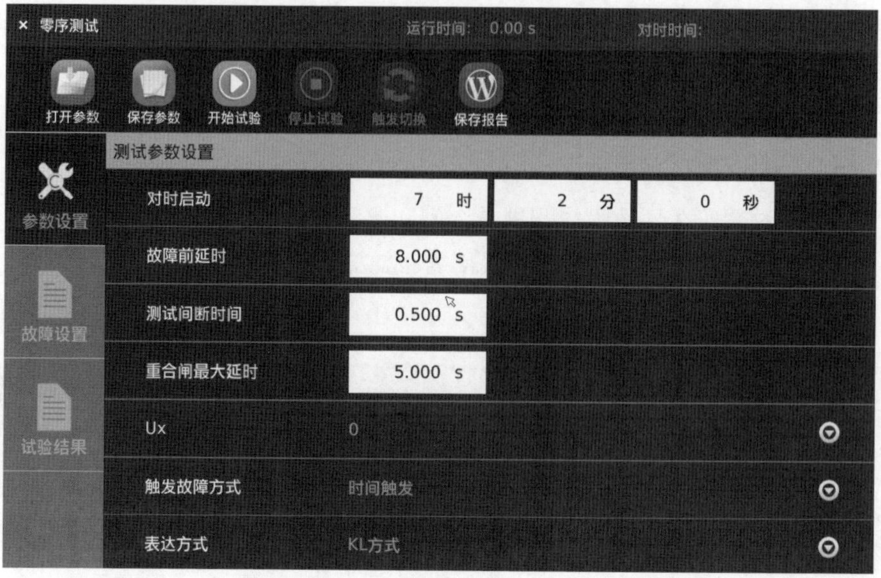

图 3－7　零序测试

9. 反时限试验

反时限试验模块，如图 3－8 所示，用于测试方向过电流或过电流继电器的单相接地短路、两相短路和三相短路时过电流保护的动作时间特性，以及应用在发电机、电动机保护单元中的零序和负序过电流保护的动作时间特性。

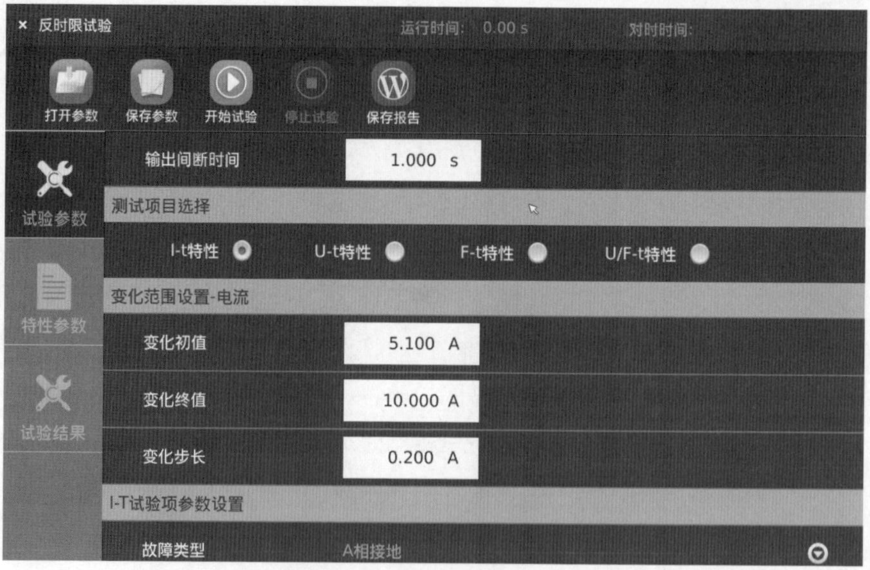

图 3－8　反时限试验

10. 低周减载/低压减载

低周减载或低压减载模块，如图 3-9 所示，低周减载主要是用来测试低周减载和高周切机等保护的各项功能。

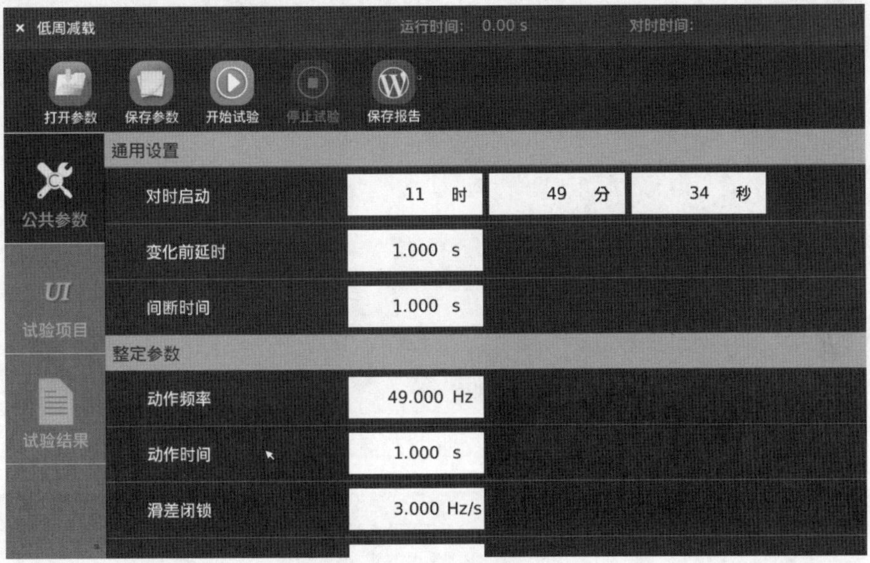

图 3-9　低周减载

3.1.2　手持式光数字测试仪在智能变电站中的应用

手持式光数字测试仪支持 SV、GOOSE 发送测试及接收监测，广泛应用于智能变电站/数字化变电站合并单元、保护、测控、计量、智能终端等 IED 设备的快速简捷测试、遥信/遥测对点、光纤链路检查，适用于智能变电站系统联调、安装调试、故障检修、IEC 61850《电力应用自动化用通信网络和系统》系列标准及相关技能培训。

1. SCD 文件一致性及虚端子检查

包括 IED 配置参数与 SCD 模型文件一致性检查，SV、GOOSE 通道及虚端子检查，光纤链路检查等。界面中显示出了 SCD 文件路径下的 CID 格式和 SCD 格式的文件，点击对应条目 SCD 文件进行解析，解析的 SCD 文件显示在提示框中。显示界面如图 3-10 所示。

当 SCD 加载完成，将自动进入 IED 信息页面，同时刷新标题栏显示格式为“SCD 解析-当成完成解析的文件名”。显示界面如图 3-11 所示。

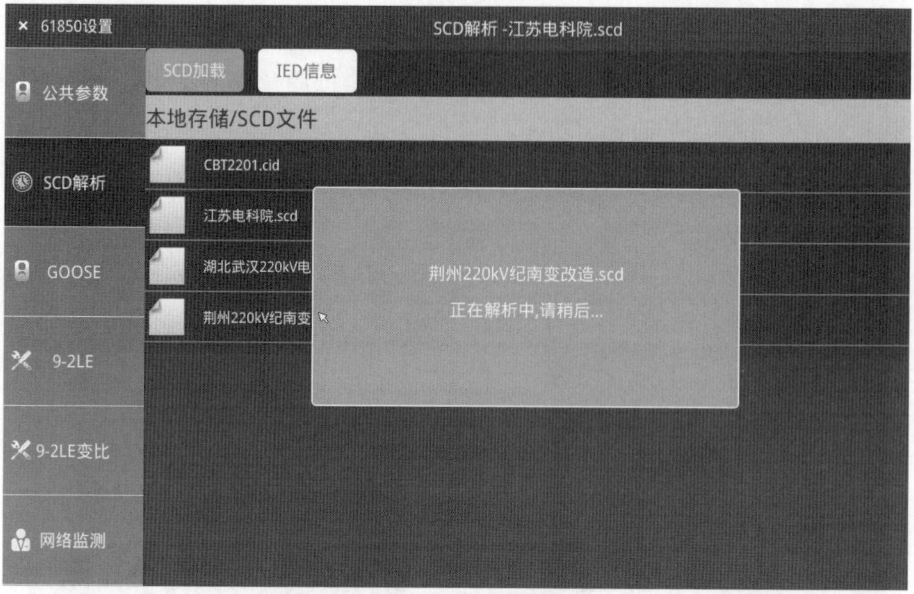

图 3-10 SCD 加载页面

图 3-11 IED 信息页面

点击对应 IED 条目,界面中显示出 IED 所包含的 GOOSE、SV、Ref: GOOSE、Ref: SMV 的选择条目,点击进入对应页面的内容显示中。显示界面如图 3-12 所示。

图 3－12　单个 IED 子页面加载

若点击图 3－12 中的 GOOSE 条目，界面显示如图 3－13 所示，显示出 IED 下所有的 GOOSE 的 AppID，并显示出控制块的详细信息，如 MAC 地址、AppID、描述、通道数、GoID 等，对应选中的 IED 还会显示出通道信息，包括通道描述、通道地址、通道类型。显示界面如图 3－13 所示。

图 3－13　IED 信息页面

2. SV 测试

如图 3－14 所示，采样值故障状态的控制块信息根据“61850”页面中设置的“9－2LE”得到，点击不同的控制块行可设置该控制块下多个状态不同的故障类型，可同时发送多组同类型采样值报文，可自由配置发送各组报文的光网口，设置各个通道的幅值、相位、频率等参数，进行丢帧、错序、失步、错值、抖动、双 AD 等多种异常故障测试，对 IEC 61850－9－2－2011《公用电力事业自动化的通信网络和系统　第 9－2 部分：专用通信服务映射（SCSM）通过 ISO/IEC 8802－3 的抽样值》报文有多种数据集模板可配置。

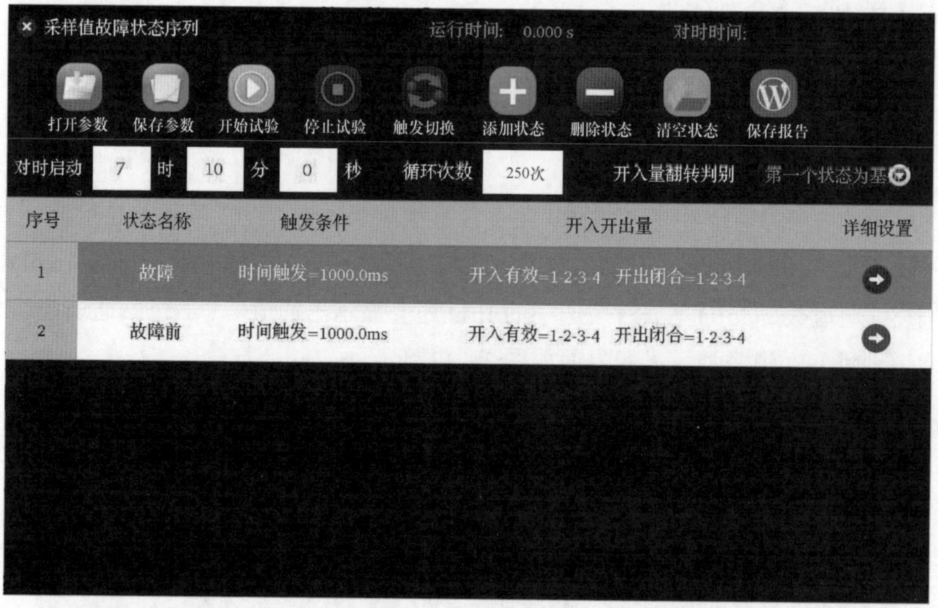

图 3－14　SV 测试界面

3. GOOSE 测试

包括 GOOSE 报文一致性测试、GOOSE 通道变位测试、StNum 及 SqNum 测试、GOOSE 发送机制测试、动作测试、遥信对点等。如图 3－15 所示，可以增加状态、删除状态、设置试验时间、设置故障类型（包括丢帧、状态字倒退、心跳异常、丢失同步等），另可设置状态的循环输出。

列表中的控制块信息根据“61850”页面中设置的“GOOSE 发布”得到，点击不同的控制块行可设置该控制块下多个状态不同的故障类型。

图 3－15　GOOSE 测试界面

4. 核相与极性测试

包括不同母线、变压器各侧 MU 电压的相位及相序核对，以及传统互感器及电子式互感器经MU输出的极性。核相测试模块实时采集SMV报文，如图3－16所示，选择两条 SMV 报文进行核相测试，实时显示当前幅值、相位、同相向量差、同相向角差，如图 3－17 所示。

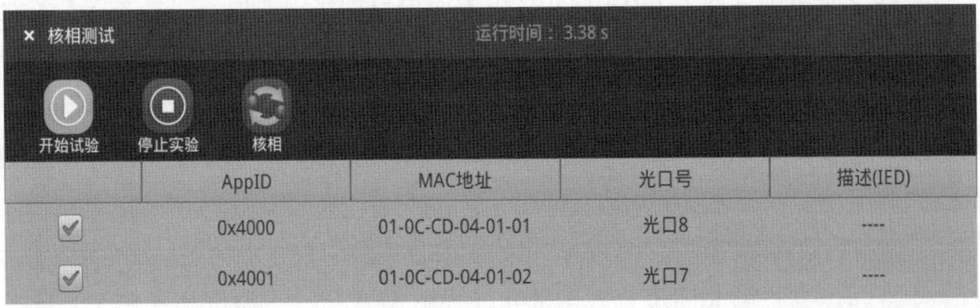

图 3－16　核相测试一

图 3－17　核相测试二

5. 时钟系统测试

包括光 IRIG－B 码、光 PPS 正确性测试以及 IEEE 1588《网络化测控系统的精密时钟同步协议》时间报文解析。

6. 网络报文抓包与记录

包括网络报文侦听、异常报文查找、抓包与记录等功能。

3.2　合并单元测试仪

合并单元测试仪基于 IEC 61850《电力应用自动化用通信网络和系统》系列标准，具有多路数字量及多路电压、电流模拟量接口，支持传统互感器输入、电子式互感器输入、混合输入等各种类型的合并单元的测试，广泛适用于变电站系统联调、安装调试、运行维护、故障检修、技能培训等场合。合并单元测试仪的通用功能及要求如下。

1. 精确度测试

支持同步方式和非同步方式下的角、比差精度测试，能自动计算角、比差最大值、最小值、平均值、变差值。

2. 报文响应时间测试

可对报文响应时间及响应时间误差进行测试。

3. SV 采样值报文接收监测功能

可实现 SV 有效值、波形、序量、谐波、丢帧、失步、时间均匀性等分析并支持自动导入其参数配置。

4. GOOSE 报文接收监测功能

可显示 GOOSE 实时状态、变位列表，可测试 GOOSE 间隔参数。

5. 网络报文时间特性测试功能

可测试合并单元输出报文计数器为 0 的报文与秒脉冲的延时，对发送间隔离散度进行统计与分析。

6. 时钟性能测试

对时精度测试功能，采用光 B 码给合并单元进行对时并通过光秒脉冲回采合并单元时间，进行对时精度误差计算；守时精度测试功能，测试合并单元守时特性。

7. TV 切换测试功能

可输出隔离开关位置，并显示合并单元母线电压值。

8. 报文异常测试

对 SV 报文，可模拟丢帧、错序、失步、报文残缺、SV 时间均匀性抖动、通道数据异常、通道品质位异常等多种异常测试；对 GOOSE 报文，可模拟报文中断、延迟、重启等异常测试。

3.3　抓　包　工　具

抓包工具主要指 SCD 的 GOOSE/SV 报文收发工具。抓包工具有监视功能，通过该软件可以对报文进行监控查看发送的报文，通过抓包工具的界面显示接收到的数据报文，使用者通过抓包工具就可以对网络中的设备进行监控，报文名字、内容、备注等实时数据也会在软件界面上显示出来。比较流行的网络报文抓包软件有 Wireshark（Ethereal）。该软件使用 WinPCAP 作为接口，直接与网卡进行数据报文交换，是在网络封包和流量分析领域有着十分强大功能的工具，深受各类网络工程师和网络分析师的喜爱。

抓包工具有五个主要功能：GOOSE 监视、GOOSE 发送、SMV 监视、

SMV/GOOSE 发送与报文回放、CRC 文件校验。

1. GOOSE 监视

可以增加状态、删除状态、设置试验时间、设置故障类型、包括丢帧、状态字倒退、心跳异常、丢失同步等，另可设置状态的循环输出。

列表中的控制块信息根据“61850”页面中设置的“GOOSE 发布”得到，点击不同的控制块行可设置该控制块下多个状态不同的故障类型。

2. GOOSE 发送

GOOSE 编辑模块用于按设置好的报文序列发送 GOOSE 报文。可添加多个 GOOSE 报文序列，各个报文之间根据设置的触发条件进行触发发送。

3. SMV 监视

采样值故障状态的控制块信息根据“61850”页面中设置的“9－2LE”得到，点击不同的控制块行可设置该控制块下多个状态不同的故障类型，可同时发送多组同类型采样值报文，可自由配置发送各组报文的光网口，设置各个通道的幅值、相位、频率等参数，进行丢帧、错序、失步、错值、抖动、双 AD 等多种异常故障测试，对 IEC 61850－9－2－2011《公用电力事业自动化的通信网络和系统　第 9－2 部分：专用通信服务映射（SCSM）　通过 ISO/IEC 8802－3 的抽样值》报文有多种数据集模板可配置。

4. SMV/GOOSE 发送与报文回放

用于实时采集 SMV 报文和 GOOSE 报文，可实时监视 SMV 波形变化及所有通道的幅值、相位，可实时监视 GOOSE 报文的变位信息。

5. CRC 文件校验

循环冗余校验（cyclic redundancy check，CRC）是一种根据网络数据包或计算机文件等数据产生简短固定位数校验码的一种信道编码技术，主要用来检测或校验数据传输或者保存后可能出现的错误。

3.4 报文分析软件

本节以 Wireshark 软件为例，说明在智能变电站的实际运维中如何使用报文分析软件来解析过程层报文，实时了解智能变电站运行状况以及简单分析处理出现的故障。

3.4.1　Wireshark 抓包操作

打开 Wireshark 软件，主界面如图 3－18 所示。在主界面上可以看到计算机网卡的列表，双击选择要抓包的网卡，就可以开始抓包。

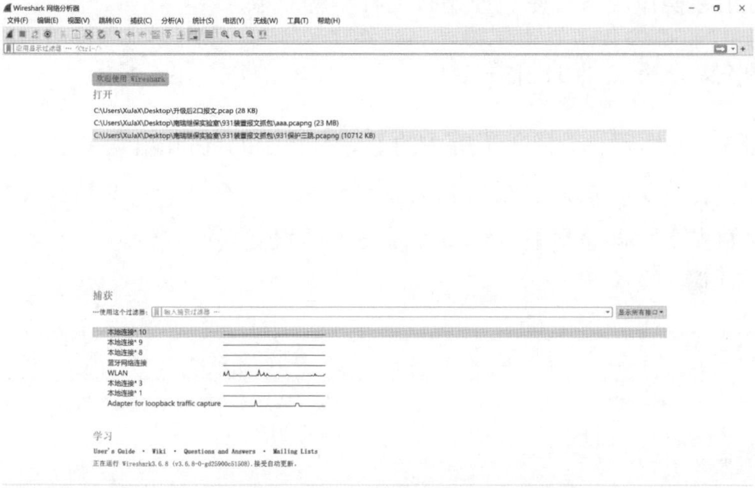

图 3－18　Wireshark 主界面

或者在菜单栏点击【捕获】中的【选项】项目，如图 3－19 所示，也可以看到计算机网卡的列表，选中要抓包的网卡，点击开始按钮。

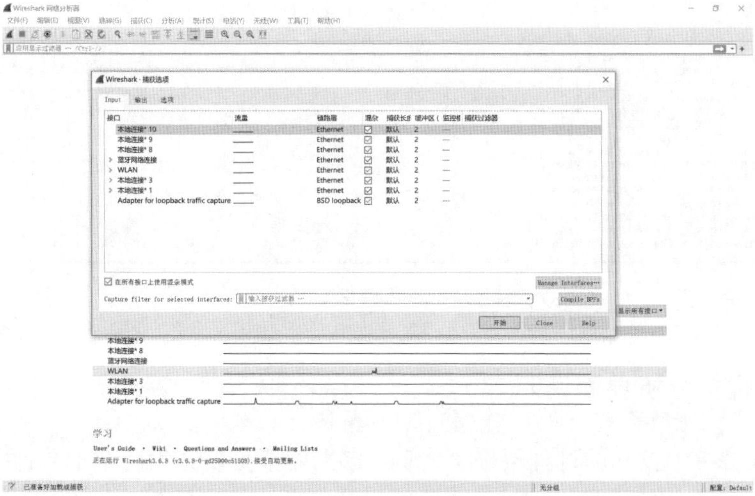

图 3－19　Wireshark 捕获菜单

点击开始抓包，如果看到报文显示区在滚动，同时，在右下角也显示有抓取报文的计数，说明 Wireshark 在正常工作抓取报文了。执行相应的网络访问操作后，点击 Wireshark 左上角的停止按钮，停止抓包。点击【文件】→【保存】，输入文件名，点击保存。

执行上述操作，即可完成原始报文数据的获取。

3.4.2 报文分析文件的打开

如图 3－20 所示，选择主菜单中的【文件】菜单，在弹出菜单中选择【打开】菜单会弹出打开文件的对话框，在对话框中选择要打开的报文数据文件即可。过程层原始报文数据通常是后缀为“.pcap”的报文数据文件。

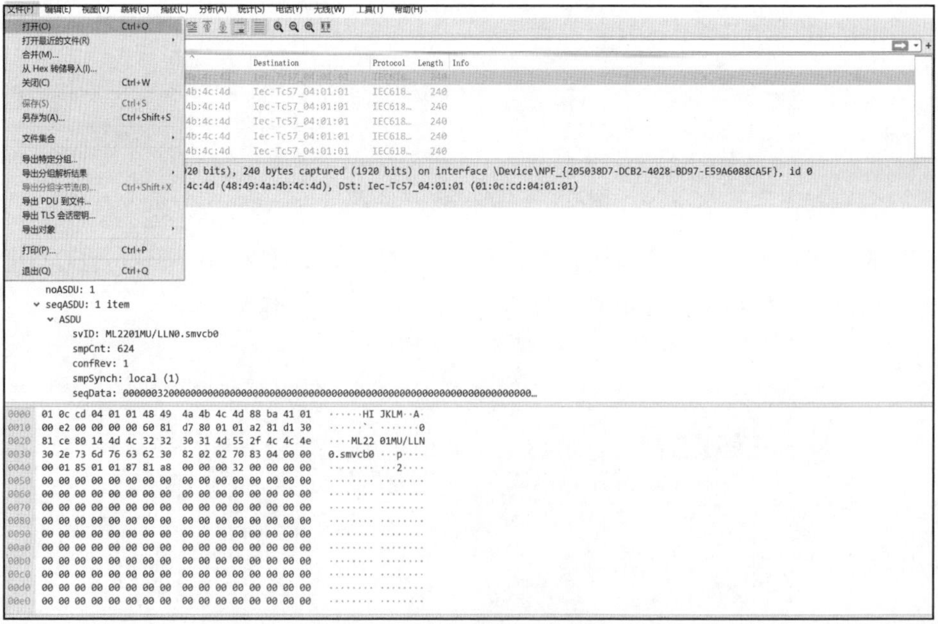

图 3－20　数据报文的打开

3.4.3 报文分析界面说明

以图 3－21 打开的过程层报文为例，自上而下可以分为两个部分：报文信息列表区、报文分析区。

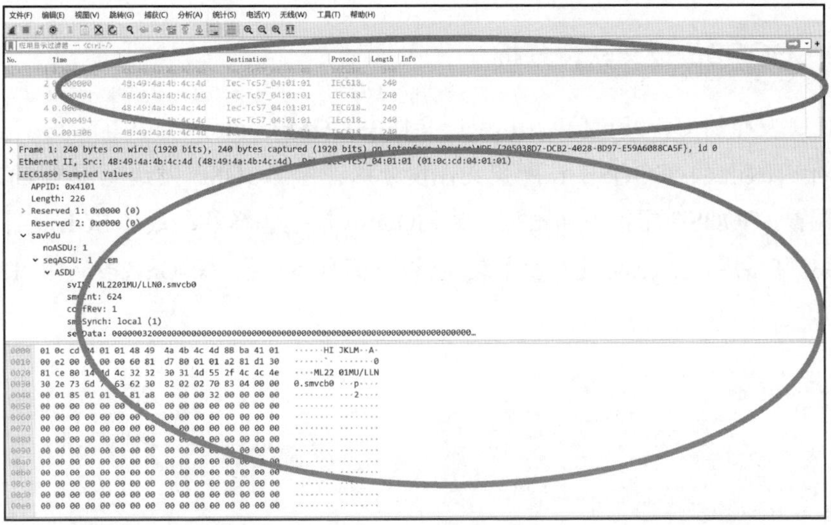

图 3－21　数据报文

在报文信息列表区，显示的是报文的信息。刚打开数据文件时默认显示的是这个报文数据文件中所有的报文信息。

报文分析区是一个多用途的区域，根据用户的选择可以用于显示：报文的详细内容、报文数量统计、波形分析、报文时间均匀性分析以及 GOOSE 事件序列等。

在报文信息列表中找到报文后，点击找到的报文，在软件报文分析区的报文分析标签下就会显示报文的详细内容，如图 3－22 所示。报文分析区的左边部分显示的是软件解析出的报文中的相应字段及字段的值，报文分析区的右边部分显示的是报文原始的十六进制数据。

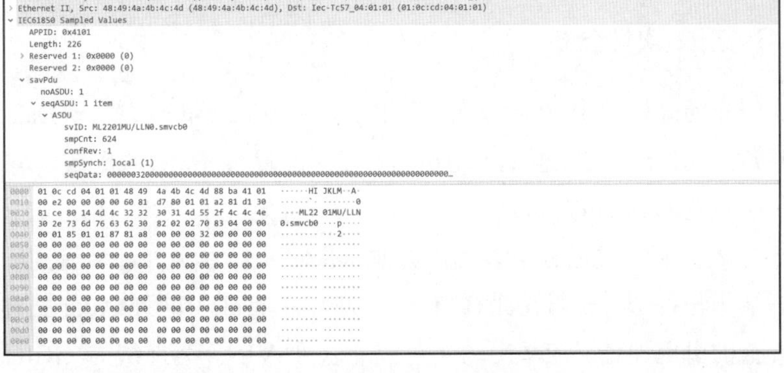

图 3－22　数据报文详细信息

3.4.4 GOOSE 报文软件分析

IED 发布的 GOOSE 信号由 SCL 文件中＜GSEControl＞、＜DataSet＞等元素中的参数定义。GOOSE 在配置文件里分别进行 GOOSE 发送配置与 GOOSE 接收配置，GOOSE 配置下面根据一帧 GOOSE 报文解释各参数与 SCL 文件的对应关系。某备用电源自动投入使用装置（以下简称备自投）GOOSE 报文如图 3－23 所示。

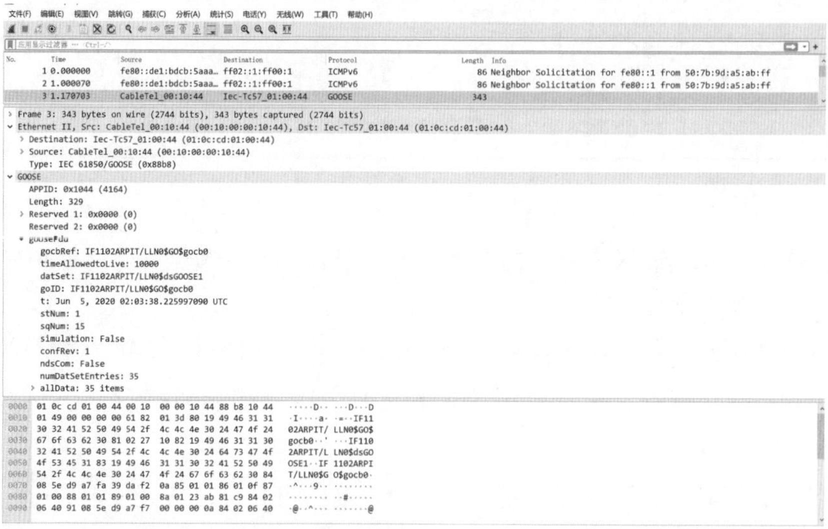

图 3－23　GOOSE 报文

GOOSE 报文主要分网络参数、GOOSE 参数和 GOOSE 数据三块内容，相关介绍已在前面章节说明，本章不再介绍。

3.4.5 SV 报文软件分析

IED 发布的采样值由 SCL 文件中＜SampledValueControl＞、＜DataSet＞等元素中参数定义。SV 在配置文件里分 SV 发送配置与 SV 接收配置，并在 SCD 文件中每个装置的 LLN0 逻辑节点中的 Inputs 部分定义了该装置输入的采样值连线。每一个采样值连线包含了装置内部输入虚端子信号和外部装置的输出信号信息，虚端子与每个外部输出采样值一一对应。Extref 中的 IntAddr 描述了内部输入采样值的引用地址，应填写与之对应的以“SVIN”为前缀的 GGIO 中 DO 信号的引用名，引用地址的格式为“LD/LN.DO”。

每个 SV 数据项由 INT32 带符号整型数据和 4 字节品质位组成，电流单位值 1mA，电压单位值 10mV，均为一次值；检修位品质为 0x00000800，数据无效品质为 0x00000001。

IEC 61850－9－2－2011《公用电力事业自动化的通信网络和系统　第 9－2 部分：专用通信服务映射（SCSM）　通过 ISO/IEC 8802－3 的抽样值》报文与 GOOSE 报文类似，也分为网络参数、SV 参数和 SV 数据三块内容，SV 报文结构如图 3－24 所示。

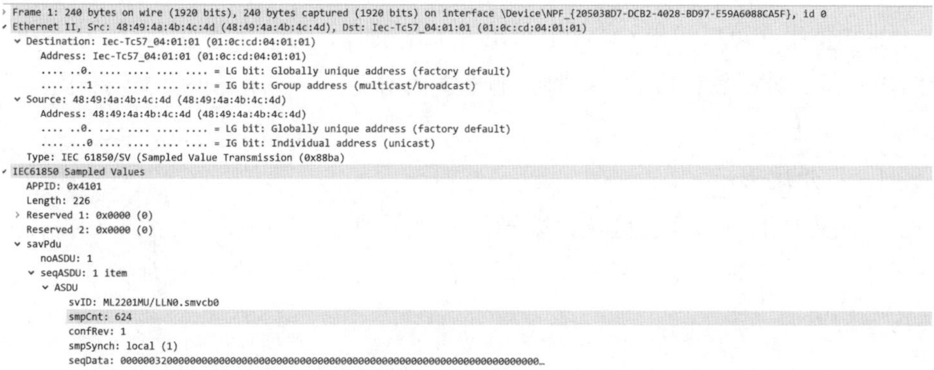

图 3－24　SV 报文结构

1. 网络参数

与 GOOSE 报文类似，SV 报文的网络参数与 SCL 元素的<SMV>/<Address>对应，如图 3－25 所示。

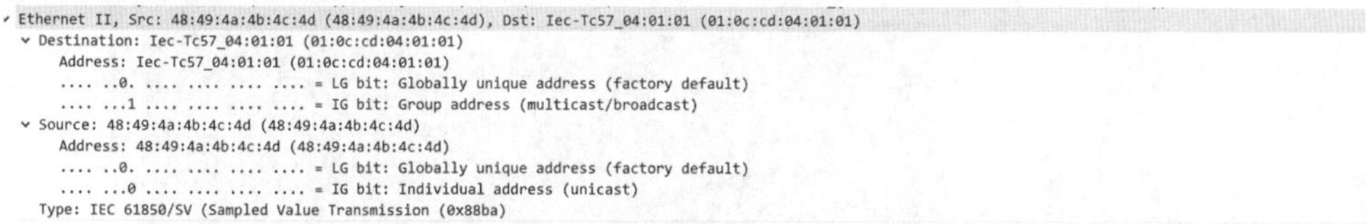

图 3－25　网络参数

2. SV 参数

SV 报文参数与合并单元 LN0 中的<SampledValueControl>对应，如图 3－26 所示。

3. SV 报文数据

有关 SV 报文数据的介绍已在前面章节说明，本章不再介绍。

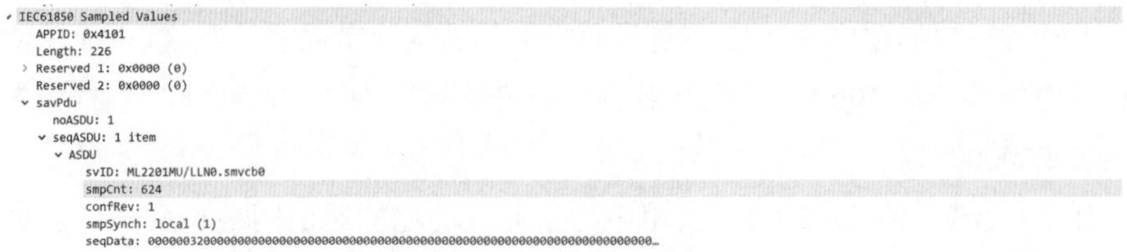

图 3-26　SV 参数捕获菜单

3.4.6　故障波形分析

采样值报文可以导出 COMTRADE 格式的文件，可以用于直观的波形分析。ZHNPA 报文分析软件可以根据打开的报文数据文件中的采样值报文绘制出相应的波形。

1. 打开波形

在报文分组树形列表区选择采样值分组内的一个 AppID 分组，在报文分析区左下方会出现波形分析的标签，选择波形分析标签就会出现如图 3-27 的波形分析界面。

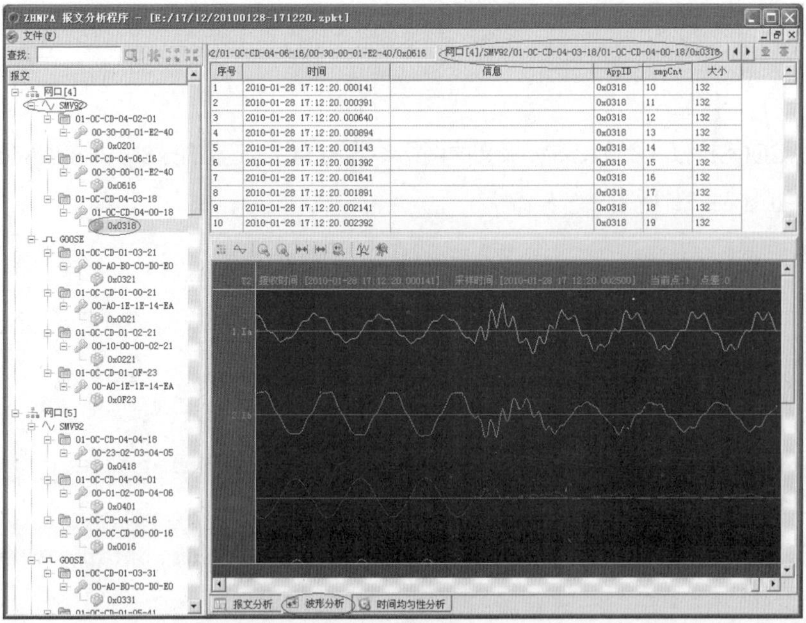

图 3-27　打开波形

2. 光标定位

在 ZHNPA 报文分析软件的波形分析画面中有 T1 和 T2 两个光标，用鼠标左键按下定位 T1 光标，鼠标右键按下定位 T2 光标。T1 光标是紫色的虚线，T2 光标是橙黄色的点划线，如图 3－28 所示。光标定位后在波形视区的最上边可以看到两个光标点的报文接收时间、采样时间、当前点号、时间差、点数差等信息。

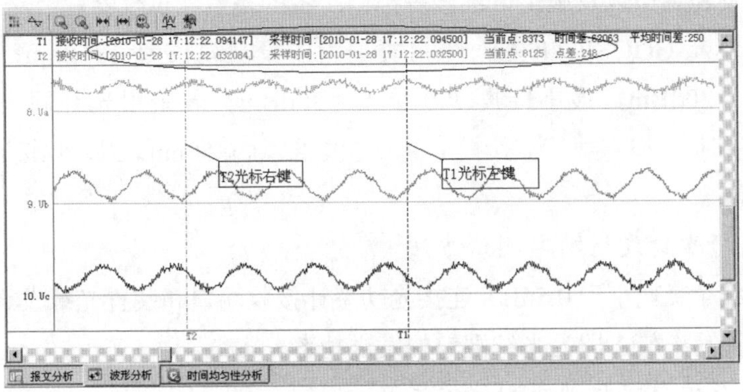

图 3－28　光标定位

使用键盘的左右方向键，可以微调 T1 光标位置；按住键盘的 Shift 功能键后再按左右方向键，可以微调 T2 光标位置；微调时每次移动 1 个采样点。

3. 波形缩放

ZHNPA 报文分析软件的波形分析支持波形的横向缩放。无论如何缩放均可自由滚动定位、迅速还原、迅速显示全图。

缩放控制均由波形分析界面上的工具按钮实现，如图 3－29 所示。

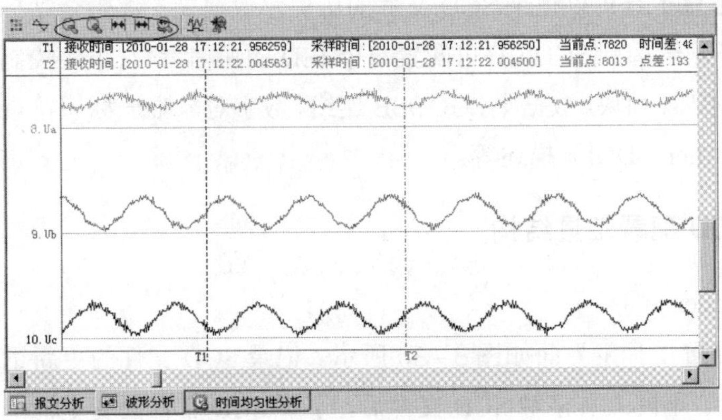

图 3－29　波形缩放

3.5 光 功 率 计

光功率计（optical power meter，OPM）是用来测量光功率大小的仪器，既可用于光功率的直接测量，也可用于光衰减量的相对测量，是光纤通信系统中研究、开发和生产以及施工、维修等部门必备的基本测试仪器。

保护装置 GOOSE 和 SV 光口类型为多模，波长为 1310nm，发送功率为 -15～-20dBm，最小接收功率小于 -30dBm。若采用光纤同步对时口，则同步对时光口类型为多模，接收波长为 850nm，最小接收功率小于 -25dBm。

1. *光纤端口发送功率测试方法*

用光纤（衰耗小于 0.5dB）连接光功率计接收端口和装置光纤发送端口，读取光功率计功率值，即为光纤端口的发送功率。

2. *光纤端口接收功率测试方法*

将待测装置的光纤接收端口光纤拔下并接入光功率计接收端口，读取光功率计功率值，即为光纤端口的接收功率。

3.6 SCD 文件配置工具

SCD 配置工具就是用来将一个数字化变电站内各个孤立的 IED 整合为一个完善的变电站自动化系统的一个系统性工具。

SCD 配置工具可以记录 SCD 文件的历史修改记录，编辑全站一次接线图，映射物理子网结构到 SCD 中，可配置每个 IED 的通信参数、报告控制块、GOOSE 控制块、SMV 控制块、数据集、GOOSE 连线、数字对象唯一标识符（digital object unique identifier，DOI）描述等。

3.6.1 SCD 配置工具结构

1. *Header 部分*

SCD 配置工具主界面如图 3-30 所示。记录 SCD 文件的更新记录，手动输入维护记录。不同人员接触 SCD 文件后，了解 SCD 文件的变更情况，主要保证 SCD 文件的可持续性。

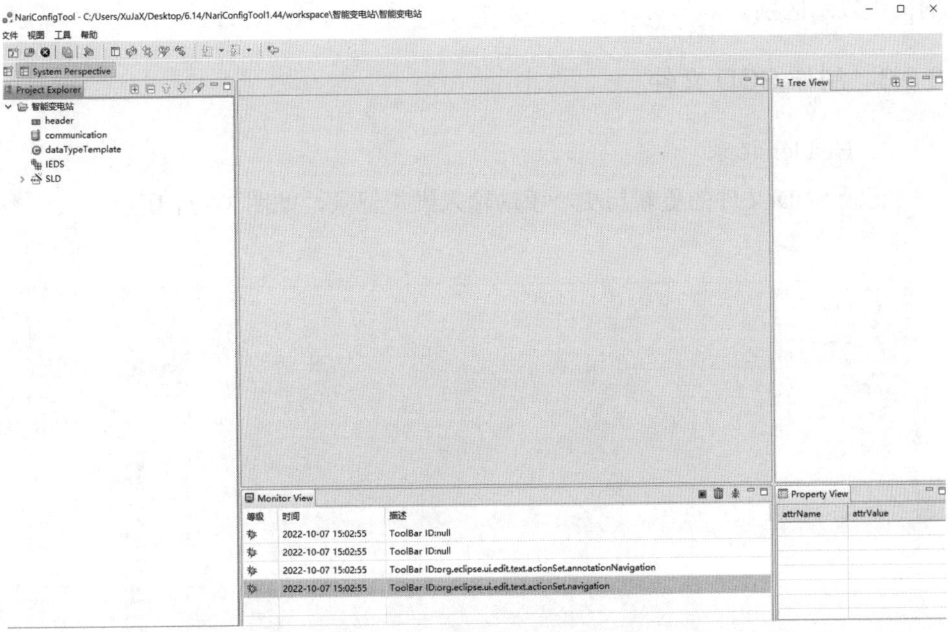

图 3－30 SCD 配置工具主界面

2. Communication 部分

现场实际物理通信子网的映射，MMS 通信网的类型为 8－MMS，GOOSE 及 SMV 子网的类型为 IEC GOOSE。

3. Substation（dateTypeTemplate）部分

可用于编辑变电站内主接线图等，供后台直接读取画面。可直接从 SSD 文件中提取画面。

4. IED 部分

提供全站 IED 的添加、更新、删除功能，并提供对 IED 详细内容的查看。

3.6.2 SCD 配置前准备工作

（1）在制作全站 SCD 文件之前，需要先取得全站各类型 IED 的 ICD 文件。

（2）各类型 ICD 文件需能够通过 XML 语言语法结构检查。

（3）各类型 ICD 文件需能够通过 KEMA 软件的模型测试。

（4）各类型 ICD 文件的 DataTypeTemplates 需要统一，遵循国家电网有限公司企业标准 Q/GDW 1396—2012《IEC 61850 工程继电保护应用模型》的规定，对于标准中未定义的模板，如各厂家自行扩展的模板，需要对模板 ID 添加不同的前缀以示区别。

3.6.3 制作 SCD 文件

1. Header 记录

记录 SCD 文件的更新历史，手动输入维护记录，如图 3－31 所示。

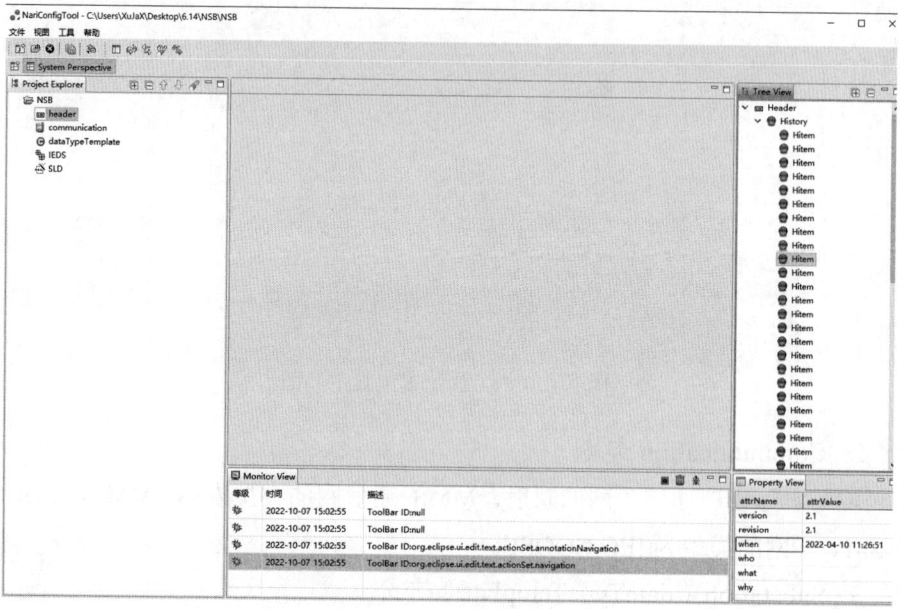

图 3－31 Header 记录

保持良好的填写更改记录习惯，可使不同的工程人员在接手 SCD 文件后，快速对 SCD 文件的内容变更有个整体的了解，也可保证 SCD 文件的可持续维护性。

2. Substation 配置

主要功能是提供画面的编辑，以便后台或其他需要画面的地方直接从 SSD 文件中提取画面。

3. Communication 配置

该部分用于划分逻辑通信子网，子网的个数、类型从实际的物理子网映射而来，一般包含一个类型为 8－MMS 的 MMS 子网以及若干个类型为 IEC GOOSE

的 GOOSE 及 SMV 通信子网。

（1）新建子网：如图 3－32 所示，选中右侧 Tree View 中“Communication”选项，点击右键，选择【增加】项目中的【SubNetwork】项目，可添加通信子网，子网的个数为实际物理通信子网的个数，即逻辑通信子网为实际通信物理子网的映射；一个子网的 name 可取任意合法字符串，Type 必须为 8－MMS 或 IEC GOOSE，Description 为该子网功能的描述。

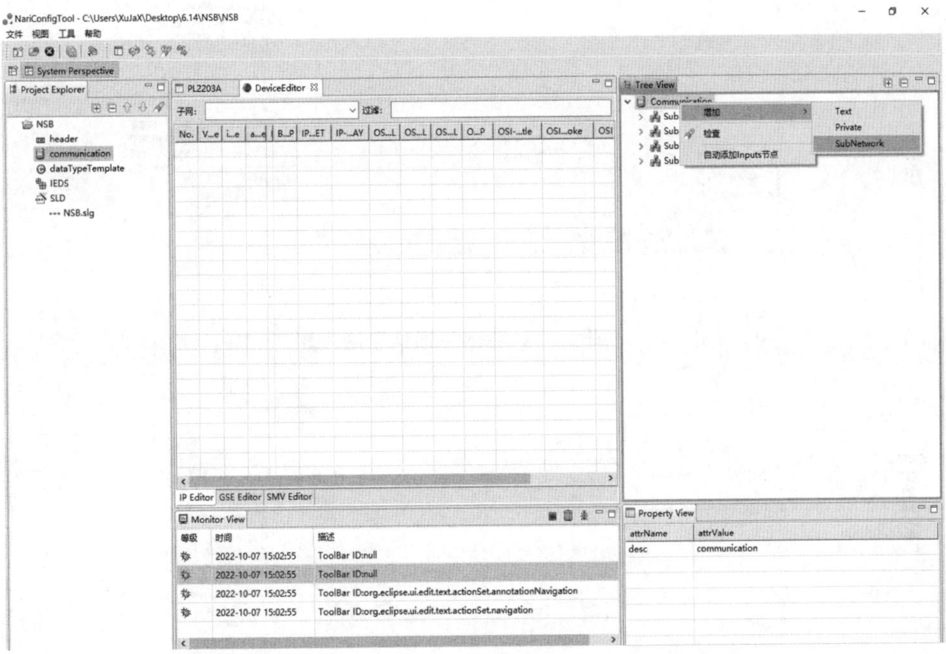

图 3－32　新建子网

（2）MMS 通信子网设置：子网类型为 8－MMS，右侧 Tree View 中，选择 Communication 下 MMS 子网，右键选择【Address】，窗口中将列出该子网中基于 OSI 通信模型的访问点，如图 3－33 所示。

每个 MMS 访问点参数中，只需按工程需要，修改【IP】以及【IP：SUBNET】即可，其余参数保持工具默认值即可。

（3）GOOSE 通信子网设置：子网类型为 IEC GOOSE，右侧 Tree View 中，选择 Communication 下 GOOSE 子网，右键选择【GSE】，窗口中将列出该子网中基于 OSI 链路层通信的访问点，如图 3－34 所示。

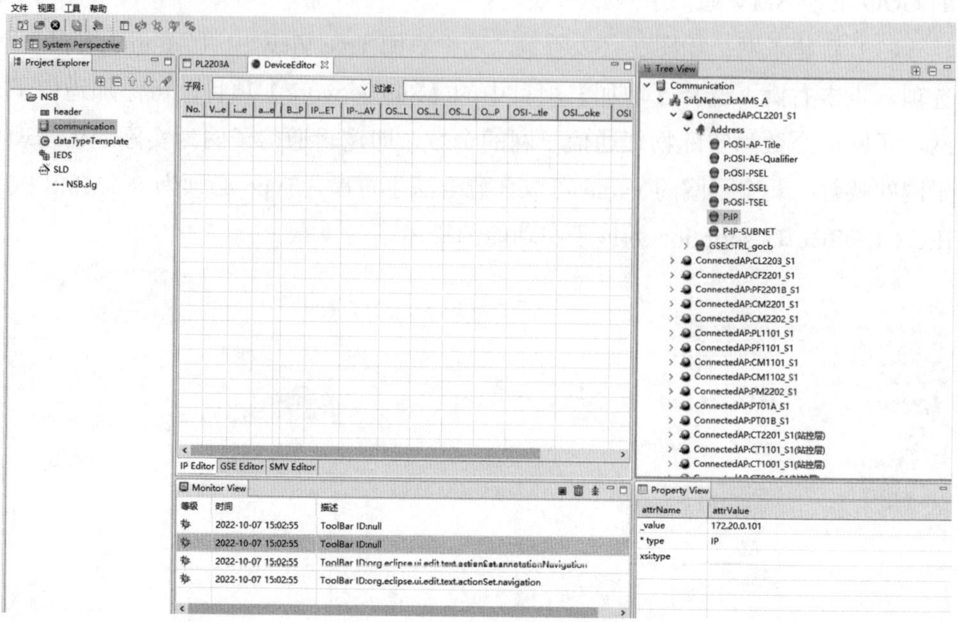

图 3－33　MMS 通信子网设置

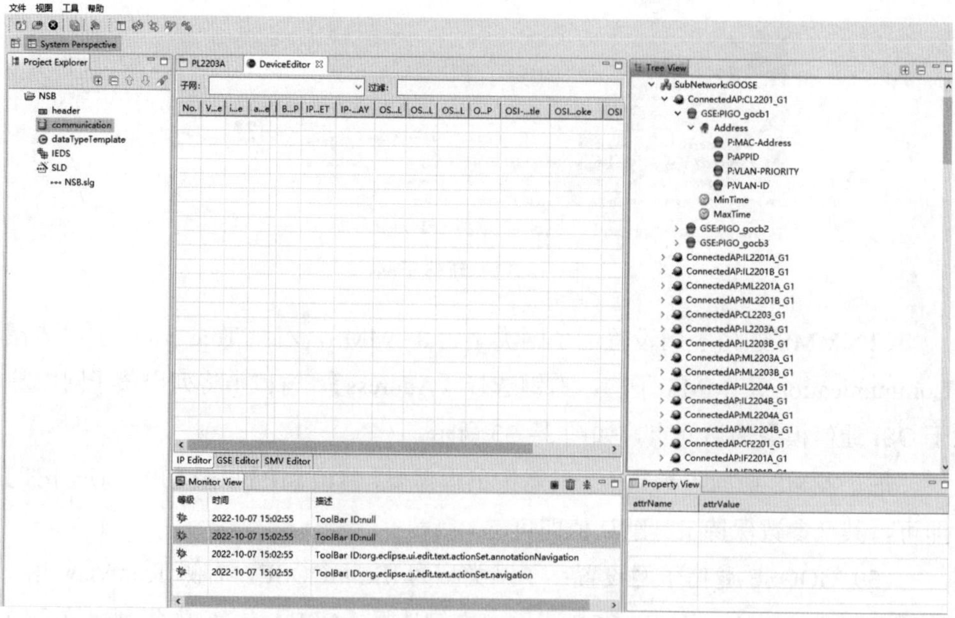

图 3－34　GOOSE 通信子网设置

每个 GOOSE 访问点参数中，只需按工程需要，修改 MAC－Address、VLAN－ID、VLAN－PRIORITY、AppID、MinTime、MaxTime 几列内容即可，其余参数保持工具默认值即可。

MAC－Address：GOOSE 组播地址，全站唯一，有效范围为 01－0C－CD－01－00－00～01－0C－CD－01－01－FF。

VLAN－ID：虚拟子网 ID 号，有效范围为 0～4095。

VLAN－PRIORITY：VLAN 优先级，有效范围为 0～7，GOOSE 通信默认优先级为 4，数字大的优先级高。

AppID：GOOSE 应用标识，全站唯一，工程习惯上填写为 MAC 地址后两段的组合。

MinTime：GOOSE 报文最短传输时间 t_1，单位为 ms。

MaxTime：GOOSE 报文最长传输时间 t_0，单位为 ms。

（4）SMV 通信子网设置：子网类型为 IEC GOOSE，右侧 Tree View 中，选择 Communication 下 GOOSE 子网，右键选择【SMV】，窗口中将列出该子网中基于 OSI 链路层通信的访问点，如图 3－35 所示。

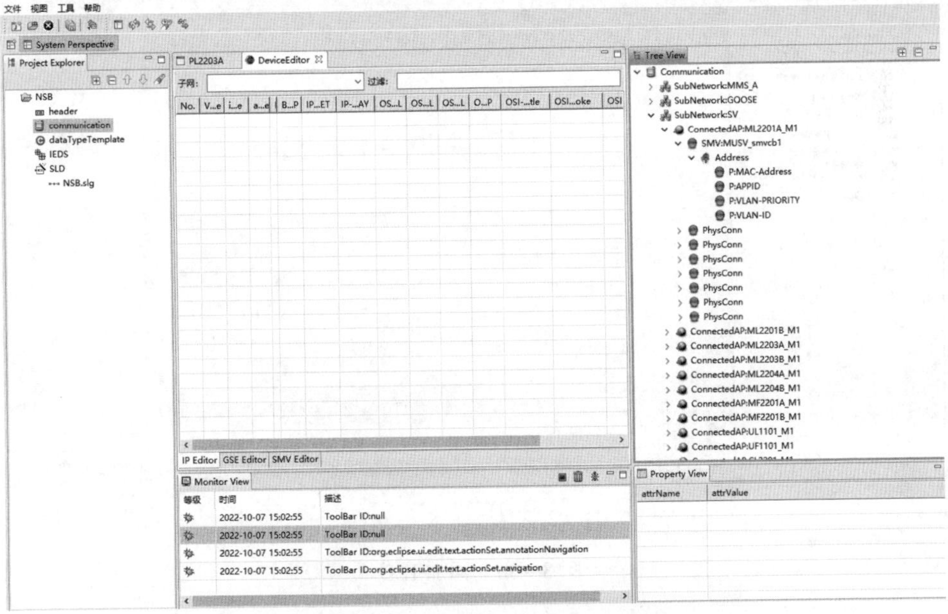

图 3－35　GOOSE 通信子网设置

每个 SMV 访问点参数中，只需按工程需要，修改 MAC－Address、

VLAN－ID、VLAN－PRIORITY、AppID 几列内容即可，其余参数保持工具默认值即可。

MAC－Address：SMV 组播地址，全站唯一，有效范围为 01－0C－CD－04－00－00～01－0C－CD－04－01－FF。

VLAN－ID：虚拟子网 ID 号，有效范围为 0～4095。

VLAN－PRIORITY：VLAN 优先级，有效范围 0～7，默认值为 4，数字大的等级高。

AppID：SMV 应用标识，全站唯一，有效范围为 0x4000～0x7fff，工程习惯上填写为组播 MAC 地址后两段的组合。

4. IED 配置

该功能域提供了编辑 IED 的功能，包括新建、更新、删除、上移、下移等。

（1）添加 IED：左侧列表中，选择【IEDS】，右键选择添加电压等级，如图 3－36 所示。

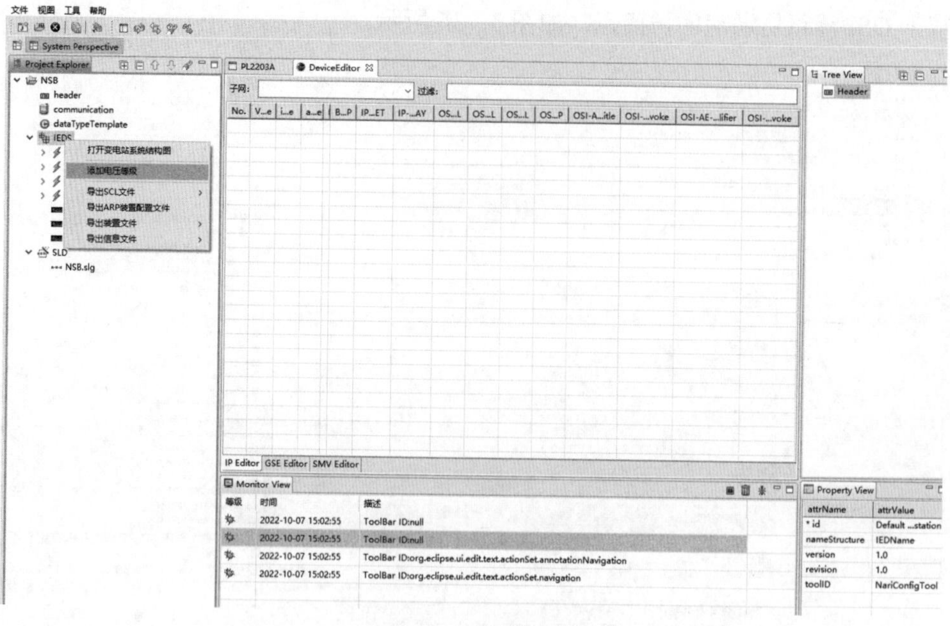

图 3－36　添加 IED

添加完成后，右键选择对应等级，选择添加间隔，如图 3－37 所示。间隔新建成功后，右键选择对应间隔，选择新建 IED，如图 3－38 所示。

（2）配置 IED：

1）选择“Logic Node”选项，通过选择 LD 下拉列表，可选择不同的逻辑装置，并可浏览不同逻辑装置的 LN 配置情况。

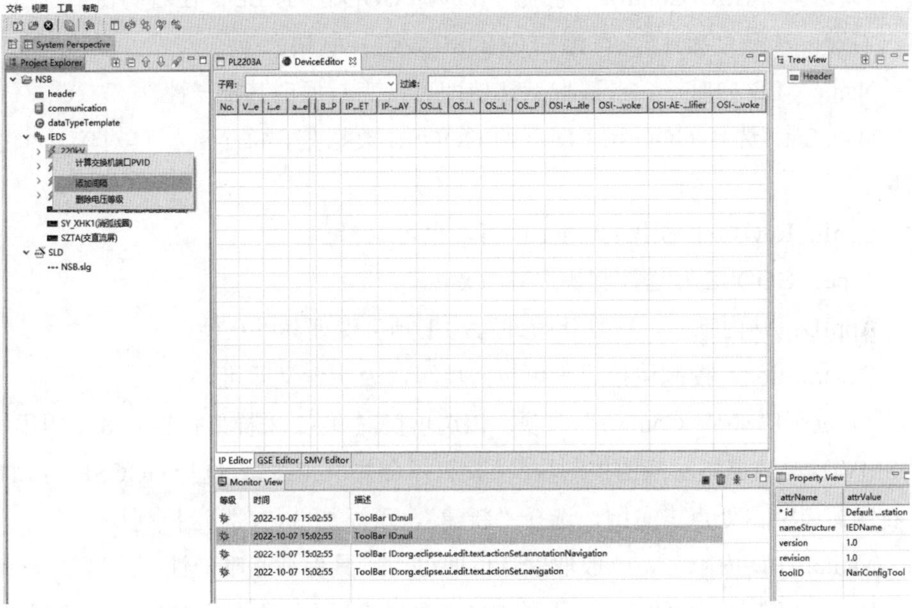

图 3－37　添加间隔

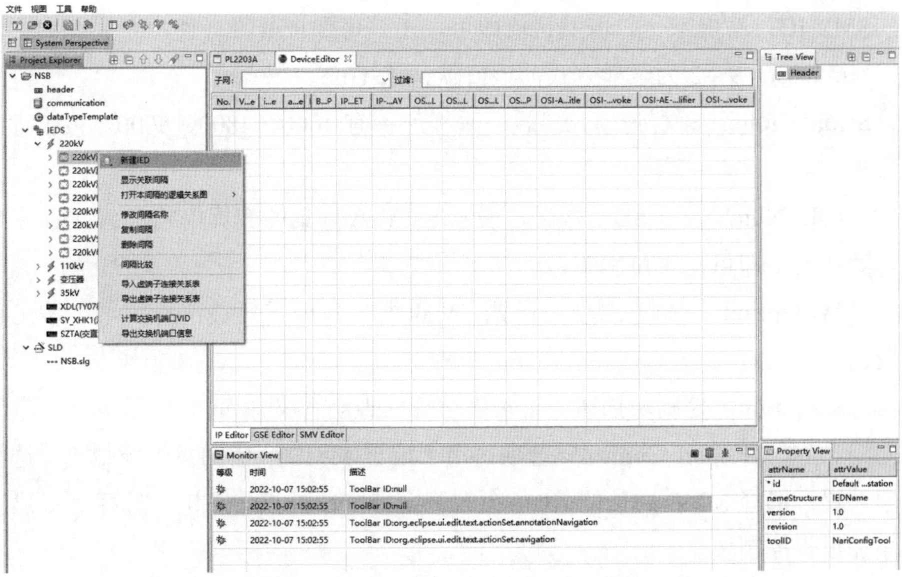

图 3－38　新建 IED

2）选择“DataSet”选项，选择不同的 LD，可查看该 LD 中的数据集，选择不同的数据集可以查看数据集中的数据，并可在“DOI Description”列修改数据的描述。

3）选择“GSE Control”选项，并选择 GOOSE 的 LD，在右侧窗口空白处点击右键，选择“新建”，可添加 GOOSE 发送控制块。

Name：LD 内唯一，一般取默认值即可，工具保证其唯一性。

Data Set：选择 GOOSE LD 下的 GOOSE 数据集，每个数据集对应一个控制块。

Config Revision：用默认值 1 即可，也可编辑。

Type：GOOSE 发送控制块选 GOOSE。

AppID：站内唯一，取默认值即可，工具可保证其唯一性。

Descripition：控制块描述，可按需填写，表明含义即可。

4）选择“SMV Control”选项，该选项仅对 9-2 采样值传输有效，用于配置 SMV 发送数据集对应的控制块。一般选择合并单元装置，选择 GOOSE 的 LD，在右侧窗口空白处点击右键，选择“新建”，可添加 SMV 发送控制块。

Name：LD 内唯一，一般取默认值即可，工具保证其唯一性。

DataSet：选择 GOOSE LD 下的 SMV 数据集，每个数据集对应一个控制块。

Config Revision：用默认值 1 即可，也可编辑。

SMV ID：站内唯一，取默认值即可，工具可保证其唯一性。

Multicast：9-2 为组播方式，该值默认选 True。

Sample Rate：采样速率，可设，采样速率有 4000、4800、5000，按工程所需设置。

ASDU Number：ASDU 数目，表示 SMV 数据集的数据用几个 ASDU 来传输，默认为 1 即可，也可编辑。

SMV Option：SMV 选项，设置 SMV 报文是否需要被选择的项，按工程设置。

Descripition：控制块描述，可按需填写，表明含义即可。

5）选择“Report Control”选项，用于配置 MMS 通信的报告控制块。选择物理装置，选择 MMS 通信的 LD，在右侧窗口空白处点击右键，选择“新建”，可添加报告控制块。

选中新建的报告控制块，可配置控制块的启用及支持的最大客户端数。

控制块中各个参数一般是直接从 ICD 中读取的，除非 ICD 中的不满足要求，那么可以在 SCD 中对其进行修改。

5. GOOSE 连线

GOOSE 连线可理解为传统变电站中的硬电缆接线，采集装置将其采集的信号以数据集的形式，通过组播向外传输，接收方可能只要接收部分信号，那接收方如何知道接收哪些信号，那就是通过 GOOSE 连线来告诉接收方收取什么信号。GOOSE 连线如图 3－39 所示。

（1）选择【视图】菜单里的【Inputs 编辑】项目，选择需要编辑的 IED。

（2）选择接收端 GOOSE 连线所在的 LN，一般固定值 LLN0 中。

（3）选择 Inputs 及 GOOSE 输入。

（4）选择外部信号。

（5）将发送装置的 GOOSE 访问点下的发送数据集中的 FCDA 拖至中间窗口，按序排放，顺序可调。

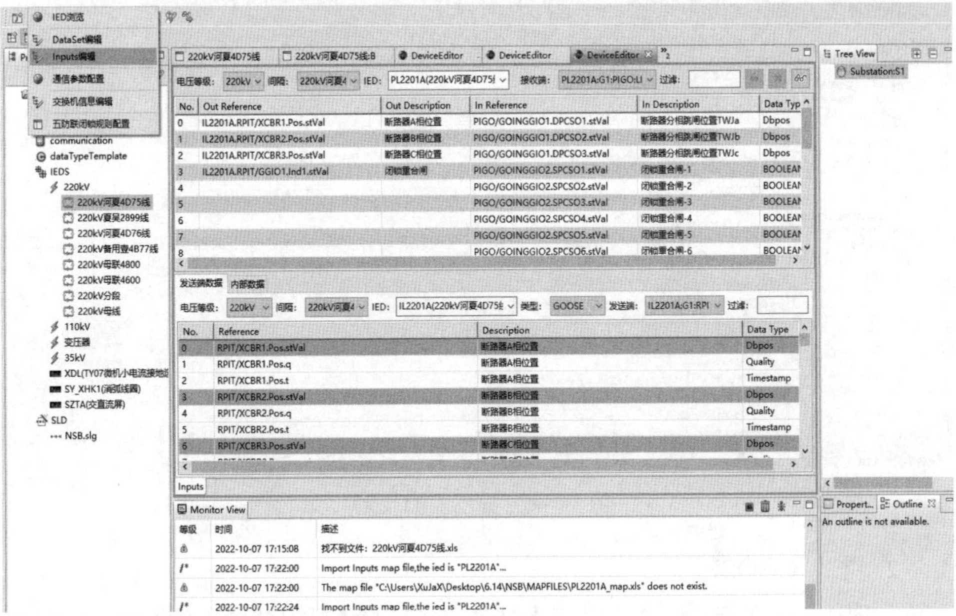

图 3－39　GOOSE 连线

（6）在图 3－39 基础上对应 IED 选择数据类型及对应发送端。

（7）在接收装置中，从 GOOSE 访问点下的 LN→FC→DO 下，选择相应的

DA，将其拖至中间窗口中相应的外部信号所在的行，即完成外部信号与内部信号的连接，也即完成一个 GOOSE 连线。

3.6.4 生成 CID 及 GOOSE

在 SCD 配置完成后，需要从 SCD 中导出相关配置，下装到装置中，使得装置可以按照配置好的数据进行通信，一般需要导出的配置有两种：CID 及 GOOSE。

1. 导出 CID

如图 3-40 所示，右键点击文件名，选择【导出 SCL 文件】中的【导出 CID 文件】项目，可根据选择批量导出 CID 文件，目录可任意选择。

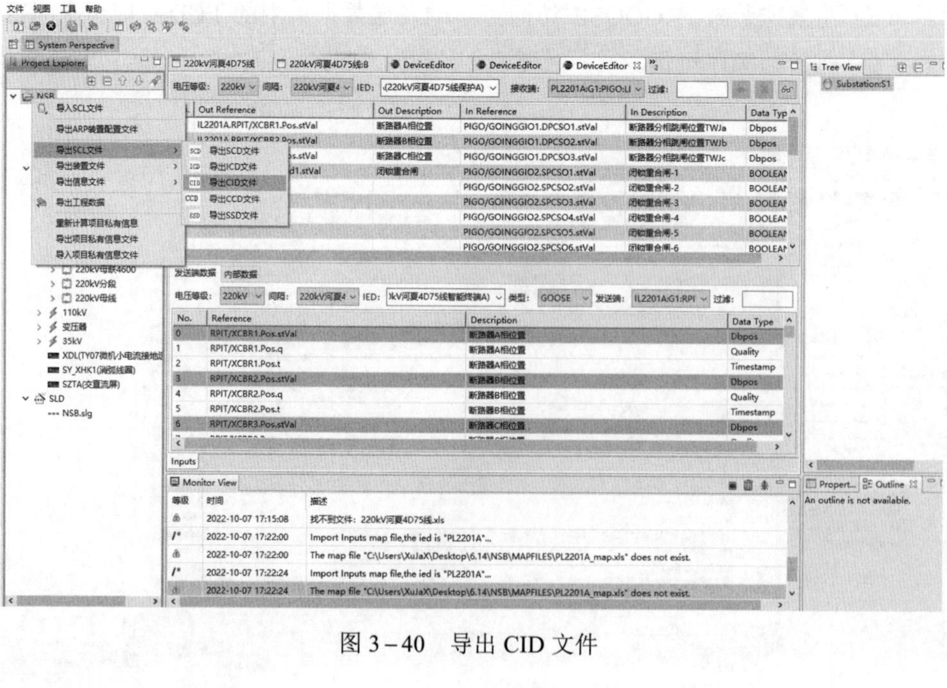

图 3-40 导出 CID 文件

2. 导出 GOOSE

如图 3-41 所示，同样右键点击文件名，选择【导出装置文件】项目，由于装置中一般只认名为 GOOSE.txt 的文件，所以一般选择【导出装置配置文件（GOOSE.txt)】项目，可根据选择批量导出 GOOSE 文件，目录可任意选择。

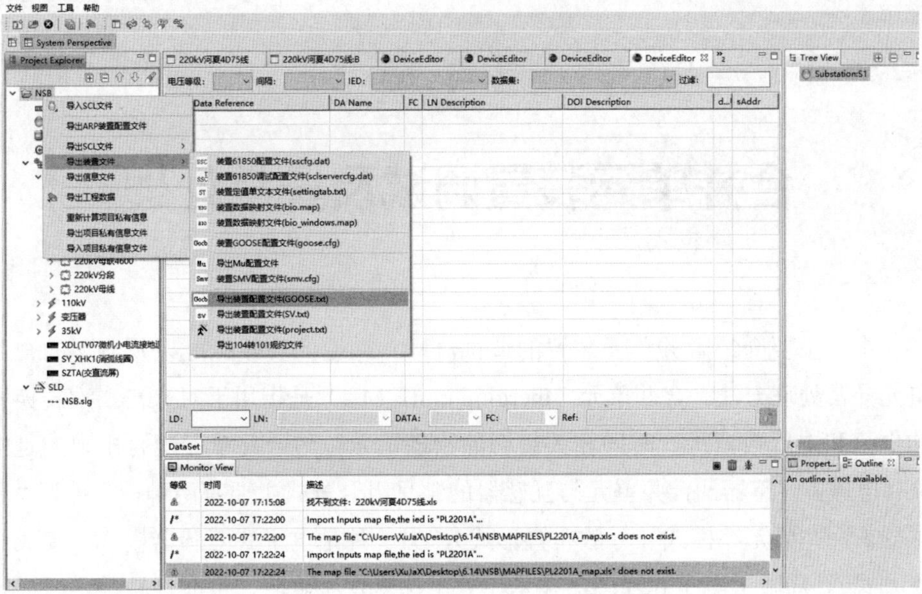

图 3-41　导出 GOOSE 文件

第 4 章

合并单元装置调试及异常处理

本章主要介绍合并单元装置的调试流程、相应的验收标准以及典型的合并单元异常处理方法。合并单元（merging unit，MU）是指用于对来自二次转换器的电流和电压数据进行时间相关组合的物理单元。与合并单元配合出现的是电流（电压）互感器。合并单元与互感器的常见组合方式主要有两种，一种是“互感器+合并单元”模式（分散布置形式），另一种是电子式互感器模式（集成布置方式）。局限于电子式互感器技术还处于探索发展阶段，可靠性较差，所以智能变电站广泛采用的是“互感器+合并单元”模式。电压信号通过“电压互感器+母线电压合并单元”的形式采集，电流信号采用“电流互感器+间隔合并单元”的形式采集，母线合并单元通过光纤级联的形式与间隔合并单元实现电流和电压数据的时间相关组合，然后再由间隔合并单元向间隔层设备提供数字化采样信息。根据合并单元类别，本章分别从间隔合并单元和母线电压合并单元两类装置具体介绍相应调试流程和方法。“互感器+合并单元”模式的回路构成图如图 4-1 所示。

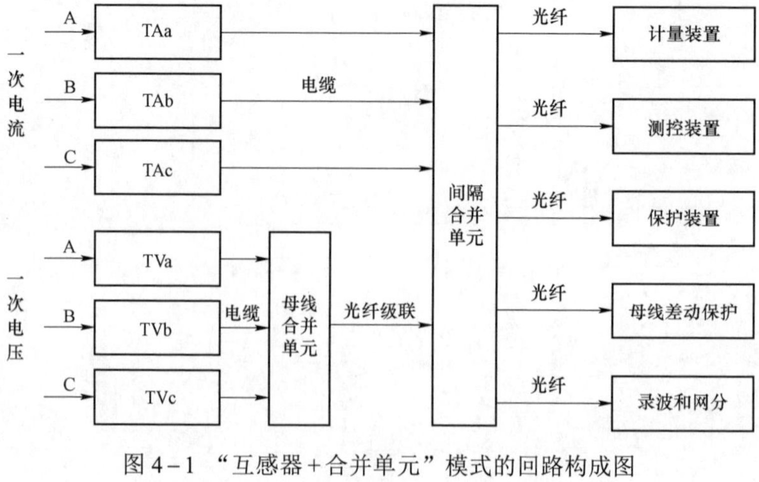

图 4-1 “互感器+合并单元”模式的回路构成图

4.1　间隔合并单元调试流程及验收标准

间隔合并单元（bay merging unit），是用于接入变电站间隔的保护电流、测量电流和电压，并具备接入其他合并单元输出的数字采样信号功能（以下简称级联功能）的模拟量输入式合并单元。间隔合并单元主要调试项目包括：合并单元通用检查、合并单元光纤回路检查、合并单元性能检查、多间隔合并单元 SV 数据同步性检验等。

本节所述内容适用于间隔合并单元调试，同时规范调试流程及验收标准。

4.1.1　间隔合并单元调试试验仪器及材料

间隔合并单元调试试验仪器及材料如表 4－1 所示。

表 4－1　　间隔合并单元调试试验仪器及材料

序号	名称	规格	数量
1	常规继电保护测试仪	支持两路三相电流输出、1 路三相电压输出，支持硬接点开入功能	1 台
2	合并单元测试仪	支持模拟量和数字量输出、模拟量和数字量采集功能，支持外部时钟对时及对时光 B 码输出功能	1 台
3	数字继电保护测试仪	支持 GOOSE、SV 报文发送功能	1 台
4	数字式万用表	支持 GOOSE、SV 报文采集分析功能	1 台
5	相关测试软件	包括 SCD 查看软件、报文分析软件、保护测试仪应用软件等	若干
6	绝缘电阻表	1000V/220V	1 台
7	光源	—	1 只
8	光功率计	校准波长：850、980、1310、1550nm 测量范围：−70～＋3dBm 测量灵敏度：0.001nW	1 只
9	激光笔	—	1 只
10	可变光衰耗器	—	1 只
11	法兰盘	—	1 只
12	光纤头清洁器	—	1 只
13	尾纤	根据装置背板光口类型和调试仪器输出光口类型选择尾纤类型	若干
14	其他设备	—	—

4.1.2 间隔合并单元通用检查

1. 参数型号

检查间隔合并单元设备型号、版本号及校验码，核对合并单元型号及软件版本号、校验码，应为国网入网检测合格产品。

2. 外观检验

（1）屏柜门开、关灵活，漆层完好、清洁整齐，屏柜门应有截面积 $4mm^2$ 以上的软铜导线与接地铜排相连。

（2）屏内铜排用截面积不小于 $50mm^2$ 的铜缆接至地网铜排。

（3）屏柜底座的电缆孔洞封堵良好。

（4）柜内通风、除湿系统完好，柜内环境温度、湿度满足设备稳定运行要求。

（5）装置固定良好，无明显变形及损坏现象，各部件安装端正牢固。

（6）切换开关、按钮、连接片等应操作灵活、手感良好，装置液晶显示对比度合理。

（7）装置内、外部清洁无积尘，各部件应清洁良好。

（8）各 TA 二次绕组应接线牢固，电缆芯标识清晰准确，各绕组应有且只有一点接地，接地线截面积不小于 $4mm^2$。

3. 绝缘检查

（1）直流电源回路端子对地。

（2）电流回路端子对地。

（3）绝缘要求：

1）各回路对地绝缘电阻应大于 20MΩ。

2）采用 1000V 绝缘电阻表。

3）每进行一项绝缘试验后，须将试验回路对地放电。

4. 电源检验

（1）万用表检查装置直流电源输入应满足装置要求，检查电源空气断路器对应正确。

（2）合上装置电源空气断路器，打开装置上电源开关，装置应正常启动，内部电压输出正常。

（3）装置掉电瞬间，装置不应误发异常数据。

4.1.3　间隔合并单元光纤回路检验

1. 光纤回路外观检查

（1）光纤是否连接正确、牢固。

（2）光纤及光纤配线架标识是否正确，并与设计图纸相符。

（3）有无光纤损坏。

（4）光纤接头是否完全旋进或插牢，无虚接，光纤头部分不应裸露。

（5）尾纤接头应干净无异物。

（6）备用光纤端口应使用防尘帽盖好。

（7）跳纤呈现自然弯曲（弯曲半径大于 3cm），不存在弯折、窝折的现象，绑扎带不能过紧，不应承受任何外重，尾纤表皮应完好无损。

（8）光缆及终端盒安装牢固，不应受较大的拉力，尾纤弯曲半径大于 5cm，光缆弯曲半径大于 70cm。

2. 光功率检验

（1）光功率要求。

1）各发信光口要求光波长 1310nm，发送功率为 – 20～ – 14dBm；要求光波长 850nm，发送功率为 – 19～ – 10dBm。

2）各收信光口要求光波长 1310nm，发送功率为 – 19～ – 10dBm；要求光波长 850nm，发送功率为 – 24～ – 10dBm。

3）接收端口的接收光功率减去接收灵敏度即为该端口的光功率裕度，装置端口接收光功率裕度不应低于 5dB。

（2）检验方法。

1）发送功率试验方法：用一根尾纤跳线（衰耗小于 0.5dB）连接设备光纤发送端口和光功率计接收端口，读取光功率计上的功率值，如图 4 – 2 所示。

2）接收功率试验方法：将待测设备光纤接收端口尾纤拔下，插入到光功率计接收端口，读取光功率计上的功率值，如图 4 – 3 所示。

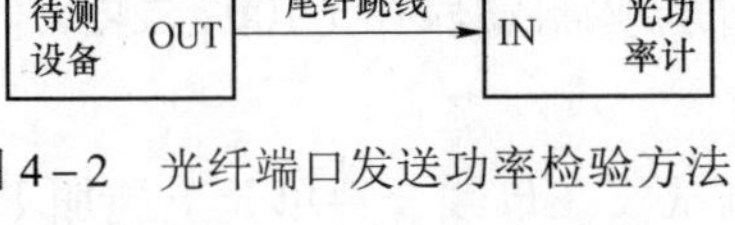

图 4 – 2　光纤端口发送功率检验方法

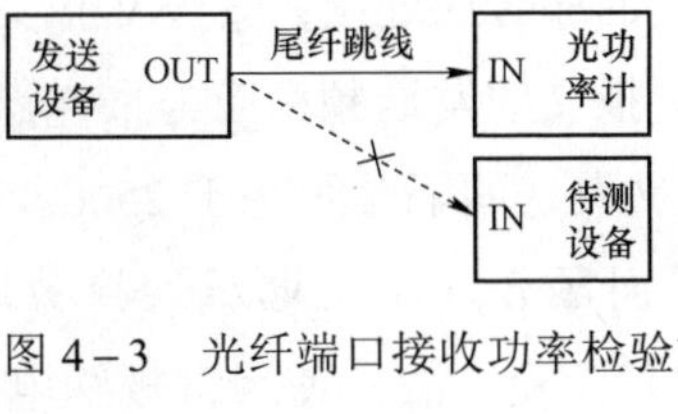

图 4 – 3　光纤端口接收功率检验方法

3）接收灵敏度试验方法：

① 用一根尾纤跳线连接数字继电保护测试仪输出网口与光衰耗计，再用一根尾纤连接光衰耗计和待测设备的对应网口，如图 4－4 所示。数字继电保护测试仪网口输出报文包含有效数据（采样值报文数据为额定值，GOOSE 报文为开关位置）。

图 4－4　光纤端口接收灵敏度检验方法步骤 1

② 从 0 开始缓慢增大调节光衰耗计衰耗，观察待测设备液晶面板（指示灯）或网口指示灯。有限观察液晶面板的报文数值显示；如设备液晶面板不能显示报文数值，观察液晶面板的通信状态显示或通信状态指示灯；如设备面板没有通信状态显示，观察通信网口的物理连接指示灯。

③ 当上述显示出现异常时，停止调节光衰耗计，将待测设备网口尾纤衔头拔下，插到光功率计上，读出此时的功率值，即为待测设备网口的最小接收功率，如图 4－5 所示。

图 4－5　光纤端口接收灵敏度检验方法步骤 2

4.1.4　间隔合并单元性能检验

1. 发送 SV 报文检验

（1）检验方法：合并单元发送 SV 报文采用以下方法检验。将合并单元输出 SV 报文接入凯默手持光数字校验仪抓取 10min 以上的报文进行分析。

（2）检验项目及标准：① SV 报文丢帧率测试，10min 内不丢帧；② SV 报文完整性测试，报文的序号 0 连续增加到 3999，再恢复到 0，任意相邻两帧 SV 报文的序号应连续；③ SV 报文发送频率测试，报文应每一个采样点一帧报文，SV 报文的发送频率应与采样点频率一致；④ SV 报文发送间隔离散度检查，报文发送间隔是否等于 250μs，测出的间隔抖动应在±10μs 之内。

2. 间隔合并单元电压切换功能检验

（1）检验方法：使用常规继电保护测试仪在母线合并单元上施加不同幅值

的两段母线电压，母线合并单元与间隔合并单元级联。使用数字继电保护测试仪施加Ⅰ母和Ⅱ母隔离开关位置的 GOOSE 信号或常规电气信号，按照表中合并单元电压切换逻辑依次变换信号，用数字式万用表观察间隔合并单元输出的母线电压采样值，判断切换逻辑。观察在隔离开关为同分、同合以及位置异常的情况下，合并单元的报警情况。

（2）检验项目及标准如表 4－2 所示。

表 4－2　　检验项目及标准

序号	Ⅰ母隔离开关		Ⅱ母隔离开关		母线电压输出	告警信号
	合	分	合	分		
1	0	0	0	0	保持	延时 1min 以上报警“隔离开关位置异常”
2	0	0	0	1	保持	
3	0	0	1	1	保持	
4	0	1	0	0	保持	
5	0	1	1	1	保持	
6	0	0	1	0	Ⅱ母电压	
7	0	1	1	0	Ⅱ母电压	—
8	1	0	1	0	Ⅰ母电压	报警“同时动作”
9	0	1	0	1	电压输出为 0，状态有效	报警“同时返回”
10	1	0	0	1	Ⅰ母电压	—
11	1	1	1	0	Ⅱ母电压	延时 1min 以上报警“隔离开关位置异常”
12	1	0	0	0	Ⅰ母电压	
13	1	0	1	1	Ⅰ母电压	
14	1	1	0	0	保持	
15	1	1	0	1	保持	
16	1	1	1	1	保持	

3. 间隔合并单元准确度检验

（1）检验方法：用合并单元测试仪给合并单元输入模拟量电压或电流量，同时采集合并单元输出的 SV 数据，与输入数值进行比较采样插值法计算合并单元准确度。检验方法如图 4－6、图 4－7 所示（注：幅值误差、相位误差测试时应施加额定值；复合误差测试时应施加额定准确限制电流）。

方法 1：采用外部时钟对时。

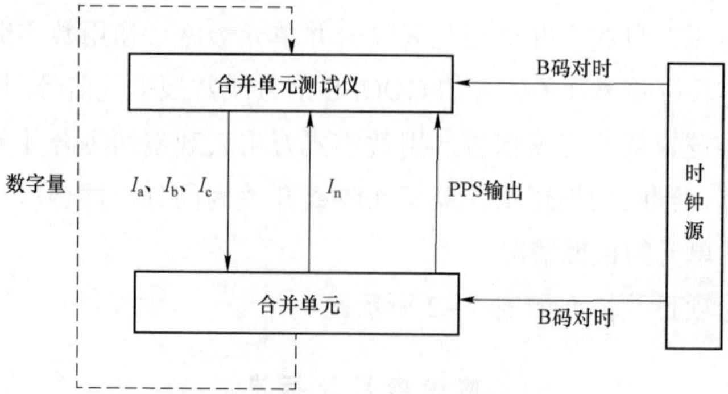

图 4-6　模拟量输入式合并单元测试方法 1

方法 2：采用合并单元测试仪为主时钟对时。

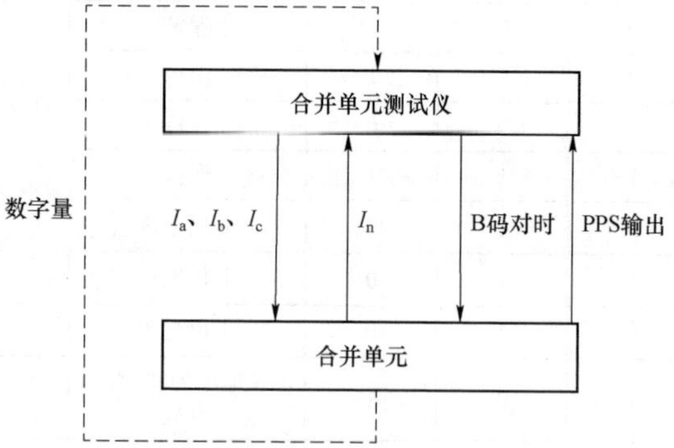

图 4-7　模拟量输入式合并单元测试方法 2

测试中每次施加持续 1min，按每秒计算一次的方式测得 60 个点的幅值误差和相位误差，统计最大偏差作为测试结果并记录。

（2）合并单元保护用电流通道准确度应满足标准如表 4-3 和表 4-4 所示。

表 4-3　　测 量 TA 误 差

准确级	在下列电流下的电流（比值）误差（%）				在下列电流下的相位误差							
					分度误差（′）				厘弧误差（crad）			
	5% I_N	20% I_N	100% I_N	120% I_N	5% I_N	20% I_N	100% I_N	120% I_N	5% I_N	20% I_N	100% I_N	120% I_N
0.1	±0.4	±0.2	±0.1	±0.1	±15	±8	±5	±5	±0.45	±0.24	±0.15	±0.15
0.2	±0.75	±0.35	±0.2	±0.2	±30	±15	±10	±10	±0.9	±0.45	±0.3	±0.3
0.5	±1.5	±0.75	±0.5	±0.5	±90	±45	±30	±30	±2.7	±1.35	±0.9	±0.9
1.0	±3.0	±1.5	±1.0	±1.0	±180	±90	±60	±60	±5.4	±2.7	±1.8	±1.8

注　I_N 为额定电流。

表 4-4　　保护 TA 误差

准确级	额定电流下的电流误差（%）	相位误差		在额定准确限值电流下的复合误差（%）
		分度误差（′）	厘弧误差（crad）	
5P	±1	±60	±1.8	±5
10P	±3	—	—	±10

4. 双 AD 采样数据测试

（1）测试方法：三相交流模拟信号源输出 1 路电流（额定值）给合并单元。利用 MU 测试仪分别测试合并单元输出的电流 A/D 通道 1、电流 A/D 通道 2 的精确度（幅值误差、相位误差），每项测试持续 1min。计算双 A/D 采样数据的幅值差。测试结果如表 4-5 所示。

表 4-5　　测 试 结 果

序号	实际输入量	持续时间（min）	幅值误差	相位误差
A/D 通道 1 电流	I_N	1		
A/D 通道 2 电流	I_N	1		
双 A/D 幅值差				
结论				

（2）检验项目及标准：

1）合并单元两路 A/D 电路输出的结果应完全独立。

2）两路独立采样数据的幅值差不应大于实际输入量幅值的 2.5%（或 $0.02I_N$）。

5. 频率影响测试

（1）测试方法：三相交流模拟信号源分别输出 45、48、49、50、51、52、55Hz 的电流信号（三相平衡、初始相位角任意），给合并单元。每个频率持续施加 1min。记录合并单元测试仪上显示的幅值误差和相位误差，计算误差改变量。记录结果如表 4-6 所示。

表 4-6　　记 录 结 果

电流	频率（Hz）	持续时间（min）	幅值误差	相位误差
额定值、三相平衡	45	1		
额定值、三相平衡	48	1		

续表

电流	频率（Hz）	持续时间（min）	幅值误差	相位误差
额定值、三相平衡	49	1		
额定值、三相平衡	50	1		
额定值、三相平衡	51	1		
额定值、三相平衡	52	1		
额定值、三相平衡	55	1		
最大误差				
结论				
备注				

（2）检验项目及标准：测量 TA 由频率改变引起的幅值误差和相位误差改变量应不大于准确等级指数的 100%，保护 TA 的误差应满足原技术指标要求。

6. 谐波影响测试

（1）测试方法：三相交流模拟信号源向合并单元输出含谐波的额定电流信号，在基波上依次叠加谐波 2～13 次（测量电流）、2～5 次（保护电流），谐波含量为 20%。每次谐波持续施加 1min。通过 MU 测试仪测量各通道的幅值误差和相位误差，并分析合并单元输出谐波的谐波次数、谐波含量。测试项目如表 4－7 所示。

表 4－7　　测 试 项 目

电流	谐波次数	谐波含量（%）	持续时间（min）	幅值误差	相位误差	测得谐波次数	测得谐波含量
额定值	2	20	1				
额定值	3	20	1				
额定值	4	20	1				
额定值	5	20	1				
额定值	6	20	1				
额定值	7	20	1				
额定值	8	20	1				
额定值	9	20	1				
额定值	10	20	1				
额定值	11	20	1				
额定值	12	20	1				
额定值	13	20	1				
最大误差							
结论							
备注							

（2）检验项目及标准：

1）谐波次数与输入一致。

2）谐波下的幅值和相位误差改变量应不大于准确等级指数的 200%，保护 TA 的误差应满足原技术指标要求。

谐波含量满足以下要求（根据 GB/T 19862—2016《电能质量监测设备通用要求》第 5.2.2 条），如表 4－8 所示。

表 4－8　　谐波含量要求

等级	被测量	条件	允许误差
A	电流	$I_h \geq 3\% I_N$ $I_h < 3\% I_N$	$5\% I_h$ $0.15\% I_N$
B	电流	$I_h \geq 10\% I_N$ $I_h < 10\% I_N$	$\pm 5\% I_h$ $0.5\% I_N$

注　I_N 为额定电流；I_h 为谐波电流。

7. 间隔合并单元同步性能测试

（1）检验方法：

1）利用标准时钟源向合并单元及时钟测试仪授时。待合并单元同步后，断开同步对时信号直至进入失步状态。测试该过程中合并单元输出的 1PPS 信号与标准时钟源的 1PPS 信号的有效沿时间差绝对值的最大值，即为测试时间内的守时误差。同时监视合并单元采样值报文发送间隔离散度以及同步标识位“SmpSynch”的变化情况。10min 内应满足守时精度要求。当同步标识位首次出现 FALSE 时，合并单元失去时钟源持续时间应超过 10min。

2）利用标准时钟源向处于失步状态的合并单元授时，同时监视合并单元采样值报文发送间隔离散度以及同步标识位“SmpSynch”的变化情况。

（2）检验项目及标准：

1）检查合并单元在失去外部同步信号后，10min 内守时精度应不大于＋4μs。

2）检查合并单元在失去同步信号且超出守时范围的情况下，应产生数据同步无效标志（SmpSynch=FALSE）。

3）检查合并单元在失步再同步的过程中，点对点方式输出的采样值报文，发送隔离散度应不大于 10μs，同步成功后，合并单元输出的采样值报文的同步位应由失步（SmpSynch=FALSE）转为同步状态（SmpSynch=TURE）。

8. 间隔合并单元检修状态检验

（1）检验方法：

1）投入合并单元检修压板，检查其面板检修状态指示灯是否点亮。

2）投入合并单元检修压板，检查其发送的 SV 报文中采样值数据品质的检修位和 GOOSE 报文的检修标志是否置位。

3）分别修改断路器、隔离开关位置 GOOSE 报文的检修状态和合并单元检修压板状态，测试合并单元对 GOOSE 检修报文的处理。

（2）检验项目及标准：

1）检查合并单元处于检修状态时，装置面板指示灯或界面是否有明显显示。

2）检查合并单元处于检修状态时，装置发送的 SV 报文各数据通道及 GOOSE 报文是否置检修。

3）检查合并单元的 GOOSE 报文检修处理机制，当合并单元接收的断路器、隔离开关位置信息取自 GOOSE 报文时，若 GOOSE 报文中的检修状态与合并单元检修状态一致，则将断路器、隔离开关位置信息用于逻辑判别；反之，则不用于逻辑判别，断路器、隔离开关位置信息保持原状态。

9. 间隔合并单元告警功能检查

（1）检验方法：

1）结合合并单元工作电源检查、设备通信接口检查、同步性能测试、电压级联功能检验、电压切换功能检验、电压并列功能检验、检修状态测试等项目，模拟合并单元的告警状态。

2）检查装置面板指示灯、告警输出硬接点和 GOOSE 信号应满足相应要求。

（2）检验项目及标准：

1）检查合并单元的告警功能，合并单元应能对装置本身的硬件或通信方面的错误进行自检，装置面板 LED 指示功能应正确。

2）检查合并单元装置故障硬接点、运行异常硬接点。

3）检查合并单元 GOOSE 通道中断、级联通道中断、同步异常、断路器/隔离开关位置异常、检修不一致、检修压板投入等事件信号。

4.1.5 多间隔合并单元 SV 数据同步性检验

（1）校验方法：以主变压器三侧合并单元 SV 数据同步性检验为例。

常规保护校验仪同一组三相电流模拟量输出可以认为是同源的，将三相电流输出分别加在主变压器三侧合并单元保护 A 相电流绕组上，幅值等于各侧额定电流，方向依据主变压器绕组 YYD 接线，分别为高压侧 0°、中压侧 180°、低压侧 150°（以高压侧电流为基准），使主变压器三侧电流平衡。如图 4－8 所示。

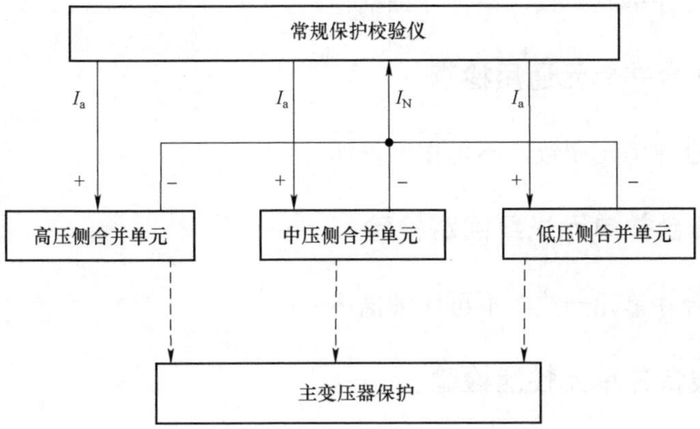

图 4－8　多个合并单元测试方法

分别通入 0.5、1、1.5、2 倍额定电流，观察并记录主变压器各侧电流采样幅值、相角以及差流。保护装置显示值误差应满足：电流不超过额定值的±2.5%或 $0.02I_N$，角度误差不超过 1°，差流应基本为零。

按照上述试验方法，分别测试 A、B、C 相。

对于母线差动保护，任意选取两个待测试间隔合并单元，将其电流反极性串接，分别通入 0.5、1、3、5、10A 电流，观察并记录母线保护中测试间隔电流采样幅值、相角以及母线差流。

（2）检验标准：在同源输入的情况下，两个合并单元保护级 SV 电流通道，其幅值相差应不大于±2%，相位相差不大于±120′。

4.2　母线合并单元调试流程及验收标准

母线合并单元（busbar merging unit），是用于接入变电站母线电压的模拟量输入式合并单元，具备母线电压并列功能。母线合并单元主要调试项目包括：① 合并单元通用检查；② 合并单元光纤回路检查；③ 合并单元性能检查；④ 合并单元的电压并列功能测试；⑤ 合并单元的级联测试等。其中，部分测试与间隔合并单元相同，本节不再详细描述。

本节所述内容适用于母线合并单元调试，同时规范调试流程及验收标准。

4.2.1 母线合并单元调试试验仪器及材料

与间隔合并单元一致，不再详细描述。

4.2.2 母线合并单元通用检查

与间隔合并单元一致，不再详细描述。

4.2.3 母线合并单元光纤回路检验

与间隔合并单元一致，不再详细描述。

4.2.4 母线合并单元性能检验

1. 发送 SV 报文检验

与间隔合并单元一致，不再详细描述。

2. 母线合并单元准确度检验

（1）检验方法：用合并单元测试仪给合并单元输入模拟量电压量，同时采集合并单元输出的 SV 数据，与输入数值进行比较采样插值法计算合并单元准确度（注：幅值误差、相位误差测试时应施加额定值；复合误差测试时应施加额定准确限制电流）。

方法 1：采用外部时钟对时，如图 4－9 所示。

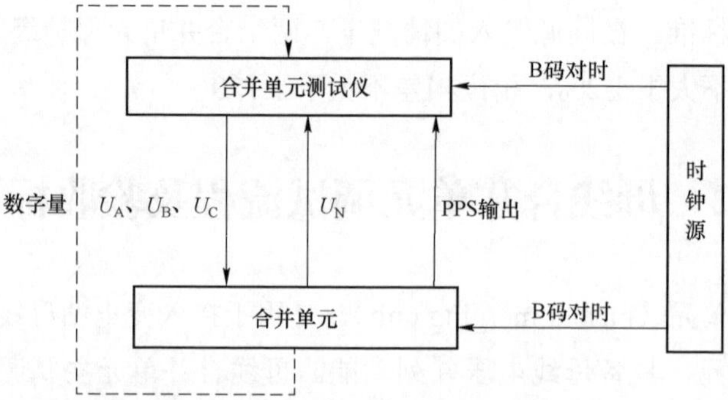

图 4－9 模拟量输入式合并单元测试方法 1

方法 2：采用合并单元测试仪为主时钟对时，如图 4－10 所示。

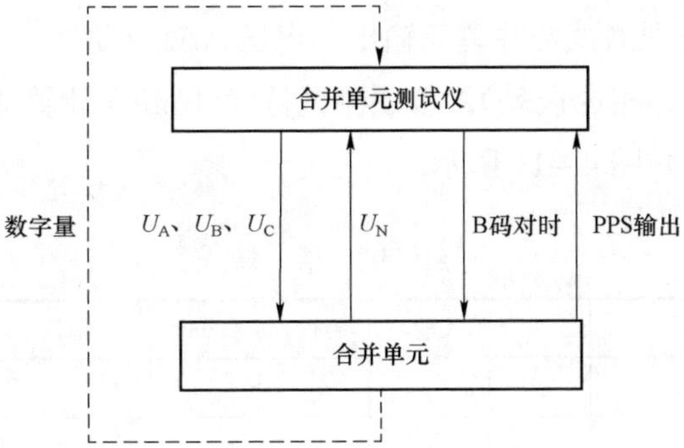

图 4－10　模拟量输入式合并单元测试方法 2

测试中每次施加持续 1min，按每秒计算一次的方式测得 60 个点的幅值误差和相位误差，统计最大偏差作为测试结果并记录。

（2）合并单元保护用电压通道准确度应满足标准如表 4－9 和表 4－10 所示。

表 4－9　　测 量 TV 误 差

准确级	电压（比值）误差（%）	相位误差	
		分度误差（′）	厘弧误差（crad）
0.1	±0.1	±5	±0.15
0.2	±0.2	±10	±0.3
0.5	±0.5	±20	±0.6
1.0	±1.0	±40	±1.2
3.0	±3.0	不确定	

表 4－10　　保 护 TV 误 差

准确级	在下列电压下的误差								
	$2\%U_N$			$5\%U_N$			$x\%U_N$		
	电压误差（%）	相位误差（′）	相位误差（crad）	电压误差（%）	相位误差（′）	相位误差（crad）	电压误差（%）	相位误差（′）	相位误差（crad）
3P	±6	±240	±7	±3	±120	±3.5	±3	±120	±3.5
6P	±12	±480	±14	±6	±240	±7	±6	±240	±7

注　U_N 为额定电压。

3. 双 AD 采样数据测试

（1）测试方法：三相交流模拟信号源输出 1 路电压（额定值）给合并单元。

利用 MU 测试仪分别测试合并单元输出的电压 A/D 通道 1、电压 A/D 通道 2 的精确度（幅值误差、相位误差），每项测试持续 1min。计算双 A/D 采样数据的幅值差。测试结果如图 4－11 所示。

表 4－11　　　测　试　结　果

项目	实际输入量	持续时间（min）	幅值误差	相位误差
A/D 通道 1 电压	U_N	1		
A/D 通道 2 电压	U_N	1		
双 A/D 幅值差				
结论				

（2）检验项目及标准：

1）合并单元两路 A/D 电路输出的结果应完全独立。

2）两路独立采样数据的幅值差不应大于实际输入量幅值的 2.5%（或 0.02 U_N）。

4. 频率影响测试

（1）测试方法：三相交流模拟信号源分别输出 45、48、49、50、51、52、55Hz 的电压信号（三相平衡、初始相位角任意），给合并单元。每个频率持续施加 1min。记录合并单元测试仪上显示的幅值误差和相位误差，计算误差改变量。测试记录如表 4－12 所示。

表 4－12　　　测　试　记　录

电压	频率（Hz）	持续时间（min）	幅值误差	相位误差
额定值、三相平衡	45	1		
额定值、三相平衡	48	1		
额定值、三相平衡	49	1		
额定值、三相平衡	50	1		
额定值、三相平衡	51	1		
额定值、三相平衡	52	1		
额定值、三相平衡	55	1		
最大误差				
结论				
备注				

（2）检验项目及标准：测量 TV 由频率改变引起的幅值误差和相位误差改变量应不大于准确等级指数的 100%，保护 TV 的误差应满足原技术指标要求。

5. 谐波影响测试

（1）测试方法：三相交流模拟信号源向合并单元输出含谐波的额定电压信号，在基波上依次叠加谐波 2～13 次（测量电压）、2～5 次（保护电压），谐波含量为 20%。每次谐波持续施加 1min。通过 MU 测试仪测量各通道的幅值误差和相位误差，并分析合并单元输出谐波的谐波次数、谐波含量。测试项目如表 4－13 所示。

表 4－13　　测　试　项　目

电压	谐波次数	谐波含量（%）	持续时间（min）	幅值误差	相位误差	测得谐波次数	测得谐波含量
额定值	2	20	1				
额定值	3	20	1				
额定值	4	20	1				
额定值	5	20	1				
额定值	6	20	1				
额定值	7	20	1				
额定值	8	20	1				
额定值	9	20	1				
额定值	10	20	1				
额定值	11	20	1				
额定值	12	20	1				
额定值	13	20	1				
最大误差							
结论							
备注							

（2）检验项目及标准：

1）谐波次数与输入一致。

2）谐波下的幅值和相位误差改变量应不大于准确等级指数的 200%，保护 TA 的误差应满足原技术指标要求。

谐波含量满足要求（根据 GB/T 19862—2016《电能质量监测设备通用要求》

第 5.2.2 条）如表 4－14 所示。

表 4－14　　谐波含量要求

等级	被测量	条件	允许误差
A	电压	$U_h \geqslant 1\%U_N$	$5\%U_h$
		$U_h < 1\%U_N$	$0.05\%U_N$
B	电压	$U_h \geqslant 3\%U_N$	$5\%U_h$
		$U_h < 3\%U_N$	$0.15\%U_N$

注　U_N 为额定电压，U_h 为谐波电压。

6. 母线合并单元同步性能测试

与间隔合并单元一致，不再详细描述。

7. 母线合并单元检修状态检验

与间隔合并单元一致，不再详细描述。

8. 母线合并单元告警功能检查

与间隔合并单元一致，不再详细描述。

4.2.5　母线合并单元电压并列功能检验

1. 检验方法

使用常规继电保护测试仪在母线合并单元上分别施加不同幅值的两段母线电压模拟量，使用数字继电保护测试仪模拟母联断路器位置的 GOOSE 信号或常规电气信号，分别切换母线合并单元把手至“Ⅰ母强制用Ⅱ母”或“Ⅱ母强制用Ⅰ母”状态，用数字式万用表观察母线合并单元输出的Ⅰ母和Ⅱ母电压，并依此判断并列逻辑。

2. 检验项目及标准

检验项目及标准如表 4－15 所示。

表 4－15　　检验项目及标准

电压并列把手位置		母联断路器位置	Ⅰ母电压输出	Ⅱ母电压输出
Ⅰ母强制用Ⅱ母	Ⅱ母强制用Ⅰ母			
0	0	X	Ⅰ母	Ⅱ母
0	1	合位	Ⅰ母	Ⅰ母

续表

电压并列把手位置		母联断路器位置	Ⅰ母电压输出	Ⅱ母电压输出
Ⅰ母强制用Ⅱ母	Ⅱ母强制用Ⅰ母			
0	1	分位	Ⅰ母	Ⅱ母
0	1	00 或 11 （无效位置）	保持	保持
1	0	合位	Ⅱ母	Ⅱ母
1	0	分位	Ⅰ母	Ⅱ母
1	0	00 或 11 （无效位置）	保持	保持
1	1	合位	保持	保持
1	1	分位	Ⅰ母	Ⅱ母
1	1	00 或 11 （无效位置）	保持	保持

注　1. 把手位置为 1 表示该把手位于合位，0 表示该把手位于分位。

2. 母联断路器位置为双位置，“10”为合位，“01”为分位，“00”和“11”表示中间位置和无效位置，X 表示无论母联断路器处于任何位置。

4.2.6　电压级联功能检验

1. 检验方法

（1）将母线合并单元与被测间隔合并单元级联，向母线合并单元施加额定电压，向间隔合并单元施加额定电压、电流以及母线隔离开关 GOOSE 信号等，同时将间隔合并单元的采样值输出接入合并单元测试设备，记录合并单元测试设备显示的幅值误差和相位误差，测试系统原理如图 4-11 所示。

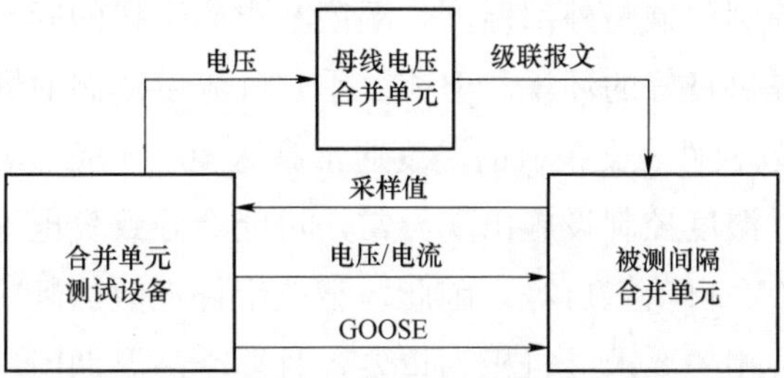

图 4-11　测试系统原理

（2）投入母线合并单元检修压板，检查间隔合并单元输出的级连通道的数据品质。退出母线合并单元检修压板，恢复级联通道品质为正常，再中断级联输入通道，检查间隔合并单元输出的级联通道的数据品质。

2. 检验项目及标准

（1）检查间隔合并单元的级联电压接入功能，若本间隔的二次设备需要母线电压，间隔合并单元应能够接入来自母线合并单元的母线电压数据报文。母线合并单元的级联报文格式应符合 GB/T 20840.8—2007《互感器　第 8 部分：电子式电流互感器》或 DL/T 860.92—2016《电力自动化通信网络和系统　第 9－2 部分：特定通信服务映射（SCSM） 基于 ISO/IEC 8802－3 的采样值》的要求。

（2）检查与母线合并单元级联后，间隔合并单元输出采样值的准确度，应满足电压精度要求。

（3）检查间隔合并单元对级联输入电压有效性的判别功能，间隔合并单元应对级联输入的数字采样值的有效性进行判别，并能对数字采样值无效、检修以及链路中断等异常进行记录并告警，当间隔合并单元状态正常（非检修）时，间隔合并单元输出的级联通道数据品质应与级联输入的数据通道品质一致。当级联输入通道中断时，间隔合并单元输出的级联通道的数据品质应置无效。

4.3　合并单元典型异常现场现象、影响及处理措施

4.3.1　合并单元典型异常问题

1. 合并单元工作环境的异常问题

按照国家电网有限公司对变电站智能终端、合并单元等的设计，一般智能变电站组件柜被布置于户外场地，内部安装有电气空调、热交换器等温度调控设备，可以有效控制与调整外部温度、湿度和电磁干扰的影响，为智能变电站设备的正常运行提供良好的环境。但在夏季户外温度过高的情况下，智能变电站合并单元的 CPU 板件、交换机的温度通常高达 40～50℃，甚至更高，一旦智能组件柜的温度、湿度控制设施出现异常，可能会导致变电站合并单元的电路板损坏、信号闭锁、自动重启等。因此，智能组件柜散热制冷设备的正常运行使柜内温湿度符合相关要求显得极为重要，且夏季高温期间户外智能组件柜的温湿度检查应列为日常运维工作的重点。

2. 合并单元的采样不同步问题

依托于智能变电站合并单元的电流、电压采样，主要包括光纤点对点直采、SV 网络采样两种模式。其中光纤点对点直采的时钟同步，仅与保护装置内部时钟有关，因而不会产生合并单元的采样不同步问题。

但 SV 网络采样是通过电压合并单元、电流合并单元分别进行整个电路的开关电压、开关电流采样，其根据合并单元的外时钟同步，因而当合并单元采样对时出现异常后，将造成电压、电流采样不同步，并导致电压、电流间隔采样功率计算的误差较大。

3. 合并单元的母线电压切换问题

智能化变电站中的 500、220kV 电压线路切换均通过三相电压互感器，为电压线路的测控、切换、间隔等提供保护装置。其中 220kV 母线合并单元将取代传统的电气同路，经由合并单元的逻辑程序，执行母线上的部分或全部线路、变压器切换操作。

但这一母线上切换逻辑运行或热备用的操作可能存在合并单元程序异常、电压互感器的隔离开关位置触点异常（00 态）的情况，而造成母线切换程序故障、电压互感器失压，还可能使不同线路电路合闸闭锁后，出现同期电压不准确的问题。

4. 合并单元的 GOOSE 网、SV 网共网问题

智能变电站 500、220kV 的电网组网设计中，500kV 部分通常为 GOOSE 网、SV 网独立组网模式，而 220kV 则采取 GOOSE 网、SV 网融合组网的方案。但由于智能变电站合并单元的间隔层交换机可能会在某一时间段存在网络数据吞吐量大、负载压力大的情况，这时 220kV 电网的 GOOSE 网、SV 网共网方案会导致电压、电流数据传输的通信延时以及变电站箱体间隔层设备的温度过高问题。因而需要通过重新设置变电站合并单元中的 GOOSE 网、SV 网的组网方式以及相关交换机 CPU 芯片的合理选型、软硬件设计来解决。

4.3.2　合并单元典型异常处理措施

1. 合并单元采样无效异常处理

（1）故障现象：合并单元采样无效，发“采样无效”告警信号，同时闭锁与此合并单元相关的所有保护。

（2）原因分析：智能变电站合并单元的 SV 报文传输主要根据电力自动化通

信 IEC 61850《电力应用自动化用通信网络和系统》系列标准，在每秒钟传输 4000 点组成数据波形，其中单周波形的点数为 80 点。在智能变电站电子互感器、合并单元之间连接中断、传输的数据频率、幅值等交流量存在异常的情况下，全部数字传输通道的状态都会变为无效（FALSE）。合并单元中 SV 报文的传输通道主要包含溢出、抖动、坏基准值、源、检修与有效性等状态指标，用于检测合并单元中 SV 报文的传输状况。

当合并单元的交流量输入异常、电子互感器连接中断或合并单元装置硬件故障时，合并单元发出的采样值 SV 报文的品质位将置为无效。同时，由于合并单元发出的 SV 报文来自多个采样通道，每路采样通道均带有品质位。当 2 个合并单元存在级联情况时，若上一级合并单元采样状态标志为无效时，本装置对应的采样输出通道置为无效，本装置其他无关采样通道不应随之变化保护装置接收到无效 SV 报文时，延时 10 个采样点后报警，发“采样无效”告警信号，同时闭锁与此合并单元相关的所有保护。当测控装置收到无效 SV 报文时，将无效数据显示为 0，同时将闭锁检无压或检同期的遥控操作。

（3）安全措施：此时应退出与故障合并单元相关的所有保护，投入此合并单元的“置检修状态”压板，做好安全隔离措施后方可进行故障排查。

（4）操作验证：通过手持光数字测试仪在合并单元装置处抓包，对故障合并单元装置 SV 报文进行有效值监测，SV 报文的品质位有效，且采样值刷新正常后恢复对应光纤，退出“置检修状态”压板，检查相关保护装置采样均正常，SV 状态检查正常，装置无告警后故障消除。

2. 合并单元 SV 断链异常处理

（1）故障现象：

1）合并单元故障，合并单元发装置异常或装置闭锁等告警信号，与合并单元相关的装置均发采样中断告警。

2）保护或测控故障，保护或测控发装置异常或装置闭锁等告警信号，而与此合并单元相关的其他装置采样均正常。

3）通信链路故障，当保护与合并单元之间的通信链路故障时，除保护发采样中断外无其他告警信号。

（2）原因分析：当合并单元 SV 断链时，保护和测控将采集不到任何采样数据，保护和测控装置将发出“采样中断”告警信号，并闭锁所有保护功能和同期功能。SV 断链多由硬件故障引起，主要由合并单元故障、保护或测控故障、保护或测控与合并单元之间的通信链路故障等原因引起。

在 SV 断链故障发生后，应对保护装置、测控装置、合并单元、通信链路连接设备进行故障分析，然后针对不同状况采取相应的应对措施。若 SV 报文、GOOSE 报文发送的过程中，因合并单元故障而出现 SV 断链，则应停用合并单元的保护，并通过隔离与故障检修来完成断链处理。若其故障原因为保护装置、测控装置的问题，则需要对保护或测控装置进行检修处理。若 SV 断链故障原因为通信链路设备问题，则要检查网络中存在的所有通信链路，包括网络交换机、光纤设备、数据传输接口等的故障检测与处理。

（3）安全措施：

1）若合并单元故障，则合并单元改为检修状态，停用相关保护，并做好安全隔离，然后检查处理。

2）若保护或测控故障，则停用相应的保护或测控装置，然后检查处理。

3）若通信链路故障，则应逐级检查通信链路，包括合并单元发信光口连接光缆网络交换机和保护装置收信光口等。

（4）操作验证：通过手持光数字测试仪在合并单元装置处抓包，检查合并单元装置 SV 数据集是否发出，检查相关保护装置采样是否正常、SV 状态是否正常，装置无 SV 断链告警后故障消除。

3. 合并单元 GOOSE 断链异常处理

（1）故障现象：

1）合并单元与智能终端 GOOSE 断链，发合并单元与智能终端 GOOSE 断链告警。断链后合并单元保持断链前的开入量状态，若此时母线隔离开关位置发生改变，将导致线路合并单元采集的母线电压与实际不一致。

2）合并单元与测控装置 GOOSE 断链，发测控装置与合并单元之 GOOSE 断链告警，断链后将影响合并单元的异常及告警信息的上传，从而影响对合并单元的运行状态监控。

（2）原因分析：220kV 线路合并单元在采集电流、电压量的同时，既通过 GOOSE 网接收断路器、隔离开关等位置信号的稳态开入量，又通过 GOOSE 网向测控装置发送装置的异常告警信号。间隔合并单元与其他设备关联关系，间隔合并单元 GOOSE 断链时，将直接影响合并单元开关量的采集和 GOOSE 告警的上送。合并单元 GOOSE 断链主要由合并单元硬件故障、合并单元的 GOOSE 传输链路故障等引起。

（3）安全措施：

1）若合并单元与智能终端 GOOSE 断链故障，则应逐级检查通信链路，包括合并单元和智能终端通信光口、连接光缆、网络交换机等。

2）若合并单元与测控装置 GOOSE 断链故障，则应逐级检查通信链路，包括合并单元和测控装置通信光口连接光缆、网络交换机等。

（4）操作验证：通过手持光数字测试仪在合并单元装置处抓包，检查合并单元装置 GOOSE 数据集是否发出，检查相关智能终端、测控装置 GOOSE 状态是否正常，装置无 GOOSE 断链告警后故障消除。

4. 合并单元双 A/D 采样不一致

（1）故障现象：保护装置报“双 A/D 采样不一致”告警信号。

（2）原因分析：由于智能变电站保护装置的采样由合并单元实现，为保证 A/D 采样的可靠性，合并单元均采用了双 A/D 采样模式，即通过双 CPU 分别进行 A/D 采样以确保每 路模拟量进行独立采样。然后在保护装置接收方通过比较双 A/D 数据的一致性，即可避免因 A/D 异常导致的保护误动，同时保护装置一般也采用双 CPU 设计，当 2 个 CPU 均动作时保护才跳闸。

当保护装置 2 个 CPU 接收的两路采样值不一致且差值超过设定值时，保护装置报“双 A/D 采样不一致”告警信号，而是否闭锁相应的保护功能则因设备厂家处理方式不同而不同。

（3）安全措施：当出现“双 A/D 采样不一致”告警时，应立即检查合并单元的 2 个采样模块是否正常。若经检查确为合并单元某一采样模块故障引起，则需停用相关保护后将合并单元停电更换。

（4）操作验证：通过手持光数字测试仪在合并单元装置处抓包，对故障合并单元装置 SV 报文进行有效值监测，SV 报文双 A/D 采样值均刷新正常后，检查相关保护装置采样均正常，SV 状态检查正常，装置无告警后故障消除。

4.3.3 智能变电站扩大内桥接线母线电压处理措施

1. 扩大内桥接线方式

近几年，新建 110kV 电压等级变电站多为内桥或扩大内桥接线方式智能变电站。

如图 4－12 所示，虚线部分表示不完全扩大内桥接线方式下未安装一次设备。

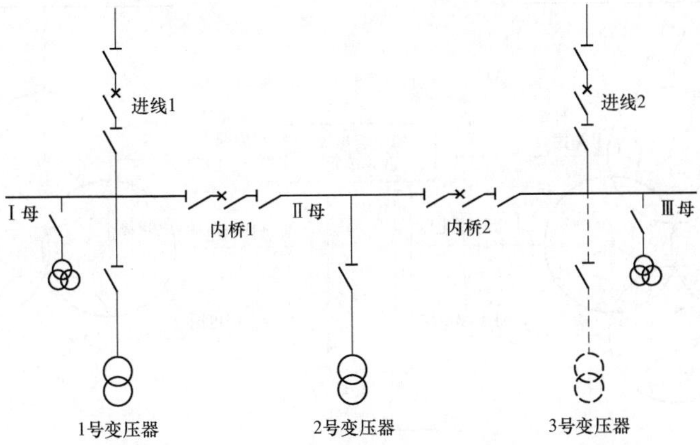

图 4－12　不完全扩大内桥接线方式一次接线图

2. 扩大内桥接线方式母线电压典型设计

（1）母线电压配置：扩大内桥接线方式下，Ⅰ母、Ⅲ母分别安装母线 TV，Ⅱ母线不安装母线 TV。

二次方面，110kV 母线配置两套母线电压合并单元，分别安装于Ⅰ母、Ⅲ母母线智能汇控柜中。

两套母线电压合并单元为双重化配置，同时分别独立采集Ⅰ母、Ⅲ母母线电压，将模拟量转化为数字量，输出 SV 对应双重化主变压器保护。需要指出，站内测控装置、电能表、故障录波器、备自投等设备母线电压采集于第一套母线合并单元。

110kV 母线 TV 二次绕组分配及母线电压数据流如图 4－13 所示。

（2）母线合并单元电压并列功能：母线合并单元实现电压并列功能。即母线合并单元接收内桥 1、内桥 2 智能终端发送的断路器、隔离开关位置 GOOSE 信号，接收电压并列把手硬接点信号，“与逻辑”实现“Ⅰ母退出强制使用Ⅲ母”“Ⅲ母退出强制使用Ⅰ母”并列功能。

一般情况下，内桥接线、扩大内桥接线方式下，智能变电站内不配置过程层交换机，母线合并单元采集内桥断路器、隔离开关位置采取直采方式，即母线合并单元—内桥智能终端“点对点”方式；两套母线合并单元宜分别配置电压并列把手，避免一套母线合并单元停用试验时影响另一套母线合并单元正常运行。

3. Ⅱ母电压（2 号主变压器高压侧后备保护电压）配置方法

扩大内桥接线方式下，2 号主变压器固定运行于Ⅱ母，Ⅱ母线不安装母线 TV。2 号主变压器高压侧后备保护任意选取Ⅰ母或Ⅲ母电压，将都不能满足所有运行方式要求，存在主变压器高压侧后备保护误动或拒动的可能。

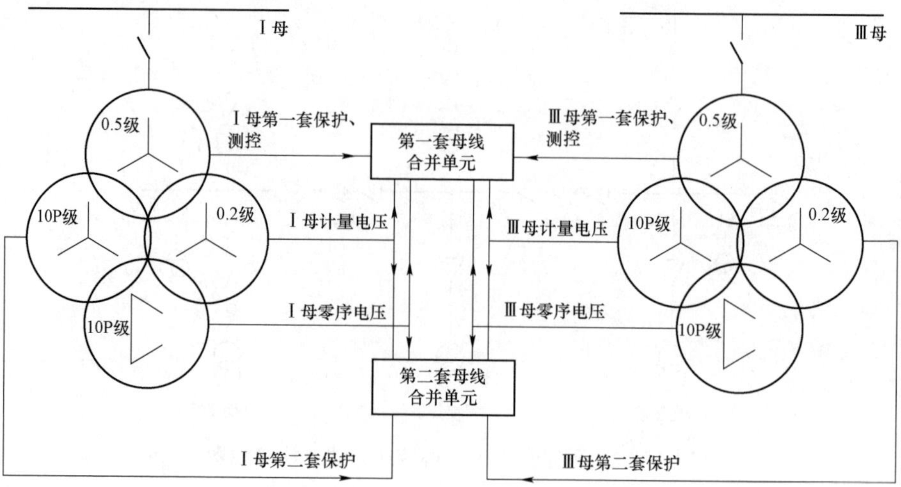

图 4－13　110kV 母线 TV 二次绕组分配及母线电压数据流

因此，2 号主变压器高压侧应能自动选择Ⅰ母或Ⅲ母电压满足运行要求，如表 4－16 所示。

表 4－16　　2 号主变压器高压侧Ⅰ母/Ⅲ母电压切换

内桥 1 断路器位置	内桥 2 断路器位置	2 号主变压器高压侧电压（Ⅱ母电压）
分位	分位	0，发“切换继电器同时返回”信号
合位	分位	Ⅰ母电压
分位	合位	Ⅲ母电压
合位	合位	保持上一个状态，发“切换继电器同时动作”信号

目前，扩大内桥接线方式下工程实例共有两种实施方法：

（1）配置双重化 2 号主变压器高压侧合并单元。保护室内安装两套合并单元，实现 2 号主变压器高压侧电压切换功能，对应双重化母线合并单元和 2 号主变压器保护。

2 号主变压器高压侧合并单元采集母线合并单元 SV 和内桥 1、内桥 2 智能终端发送的断路器、隔离开关位置 GOOSE 信号，输出Ⅱ母电压给 2 号主变压器保护、2 号主变压器高压侧测控装置（第一套）。

（2）由母线合并单元同时实现电压并列和Ⅱ母电压切换功能。母线电压合并单元输出 SV 中包含Ⅰ母、Ⅱ母、Ⅲ母电压数据通道。

电压并列和Ⅱ母电压切换功能所需采集的外部 GOOSE 信号一致（内桥 1、内桥 2 断路器、隔离开关位置），将并列后的Ⅰ母、Ⅲ母电压进行切换，输出即为Ⅱ母电压。

第5章

智能终端装置调试及异常处理

智能终端的典型结构主要有电源模块、CPU 模块、智能开入模块、智能开出模块、智能操作回路模块等，部分智能终端还包含模拟量采集模块。参照Q/GDW 689—2012《智能变电站调试规范》、DL/T 995—2016《继电保护和电网安全自动装置检验规程》、GB/T 34871—2017《智能变电站继电保护检验测试规范》等相关规范要求，智能终端主要调试项目有配置文件检查、智能终端光纤通道检查、智能终端 GOOSE 开入/开出检查、智能终端出口压板检查、智能终端动作时间测试、智能终端告警信息检查等。由于智能变电站与常规变电站之间的区别，智能终端调试与常规站还是有很大的区别的，将会在下面的部分分别进行介绍。

5.1 分相智能终端和三相智能终端

智能终端能够接收保护、测控通过 GOOSE 报文送来的保护跳合闸、遥跳遥合信号。实现三相或分相断路器、隔离开关及接地开关位置采集和控制，采集本间隔内的开关量信号，接收保护装置的跳合闸命令和测控装置的控制命令，采集监视环境温湿度等。

三相智能终端与断路器三相操动机构配合使用，一般用于 110kV 及以下或主变压器断路器。分相智能终端与断路器分相操动机构配合使用，一般用于220kV 及以上断路器。

三相智能终端与分相智能终端主要的区别在于跳合闸模件中的跳合闸回路。三相智能终端与分相智能终端跳合闸回路原理示意图如图 5－1～图 5－3所示。

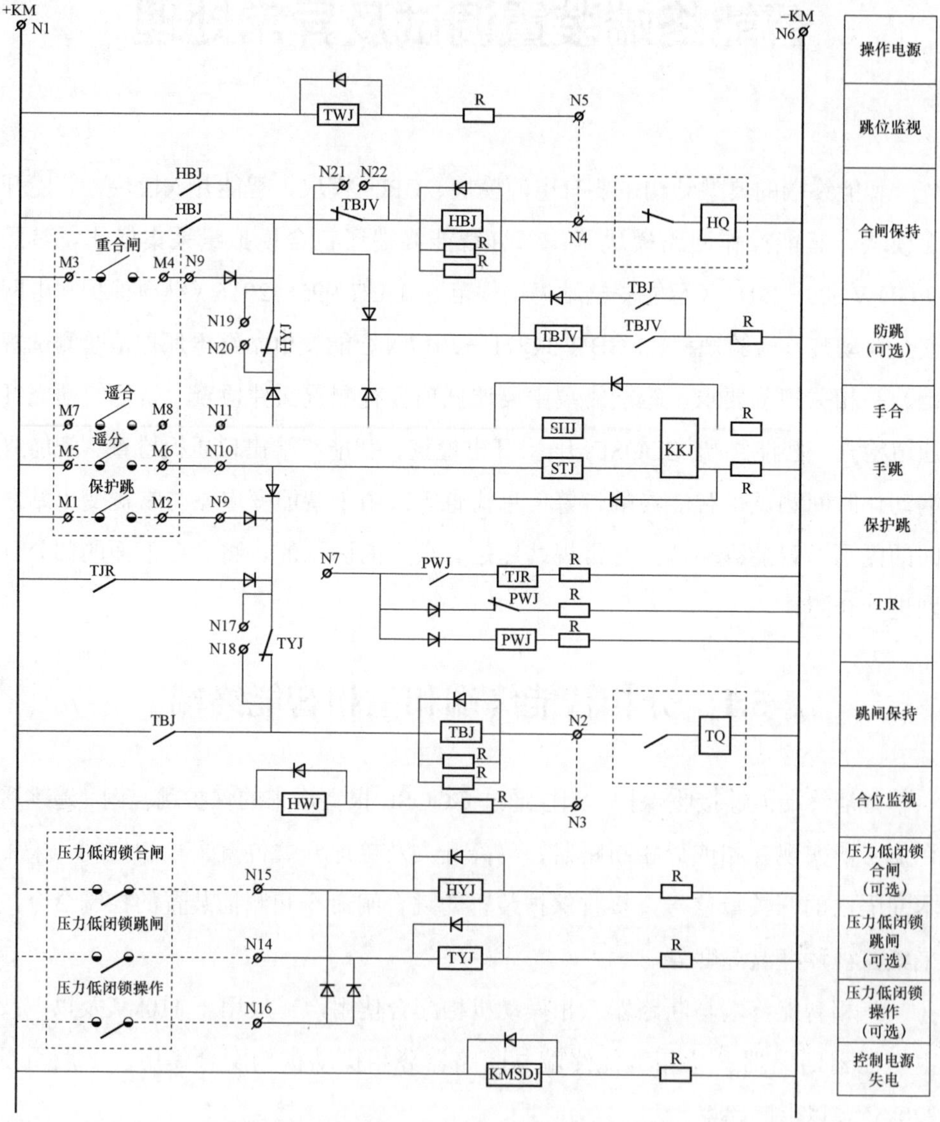

图 5-1　三相智能终端跳合闸原理示意图

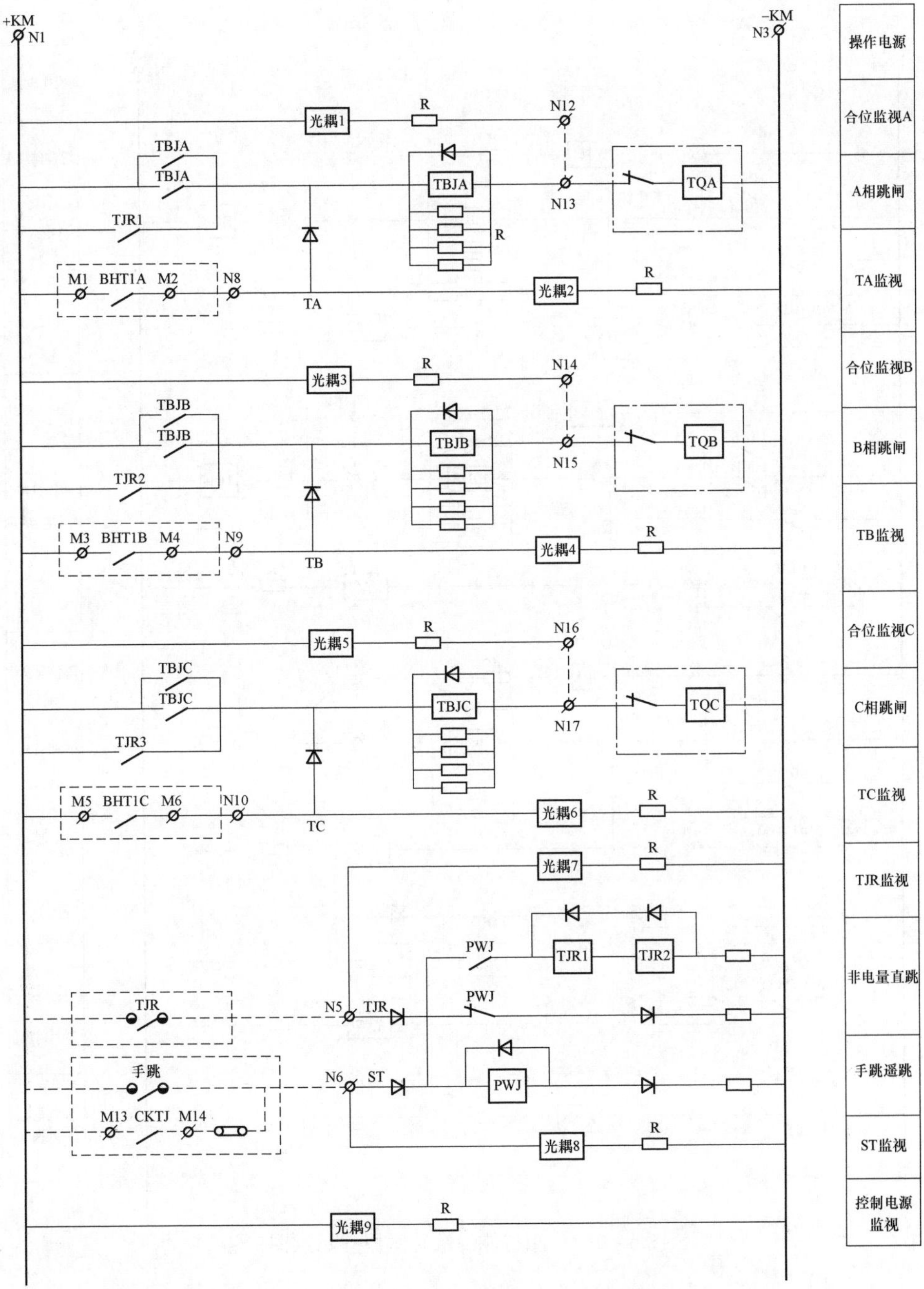

图5-2 分相智能终端跳闸原理示意图

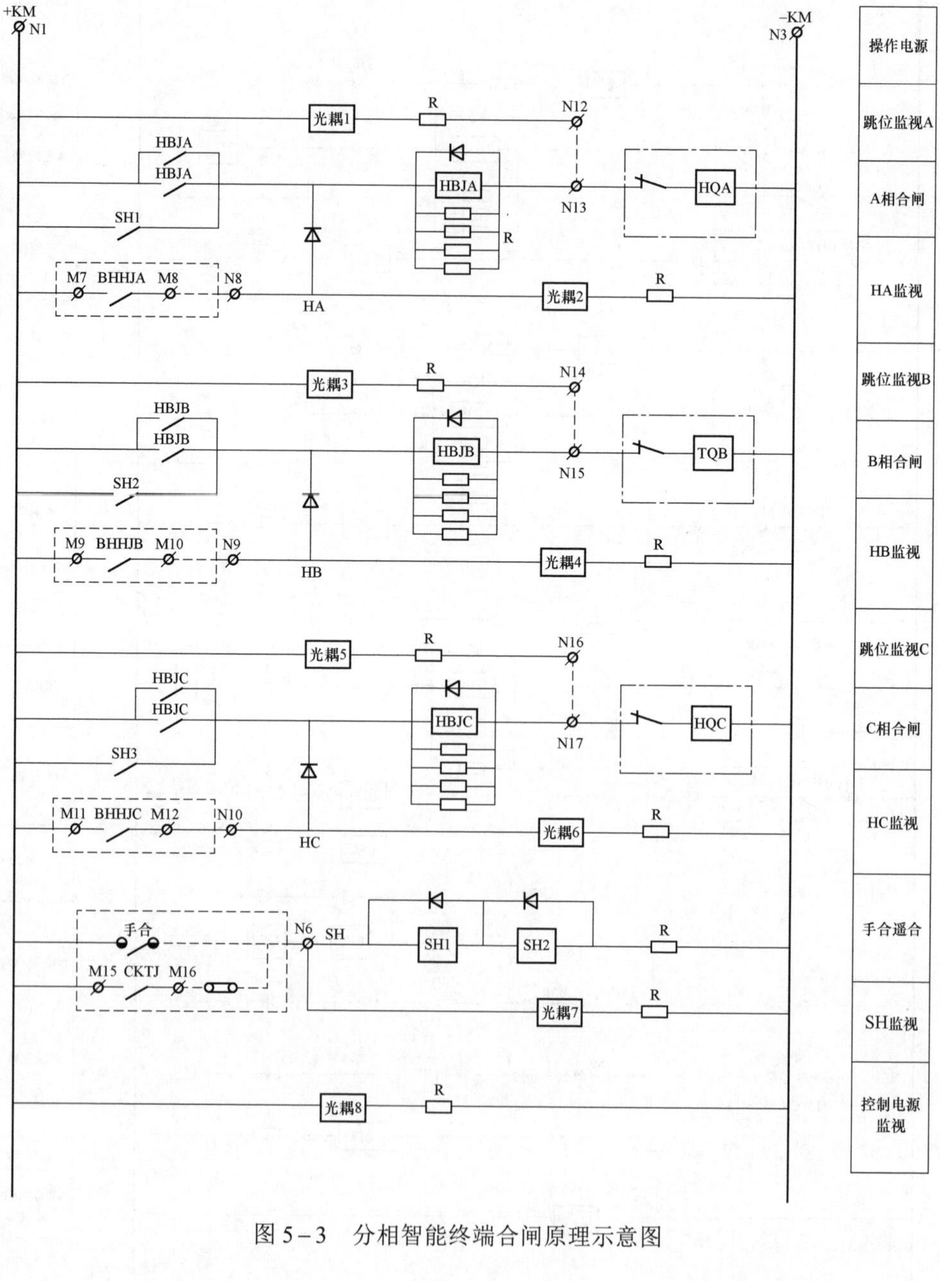

图 5-3　分相智能终端合闸原理示意图

三相智能终端跳闸逻辑如图 5-4 所示。

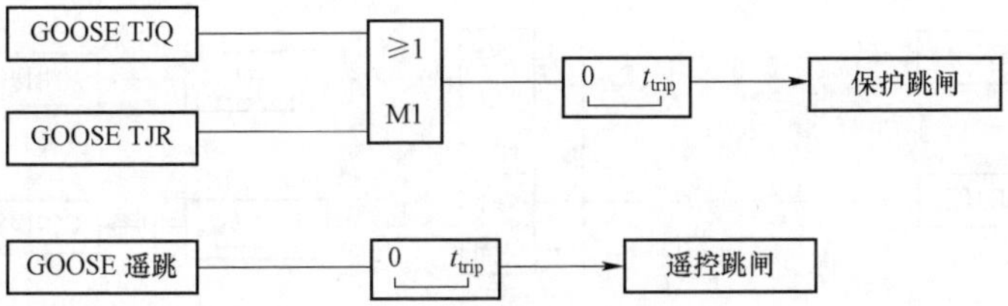

图 5-4　三相智能终端跳闸逻辑图

三相智能终端合闸逻辑如图 5-5 所示。

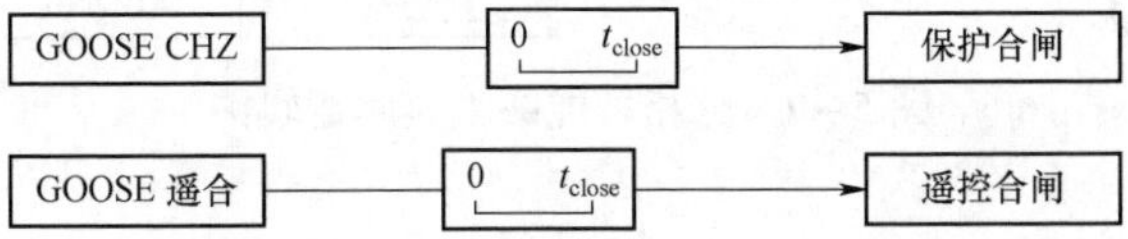

图 5-5　三相智能终端合闸逻辑图

分相智能终端跳闸逻辑如图 5-6 所示。

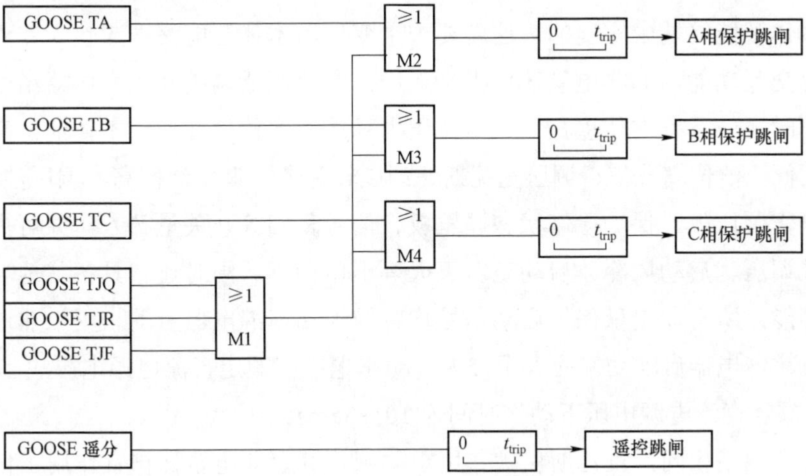

图 5-6　分相智能终端跳闸逻辑图

分相智能终端合闸逻辑如图 5-7 所示。三相智能终端和分相智能终端除了上述分合闸回路原理略有不同外，其他功能原理基本相同，其调试流程、检查项目及故障时的现象、处理措施也基本相同，本书将不再对上述两种类型智能终端的相关内容分开阐述。

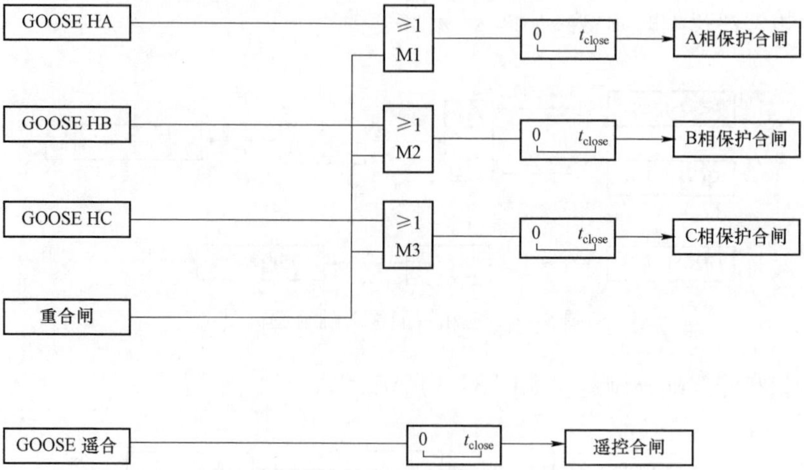

图 5－7　分相智能终端合闸逻辑图

5.2　本体智能终端介绍

相较于常规站，变压器的非电量保护、主变压器调挡及温度上送是在主变压器本体智能终端中实现的。这就要求主变压器本体智能终端应包含完整的本体信息交互功能，如非电量动作报文上送、主变压器调挡及主变压器温度上送等。同时还应具有本体重瓦斯、本体压力释放、本体轻瓦斯、本体油位高、本体油位低、油位高发信、调压重瓦斯、调压轻瓦斯、调压油位高、调压油位低、远方操作硬压板、保护检修状态硬压板、信号复归等开关量开入，并可提供用于闭锁调压、启动风冷、启动充氮灭火等出口接点。同时还宜具备就地非电量保护功能，所有非电量保护启动信号均应经大功率继电器重动。用于非电量跳闸的直跳继电器启动功率应大于 5W，动作电压在额定直流电源电压的 55%～70%，额定直流电源电压下动作时间为 10～35ms。

与常规站相同，重瓦斯保护作用于跳闸，其余非电量保护宜作用于信号，且跳闸通过控制电缆以直跳的方式实现。对于分相变压器 A、B、C 相非电量分相输入，作用于跳闸的非电量三相共用一个功能压板；用于分相变压器的非电量保护装置的输入量每相不少于 14 路，用于三相变压器的非电量保护装置输入量不少于 14 路。

根据规范要求，本体智能终端除上述开入量外还应配置如下输出开关量。

（1）保护出口：跳高压侧断路器（1组）、跳高压桥断路器（1组）、跳中压侧断路器（1组）、跳低1分支断路器（1组）、跳低2分支断路器（1组）、闭锁高压侧备自投（1组）、跳闸备用（4组）。

（2）信号触点输出：保护动作［2组不保持、1组保持（可选）］、运行异常（至少1组不保持）；装置故障告警（至少1组不保持）。

5.3 智能终端常规检查

根据DL/T 995—2016《继电保护和电网安全自动装置检验规程》、Q/GDW 428—2010《智能变电站智能终端技术规范》要求，需要对智能终端进行常规检查，主要包含装置外观检查、绝缘检查、上电检查、工作电源检查等相关内容。

1. 装置外观检查

（1）智能终端装置的实际构成情况应与设计相符合，如智能装置的型号、版本号、额定参数、板卡型号等。

（2）智能终端的设备质量，以及导线与端子采用材质的质量。

（3）屏柜上的标志应正确完整清晰，并与图纸和运行规程相符合。

（4）应将不参与正常运行的连片取下，或采取其他防止误投的措施。

（5）智能终端装置备用的光口是否有防尘帽，光口端子是否安装紧固，端子排螺栓是否拧紧，端子排上装置电源正负电之间是否有隔离措施。

（6）仔细检查保护屏柜、保护装置以及其他部分，确认是否有外观损坏。

（7）核对保护装置的铭牌信息：检查其他辅助装置的铭牌信息，确认是否适用于本工程安装。

（8）检查屏内接线：检查屏内使用导线的线径是否满足工程需要。确保没有连接错误存在。

（9）检查标签：检查所有保护压板的标签、端子标签、套管标签、指示灯标签、切换开关标签和按钮标签，确保所有的标识满足工程需要。

（10）检查插件：检查保护装置的所有插件，确保它们被正确安装并且没有螺钉松动。

（11）检查接地电缆：检查接地端子是否通过接地电缆可靠连接到接地铜排上。

（12）检查切换开关、压板和按钮：检查所有的切换开关、装置键盘、压板和按钮是否可以正常平滑地工作。

2. 绝缘检查

绝缘试验步骤及要求如下：

（1）仅在新安装智能终端装置的验收检验时进行绝缘试验。

（2）按照装置技术说明书的要求拔出相关插件。

（3）在端子排内侧分别短接直流电源回路端子、跳闸和合闸回路端子、开关量输入回路端子、信号回路端子。

（4）断开与其他智能装置的弱电联系回路。

（5）用 500V 绝缘电阻表测量绝缘电阻值，要求阻值应大于 100MΩ，测试后应进行充分放电。

3. 上电检查

上电检查步骤及要求如下：

（1）打开装置电源，电源指示灯应正常点亮，装置应能正常工作。

（2）按照智能终端说明书描述的方法，检查装置的硬件和软件的版本号、校验码等信息。

（3）校对时钟。

4. 工作电源检查

工作电源检查步骤及要求如下：

（1）插入全部插件。

（2）80%额定工作电源下检验：智能终端装置应稳定工作。

（3）电源自启动试验：闭合直流电源插件上的电源开关，将试验直流电源由零缓慢调至 80%额定电源值，此时保护装置运行灯应燃亮，装置无异常。

（4）直流电源拉合试验：在 80%直流额定电压下拉合三次直流电源，逆变电源可靠启动，装置不应误动作，不误发信号。

（5）保护装置断电恢复过程中无异常，通电后工作稳定正常。直流电源回路出现各种异常情况（如短路、断线、接地等）时，智能终端装置不应误输出。

（6）智能终端上电掉电瞬间，装置不应误发异常数据，继电器不应误动作。

（7）拉合直流电源及插拔熔丝发生重复击穿火花时，装置不应误动作；直流电源回路出现各种异常情况（如短路、断线、接地等）时，智能终端装置不应误输出。

5.4 配置文件检查

由于智能终端与一次设备采用电缆连接，与保护、测控等二次设备采用光纤连接，实现对一次设备的信息采集、控制等功能。相当于将原本的硬接点端子软化为装置内部的“虚端子”。这就要求在智能终端投运前进行保护与智能终端及测控与智能终端之间的配置文件与映射关系，确保保护及测控的相应功能实现。

1. 调试的目的

（1）检查智能终端及与之有联系的其他设备之间的映射关系与设计的虚端子文件是否一致。

（2）检查智能终端装置现场配置文件与系统网络配置文件是否一致。

2. 调试的项目

（1）在现场利用 SCD 查看工具，检查 SCD 文件中被测智能终端及与之有联系的其他设备之间的映射关系与设计的虚端子文件是否一致。

（2）检查被测智能终端及与之有联系的其他设备之间的网络参数配置是否正确。

3. 调试的方法

本文中利用 SCD configration 配置工具为例进行说明。

（1）在现场利用 SCD 查看工具，检查 SCD 文件中被测智能终端及与之有联系的其他设备之间的映射关系与设计的虚端子文件是否一致。

第一步：利用软件打开 SCD 文件，选中需要检查的智能终端，点击 Graph 选项，可以很清晰地看到该智能终端及与之有联系的装置的关系。并且可以看到对应的控制块的 AppID 地址、智能终端的发送及接收的控制块，如图 5-8 所示。

第二步：点击 GOOSE 选项，可以看到智能终端对应的“外部路径”“内部路径”。通过点击显示绿色的“内部路径”，在下部就可以显示详细的“外部路径”“内部路径”信息及对应 IED 名称，如图 5-9 所示。通过逐步与虚端子表进行核对就可以确定映射关系与设计的虚端子文件是否一致。

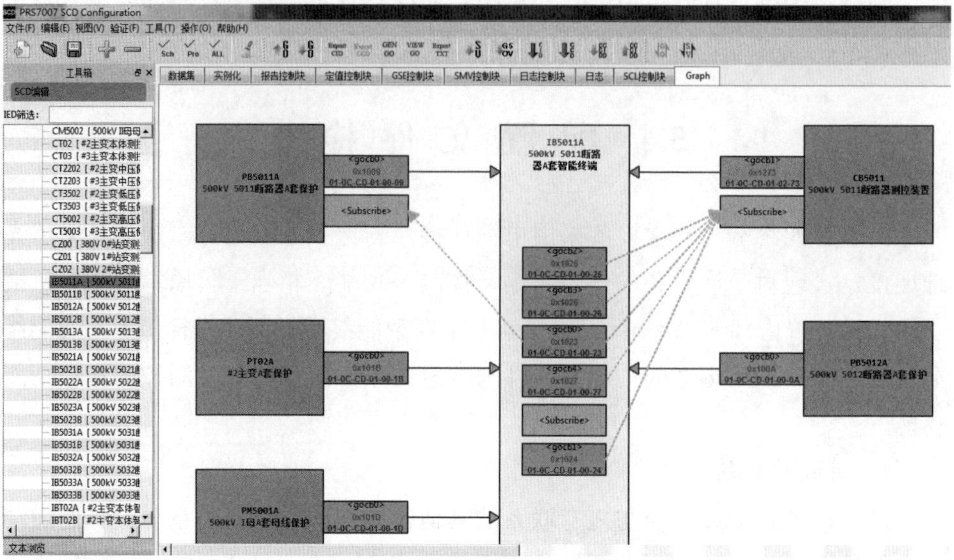

图 5－8　智能终端与外部联系图

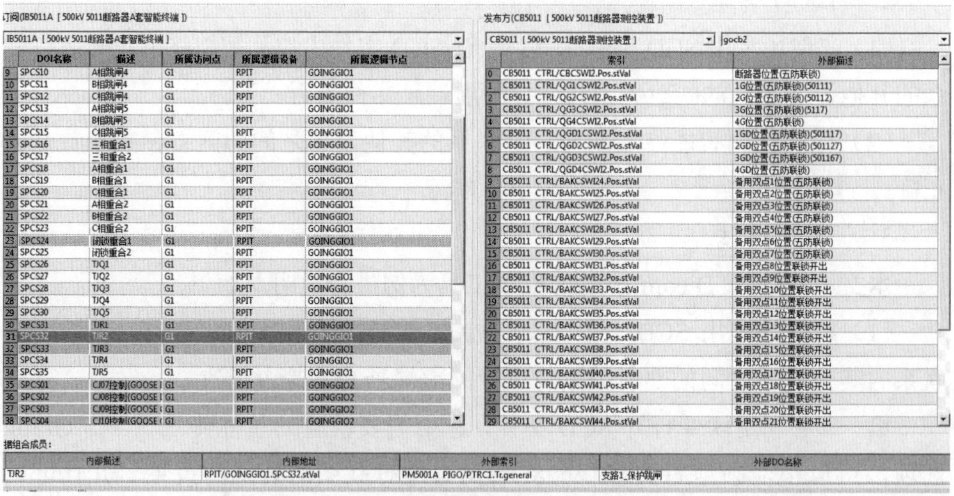

图 5－9　智能终端的内外部路径详情

（2）检查被测智能终端及与之有联系的其他设备之间的网络参数配置是否正确。

利用软件打开 SCD 文件，点击“通信管理”，选择（过程层）“subnetwork－processbus”选项，点击“GSE”选项，可以看到“IED 名称”“连接点描述”“连接点名称”“GSE 描述”“GSE 控制块”“所属逻辑设备”“MAC－Address”“VLAN－ID”“VLAN－PRIORITY”“AppID”“最小时间”“最大时间”等关键通信参数。其中“IED 名称”“MAC－Address”“AppID”等关键信息应全站唯一，如图 5－10 所示。

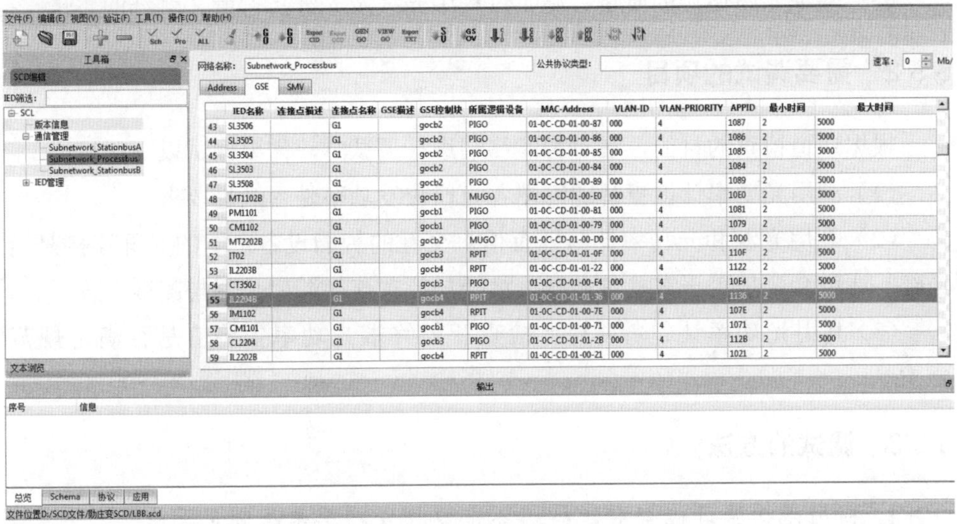

图 5－10　通信参数配置图

将所需核对的智能终端的通信参数与该变电站的智能设备网络参数配置表进行逐一核对，确保一致。

5.5　智能终端光纤通道检查

5.5.1　光纤通道检查的意义

站内实际使用的是其他智能装置，与智能终端是利用光纤进行通信的，智能终端与一次设备（断路器、隔离开关、变压器）是通过硬接线进行连接的。所以光纤通道的质量直接影响到开关量的采集及跳合闸命令的交互。光缆施工过程中熔接的质量、施工过程中光缆及光纤的折弯度、跳纤的质量、装置的收发光功率均会影响智能终端正常工作，同时光缆备用芯、跳纤、光接口的标志及唯一性对于后期运维也具有重要作用，所以智能终端光纤通道的检查就十分必要。

因此，对智能终端光纤通道检查的目的有：

（1）装置的收发光功率是否满足规范要求。

（2）检查核对光缆备用芯、跳纤、光接口的标志两端是否对应，以及检查其唯一性。

（3）验证光缆熔接的质量、施工过程中光缆及光纤折弯度、跳纤的质量。

5.5.2 需要调试的项目

根据通道检查的目的，在对智能终端进行调试时，需要调试以下项目：

（1）利用光功率计检查智能终端各光口收发功率是否满足要求。

（2）利用光源和光功率计验证有信息交互的智能设备之间的光纤连接是否正确，通道衰耗是否正常，各光纤、跳纤与装置连接端口是否与图纸一致。

（3）利用光功率计、光衰耗计检查智能终端光功率告警值是否满足规范要求。

5.5.3 调试的方法

1. 利用光功率计检查智能终端各光口收发功率是否满足要求

根据 Q/GDW 1809—2012《智能变电站继电保护检验规程》，对于通信接口种类、光纤的发送功率、接收功率、最小接收功率的要求如表 5－1 所示。

表 5－1　　通信接口功率

光纤波长（nm）	光纤发送功率（dBm）	光纤接收灵敏度（dBm）
1310	－20～－14	－31～－14
850	－19～－10	－24～－10

（1）光纤端口发送功率测试方法：利用一根跳纤（衰耗小于 0.5dB）连接设备光纤发送端口和光功率计接收端口，读取光功率计上的功率值，即为光纤端口的发送功率，如图 5－11 所示。

（2）光纤端口接收功率测试方法：将待测设备光纤接收端口的尾纤拔下，插入到光功率计接收端口，读取光功率计上的功率值，即为光纤端口的接收功率，如图 5－12 所示。

图 5－11　光纤端口发送功率检查方法

图 5－12　光纤端口接收功率测试方法

2. 利用光源和光功率计验证有信息交互的智能设备之间的光纤连接是否正确，通道衰耗是否正常，各光纤、跳纤与装置连接端口是否与图纸一致

（1）利用标准光源和光功率计核对衰耗是否正常、光纤连接端口是否与图纸一致。

（2）利用标准光源在智能终端侧光纤通道接入标准光源，在对侧（线路保护、母线保护、主变压器保护直跳光纤，过程层网络）接入光功率计，一方面可以测试功率衰耗是否满足要求，另一方面可以验证光纤接口是否与图纸一致。

3. 利用光功率计、光衰耗计检查智能终端光功率告警值是否满足规范要求

（1）光纤端口最小接收功率测试方法：

1）利用一根跳线连接数字信号输出仪器（如数字式继电保护测试仪）的输出网口与光衰耗计，再利用一根跳线连接光衰耗计和待测试设备的对应网口，如图 5－13 所示。数字式继电保护测试仪网口输出报文包含有效数据，GOOSE 报文为开关位置。

图 5－13　光纤端口最小接收功率检验方法步骤一

2）从 0 开始缓慢增大调节光衰耗计衰耗，观察智能终端通信网口的连接指示灯。

3）当智能终端的连接指示灯出现异常时，停止调节光衰耗仪，将该光纤拔下，接入光功率计上，此时的功率值即为该智能终端网口的最小接收功率，如图 5－14 所示。

图 5－14　光纤端口最小接收功率测试方法步骤二

5.6　智能终端 GOOSE 开入开出回路检查

1. 调试的意义与目的

由于数字化变电站与常规变电站在信息流之间存在差异。常规变电站

中不存在智能终端装置，作为保护装置中的操作箱，是保护装置的一部分。智能终端与传统一次设备就近安装，实现信息采集、传输、处理、控制的智能化电子装置。作为数字化变电站过程层的典型设备，主要完成一个间隔内一次设备位置和状态告警信息的采集和监视，并通过 GOOSE 规约将数字信息上传到间隔层设备。智能终端同时接收间隔层设备的 GOOSE 命令，完成对一次设备的智能控制，实现了常规开关接入数字化变电站系统。现在传统变电站的操作箱与数字化变电站的智能终端实现的功能一样，只是传统变电站的操作箱安装在主控室，与一次设备用电缆进线连接，而数字化变电站的智能终端则与传统的一次设备就近安装，大大减少了电缆的使用，大大简化了二次接线。

在以往常规变电站中，对于操作箱的开入与开出，是直接通过硬接线接入到装置，可以通过测量电位或者在装置里面开关量变位进行验证。而在数字化变电站中，保护装置与智能终端之间通过光纤进行连接，且智能终端一般不配置液晶屏，就造成无法通过传统的测量电位或查看装置里面的开入开出进行验证。这就需要通过其他手段对 GOOSE 报文进行验证。

检验的目的如下：

（1）检查智能终端 GOOSE 状态报文中“发送时间间隔”“sequence number”“AppID”“control block reference”“Dataset reference”“GOOSEID”“state number”等关键参数量是否正确。

（2）检查智能终端 GOOSE 变位报文中“发送时间间隔”“sequence number”“AppID”“control block reference”“Dataset reference”“GOOSEID”“state number”等关键参数量是否正确。

（3）检查被测智能终端在外部开入变位时所发送的 GOOSE 变位报文与设计文件的要求一致。

（4）检查智能终端在收到外部 GOOSE 变量变位时，其对应硬接点的变位与设计文件的要求是否一致。

（5）检查智能终端在其检修压板投入时，GOOSE 报文中“Test”变位是否正常。

（6）从开入变位到相应 GOOSE 信号发出（不含防抖时间）的时间延时应不大于 5ms。

2. 调试的项目

（1）依次检查被测智能终端各只跳口和网口是否有状态报文输出，状态报文的输出时间间隔是否准确。报文中的“sequence number”是否连续、“AppID”“control block reference”“Dataset reference”“GOOSEID”“state number”等关键参数量是否与 SCD 文件中一致。

（2）通过改变一次设备变位及其他手段，使得被测智能终端 GOOSE 报文中任一变量变位。观察变位后 5 帧报文的时间间隔是否正确，报文中的“sequence number”是否清零，“state number”的增量是否与变位次数一致。报文中的“AppID”“control block reference”“Dataset reference”“GOOSEID”等关键参数量是否与 SCD 文件中一致。

（3）模拟被测智能终端外部变量开入依次变位，检查智能终端的 GOOSE 报文中变量变位与被测智能终端开入的对应关系是否正确，与实际外部电气二次接线是否一致。

（4）投入智能终端检修压板，检测智能终端 GOOSE 报文中的“Test”位是否置 1，退出检修压板时，检测被测智能终端输出的 GOOSE 报文中的“Test”位是否置 0。

（5）模拟被测智能终端 GOOSE 接收报文中的变量依次变位，检查相应 GOOSE 变量与被测智能终端开出触点的对应关系，是否与 SCD 文件中该变量的描述一致。

（6）开入回路动作时间测试。

3. 调试方法

（1）依次检查被测智能终端各只跳口和网口是否有状态报文输出，状态报文的输出时间间隔是否准确。报文中的“sequence number”是否连续，“AppID”“control block reference”“Dataset reference”“GOOSEID”“state number”等关键参数量是否与 SCD 文件中一致。

第一步：拔掉被测智能终端的发信光纤，利用抓包工具连接到被测智能终端的发信光口。

第二步：被测智能终端的控制块数量及“AppID”应与 SCD 文件中该智能终端的 GOOSE 输出控制块数量一致，“AppID”一致且全站唯一。

第三步：按照顺序依次点开所有控制块的报文，检查报文中的“sequence number”是否连续，时间间隔是否正常，“control block reference”“Dataset reference”“GOOSEID”是否与 SCD 文件中控制块的信息一致。

（2）检查智能终端 GOOSE 变位报文中“发送时间间隔”“sequence number”“AppID”“control block reference”“Dataset reference”“GOOSEID”“state number”等关键参数量是否正确。

第一步：拔掉被测智能终端的发信光纤，利用抓包工具连接到被测智能终端的发信光口。

第二步：被测智能终端的控制块数量及“AppID”应与 SCD 文件中该智能终端的 GOOSE 输出控制块数量一致，“AppID”一致且全站唯一。

第三步：按照顺序依次点开所有控制块的报文，检查报文中的“sequence number”是否连续，时间间隔是否正常，“control block reference”“Dataset reference”“GOOSEID”是否与 SCD 文件中控制块的信息一致。

第四步：利用短接外部接点或实际操作一次设备的方式，使得被测智能终端有外部变量输入，变位报文的时间间隔应为 2、2、4、8ms，故测得的时间间隔应为 3 个，分别 t_1、t_2、t_3；变量变位时，正常变位报文的 stNum 加 1，sqNUM 置 0。

（3）模拟被测智能终端外部变量开入依次变位，检查智能终端的 GOOSE 报文中变量变位与被测智能终端开入的对应关系是否正确，与实际外部电气二次接线是否一致。

第一步：打开 SCD 文件，查询被测智能终端的配置信息，找出被测智能终端的 GOOSE 输出配置表。按照 GOOSE 输出控制模块，根据配置信息的“DO 描述”，逐一统计需要进行测试的开入数量及名称。

第二步：根据被测智能终端 GOOSE 输出配置信息的“DO 描述”名称，并结合二次图纸找出相应开入的外部接点或设备。

第三步：利用抓包软件连接被测智能终端的发信光口，所接的光口要与 GOOSE 变量所在的控制块输出光口匹配，可打开设备内部配置文件，查询控制模块所连光口的信息。

第四步：用短接/断开外部开入接点或者实际操作一次设备的方式，使所有的 GOOSE 输出控制块的全部变量（即“DO 描述”对应的外部开入接点）逐一发生变位。在被测智能终端外部接点开入动作的同时，用报文抓取软件抓取报文，观察分析 GOOSE 中相应位的值是否变化。

（4）投入智能终端检修压板，检测智能终端 GOOSE 报文中的“Test”位是否置 1，退出检修压板时，检测被测智能终端输出的 GOOSE 报文中的“Test”

位是否置0。

第一步：拔掉被测智能终端的发信光纤，利用抓包工具连接到被测智能终端的发信光口。

第二步：投入、退出智能终端的检修硬压板的同时，利用抓包工具抓取智能终端输出的GOOSE报文，观察报文中的Test位是否发生变化。

（5）模拟被测智能终端GOOSE接收报文中的变量依次变位，检查相应GOOSE变量与被测智能终端开出触点的对应关系，是否与SCD文件中该变量的描述一致。

第一步：将数字继电保护测试仪的发信光口接至被测智能终端的收信光口上，模拟变量所在的控制块与该控制块输入光口要匹配。可在设备内部配置文件，查询控制块输入的光口，并对试验仪器进行配置。

第二步：利用SCD查阅文件打开SCD文件，查询被测智能终端的配置信息，找到被测智能终端GOOSE输入（Inputs）配置信息。按GOOSE输入控制块相应配置信息的“外部DO描述”逐一统计需要进行测试的GOOSE输入变量的数量及名称，并结合电气二次图纸确定每一变量对应的开出触点。

第三步：利用继电保护测试仪向被测智能终端发送对应的GOOSE输入信号，再利用万用表检查被测智能终端对应的开出触点是否正常动作。

（6）开入回路动作时间测试。在上述开入测试时利用数字化继电保护测试仪给智能终端提供开入接点，测量智能终端收到硬接点开入与发出GOOSE的报文的时间差，从开入变位到相应GOOSE信号发出（不含防抖时间）的时间延时应不大于5ms。

5.7　智能终端操作回路及出口压板验证

1. 操作回路及出口压板验证的意义

智能终端作为数字化变电站中唯一保留出口硬压板的装置，其操作回路及压板的正确与否直接关系着故障时能否正确切除故障，防止因越级跳闸扩大事故范围，同时断路器、隔离开关的分合闸硬压板的正确与否也会影响数字化变电站运行操作的安全性。所以对智能终端出口压板进行验证检查就十分有必要。

2. 调试的项目

（1）退出智能终端所有出口硬压板，通过保护装置向智能终端发跳闸命令，智能终端面板上相应的跳闸灯被点亮但是断路器不会跳闸。然后分别投入相应的硬压板，验证断路器是否正确动作。

（2）退出智能终端上所有出口压板，通过当地后台机向智能终端发送对应断路器、隔离开关的遥控合闸和分闸的命令，智能终端上的遥控命令灯点亮，但是隔离开关不动作。再以此投入智能终端相应的遥控硬压板，并发遥控命令，相应的隔离开关正确动作。

（3）验证智能终端跳闸回路动作时间检查。

（4）操作回路检查。

3. 调试方法

（1）退出智能终端所有出口硬压板，通过保护装置向智能终端发跳闸命令，智能终端面板上相应的跳闸灯被点亮但是断路器不会跳闸。然后分别投入相应的硬压板，验证断路器是否正确动作。

1）退出智能终端所有出口硬压板，在相应保护装置上模拟对应的故障量，使保护装置动作，点亮智能终端跳闸灯，但断路器不动作。

2）依次投入智能终端出口硬压板，在保护装置上模拟故障，智能终端动作灯点亮，断路器正确可靠动作。针对三相智能终端，只有一个出口压板，故障同时跳三相，三相重合，只需要验证一次。而对于单相智能终端三个出口压板要进行分别验证，确保出口压板与断路器一一对应，同时对于合闸压板进行验证，确保合闸压板与断路器一一对应。

（2）退出智能终端上所有出口压板，通过当地后台机向智能终端发送对应断路器、隔离开关的遥控合闸和分闸的命令，智能终端上的遥控命令灯点亮，但是隔离开关不动作。再以此投入智能终端相应的遥控硬压板，并发遥控命令，相应的隔离开关正确动作。

1）退出智能终端所有出口硬压板，在监控后台发送断路器、隔离开关的跳合闸命令，使得智能终端的遥控信号灯点亮，对应断路器、隔离开关不动作。

2）依次投入智能终端所有出口硬压板，在监控后台发送对应断路器、隔离开关的跳合闸命令，使得智能终端的遥控信号灯点亮，对应的断路器、隔离开关动作正常。

（3）验证智能终端跳闸回路动作时间检查：在上述测试时利用数字化继电

保护测试仪，测量智能终端收到跳闸命令的 GOOGE 报文与智能终端跳闸硬接点出口的时间差，从相应 GOOSE 跳闸命令到跳闸硬接点动作出口的时间应不大于 7ms。

（4）操作回路检查：

1）通过手合或遥合的方式将断路器合上，利用抓包软件进行抓包，智能终端应发合后信号。通过手分或遥分将断路器分开，合后信号应复归。

2）在合后状态下，让断路器处于分位（对分相断路器是任一相断路器处于分位），智能终端应发事故总信号。

3）手动合上断路器，智能终端应发 SHJ 信号；手动分掉断路器时，智能终端应发 STJ 信号。

4）断开控制电源，智能终端应报控制回路断线信号。

5）闭锁本套重合闸的检验：

① 在重合闸充完电后手分/遥分断路器，不应重合。

② 在重合闸充完电后，利用数字化继电保护测试仪向智能终端发送 TJR 跳闸信号，不应重合。

③ 在重合闸充完电后，利用数字化继电保护测试仪向智能终端发送 TJF 跳闸信号，不应重合。

④ 在智能终端上进行闭锁重合闸开入，利用保护将断路器跳开，不应重合。

6）本体智能终端操作回路检查：向智能终端发送升挡/降挡/急停等 GOOSE 信号，智能终端应能正确动作。

5.8　智能终端检修压板功能验证

1. 调试的目的与意义

数字化变电站的检修机制与常规化变电站的检修机制不同。在常规变电站中，检修压板仅仅作为设备调试及检修过程中避免一些非必要信息上传监控端的一种手段。而在数字化变电站中，检修硬压板是直接参与保护功能的，且检修压板投入后不屏蔽信号上送，同时检修压板也可以作为快速临时的隔离措施，实现检修设备与运行设备之间的隔离。只有当合并单元、保护装置、智能终端三者的检修压板状态一致时，保护装置才能正确动作出口。检修机制见表 5－2。这就要求在调试检验过程中对检修压板进行验证，确保保护正确动作。

表 5-2　　数字化变电站检修机制

序号	合并单元检修状态	保护装置检修状态	智能终端检修状态	当达到故障值时保护动作的动作行为
1	×	×	×	保护动作，智能终端出口，开关跳开
2	√	×	×	保护不动作
3	×	×	√	保护动作，智能终端不出口，开关不跳
4	×	√	×	保护不动作
5	√	×	√	保护不动作
6	√	√	×	保护动作，智能终端不出口，开关不跳
7	×	√	√	保护不动作
8	√	√	√	保护动作，智能终端出口，开关跳开

（1）在这里首先要明确智能终端投入和退出两种状态：

1）投入状态是指智能终端装置直流回路正常，跳合闸出口硬压板投入，检修硬压板退出。

2）退出状态是指智能终端装置直流回路正常，跳合闸出口硬压板退出，检修硬压板投入。

（2）智能终端检修硬压板操作原则：

1）操作智能终端硬压板前，应确认所属断路器处于分位，且所有相关保护装置的 GOOSE 接收软压板已退出，特别是仍继续运行的保护装置。

2）一次设备不停电的情况下进行智能终端检修时，应确认该智能终端跳合闸出口硬压板已退出，且同一设备的两套智能终端之间无电气联系后，方可投入该智能终端检修硬压板。

2. 调试的项目

（1）检修状态不一致时，通过在合并单元侧通入模拟故障量，验证保护装置、智能终端、开关的动作情况。

（2）检修状态一致时，通过在合并单元侧通入模拟故障量，验证保护装置、智能终端、开关的动作情况。

3. 调试方法

（1）检修状态不一致时，通过在合并单元侧通入模拟故障量，验证保护装置、智能终端、开关的动作情况。

第一步：投入合并单元装置检修硬压板，其他与正常运行时状态一致。在合并单元侧通入对应故障的电气量，此时保护装置不动作，智能终端不出口，开关不动作。

第二步：投入智能终端检修硬压板，其他与正常运行时状态一致。在合并单元侧通入对应故障的电气量，此时保护装置正确动作，智能终端不出口，开关不动作。

第三步：投入保护装置检修硬压板，其他与正常运行时状态一致。在合并单元侧通入对应故障的电气量，此时保护装置不动作，智能终端不出口，开关不动作。

第四步：投入合并单元装置检修硬压板，投入智能终端检修硬压板，其他与正常运行时状态一致。在合并单元侧通入对应故障的电气量，此时保护装置不动作，智能终端不出口，开关不动作。

第五步：投入合并单元装置检修硬压板，投入保护装置检修硬压板，其他与正常运行时状态一致。在合并单元侧通入对应故障的电气量，此时保护装置正确动作，智能终端不出口，开关不动作。

第六步：投入合并单元装置检修硬压板，投入保护装置检修硬压板，其他与正常运行时状态一致。在合并单元侧通入对应故障的电气量，此时保护装置不动作，智能终端不出口，开关不动作。

（2）检修状态一致时，通过在合并单元侧通入模拟故障量，验证保护装置、智能终端、开关的动作情况。

第一步：投入合并单元装置检修硬压板，投入保护装置检修硬压板，投入智能终端检修硬压板，其他与正常运行时状态一致。在合并单元侧通入对应故障的电气量，此时保护装置正确动作，智能终端正确出口，开关正确动作。

第二步：保护装置、合并单元、智能终端、开关与正常运行时状态一致。在合并单元侧通入对应故障的电气量，此时保护装置正确动作，智能终端正确出口，开关正确动作。

5.9　智能终端其他功能测试

5.9.1　调试的目的及意义

根据 GB/T 34871—2017《智能变电站继电保护检验测试规范》中智能终端的检验内容、检验标准，还需要对智能终端的模拟量采样精度、日志功能、告警功能、时钟同步精度进行测试，以确保智能终端满足投运要求。

5.9.2 调试的项目

（1）模拟量采样精度测试。

（2）日志功能测试。

（3）告警功能测试。

（4）时钟同步精度测试。

5.9.3 调试的方法

1. 模拟量采样精度测试

采用标准小信号源，输出 4～20mA 和 0～5V 信号到智能终端，通过手持式光数字测试仪检测智能终端上面的测量结果。智能终端的模拟小信号精度误差在检验基准条件下不应大于 1%，其他条件下精度误差不应大于 2%。

2. 日志功能测试

（1）通过手持式光数字测试仪模拟 GOOSE 变位信息。

（2）通过手持式光数字测试仪硬接点开出到智能终端。

（3）拔下智能终端对时线，直至对时异常信号产生。

（4）拔掉智能终端通信光纤，直至出现通信断链信号产生。

（5）修改智能终端配置。

（6）重启智能终端，通过调试软件查看智能终端是否对上述操作都进行了记录，即接收 GOOSE 报文的时刻、来源、开入的时刻、变位的通道、对时异常产生的时间、修改配置的时间，以及重启时刻等信息进行了记录。

3. 告警功能测试

（1）断开智能终端工作电源，检查是否有智能终端失电告警信号。

（2）拔掉智能终端通信光纤，检查是否出现通信断链信号。

（3）拔下智能终端对时线，检查是否出现对时异常信号。

（4）通过手持式光数字测试仪模拟 GOOSE 断链（发送 GOOSE 报文的间隔时间大于 $4t_0$），检查是否有 GOOSE 断链信号产生。

4. 时钟同步精度测试

通过对时装置同步时钟测试仪和智能终端，设定时钟测试仪在整秒（分）时刻开出硬接点给智能终端，检查智能终端发出的 GOOSE 信号中所带的时标，其同步精度误差不应大于 1ms。

5.10　智能终端典型异常现场现象、影响及处理措施

5.10.1　一般性智能终端异常处理方式

（1）硬件缺陷、光口损坏、装置电源损坏等，通知检修人员联系厂家处理。

（2）双重化配置的智能终端，单套故障需退出运行时，应及时执行临时安全措施，同时向有关调度汇报，并通知检修人员处理。

（3）双重化配置的智能终端故障双套均发生故障时，应立即向有关调度汇报，必要时可申请将相应间隔停电，并及时通知有关检修部门处理。

（4）单套配置的智能终端（如变压器本体智能终端、母线智能终端）发生故障时，应及时执行临时安全措施，通知检修人员处理，并向有关调度汇报。

（5）当装置运行灯出现红色、发装置闭锁信号时，汇报调度，申请退出该智能终端及相关保护，通知检修人员处理。

（6）当装置发外部时钟丢失、智能开入/开出插件故障、开入电源监视异常、GOOSE 告警等异常信号时，汇报调度，必要时申请退出该智能终端及相关保护，通知检修人员处理。

（7）当装置断路器、隔离开关位置指示灯异常时，汇报调度，必要时申请退出该智能终端及相关保护，通知检修人员处理。

（8）内部操作回路损坏，表现为继电器拒动、抖动、遥信丢失等。首先检查开入、开出量是否正确，检查装置接收/发送的 GOOSE 报文是否正确，装置 CPU 运行是否正常。排除以上情况后，确定为内部元件损坏，应通知检修人员处理或联系厂家处理。

5.10.2　特定设备的智能终端事故异常处理

（1）220kV 线路间隔智能终端。当单套智能终端异常或故障时，该智能终端投“停用”状态，对应的线路保护投入检修状态硬压板；对应的母线差动保护不需操作。当异常或故障的智能终端是第一套时，若一次开关为“双跳圈、双合圈”设备，则第二套线路保护装置仍具备单相重合闸功能；若一次开关为“双

跳圈、单合圈”设备，则第二套线路保护装置还需退出 GOOSE 合闸出口软压板，投入停用重合闸软压板，对应线路间隔将失去单相重合闸功能。当两套智能终端同时异常或故障时，应停运一次设备，两套母线差动保护均应退出对应间隔的 MU 投入软压板，两套智能终端投“停用”状态，两套线路保护均应投入检修状态硬压板，两套母线差动保护还应退出对应间隔的 GOOSE 出口软压板、GOOSE 启动失灵软压板。

（2）220kV 变压器高压侧智能终端。当单套智能终端异常或故障时，该套智能终端投“停用”状态，对应的变压器电气量保护投入检修状态硬压板，对应的母线差动保护不需操作。当两套智能终端同时异常或故障时，应停运一次设备（主变压器停运时），两套母线差动保护均应退出对应间隔的 MU 投入软压板，两套智能终端投“停用”状态；两套变压器电气量保护均应投入检修状态硬压板；两套母线差动保护还应退出该主变压器间隔的 GOOSE 出口软压板、GOOSE 启动失灵软压板。

（3）220kV 母联（分段）间隔智能终端。当单套智能终端异常或故障时，该智能终端投停用状态，对应的母联（分段）独立过电流保护应投入检修状态硬压板，对应的母线差动保护不需操作。当两套智能终端同时异常或故障时，可将母联（分段）开关改死开关，两套母线差动保护均应投入母线互联软压板，退出对应间隔的 MU 投入软压板，两套智能终端投“停用”状态，两套母联（分段）独立过电流保护均应投入检修状态硬压板。

5.10.3 典型异常现场现象、影响及处理措施

典型异常现象 1：检修灯亮

异常影响：在保护和智能终端的检修状态相同时，保护跳闸命令才可以使智能终端的出口动作，正常运行时保护和智能终端都不投入检修压板。保护和智能终端一起做传动试验时，双方的检修压板均投入。单独检修智能终端时，只需投入智能终端检修压板，保护侧不投入检修压板。正常运行时智能终端误投检修功能会引起保护动作后开关无法跳开。

检修灯亮异常处理措施：

（1）首先应核查检修压板是否为正确投入。

（2）若压板没有投入，需要测量“检修压板投入”的端子是否为正电，检查是否接线错误。

典型异常现象2：同步异常

同步异常影响：装置能够以组网方式或者点对点方式进行IEC 61850－9－2－2011《公用电力事业自动化的通信网络和系统　第9－2部分：专用通信服务映射（SCSM）通过ISO/IEC 8802－3的抽样值》协议采样值数据发送，当组网发送时必须接同步信号；当装置以点对点IEC 61850－9－2－2011《公用电力事业自动化的通信网络和系统　第9－2部分：专用通信服务映射（SCSM）通过ISO/IEC 8802－3的抽样值》协议发送数据时，根据实际情况，同步信号可以不接，此时的同步信号只是用于装置时间对时。

同步异常处理措施：

（1）先检查是否只有本装置同步异常，多个装置同步异常时考虑对时装置异常。

（2）时钟正常时，检查对时光纤连接是否良好、光纤弯折是否符合要求、光纤衰耗是否满足要求。

（3）更换对时装置的备用对时端口。

（4）仍无法排除，考虑更换合并单元对时板卡。更换板卡前应备份装置配置文件，做好保护装置安全措施后进行。

（5）调试阶段还应考虑合并单元设置的对时方式是否正确。

典型异常现象3：光耦失电

光耦失电影响：光耦电源为装置电源，用作正常运行开关量的供电电源，其正端接外部无源开入接点的一端，当光耦失电时将造成断路器位置、隔离开关位置以及断路器本体信号（含重合闸压力低）在内的一次设备的状态量信号无法采集。

光耦失电异常处理措施：

（1）检查光耦电源监视接线是否正常、端子有无松动、空气断路器是否正常。

（2）测量光耦电源监视端子电压是否正常。

典型异常现象4：GOOSE异常

GOOSE异常影响：对于完全独立双重化配置的设备，GOOSE链路异常最严重的将导致一套保护拒动，但不影响另一套保护正常快速地切除故障；对于单套配置的设备，特别是单套智能终端报出的GOOSE链路异常，可能导致元件主保护拒动。

GOOSE异常处理措施：

（1）通过网分或监控后台查看具体是哪个链路断链，通过网分查看发出的

GOOSE 报文是否正常。

（2）根据具体链路确定是哪个光端口。

（3）检查交换机工作是否正常、光口是否正常、VLAN 划分是否正确。

（4）直跳口，可检查从保护到终端的光缆衰耗、接口是否整洁、光缆弯曲是否符合要求。

（5）组网口，组网口数据众多，如果只有一个链路断链，应检查交换机设置是否正确，对端装置是否正常。

典型异常现象 5：装置报光耦电源异常

装置报光耦电源异常影响：光耦电源为装置电源，用作正常运行开关量的供电电源，其正端接外部无源开入接点的一端，当光耦电源异常时将造成断路器位置、隔离开关位置以及断路器本体信号（含重合闸压力低）在内的一次设备的状态量信号无法采集。

装置报光耦电源异常处理措施：

（1）智能终端有多块光耦板卡，应先检查遥信电源和操作电源是否正常（操作回路板卡也有开入）。

（2）电源空气断路器都正常时，用万用表逐一测量装置背板光耦电源是否正常接入，检查光耦接线是否有松动。

典型异常现象 6：控制回路断线

控制回路断线异常影响：控制回路断线的最直接的危害就是导致开关无法正常分合闸，分闸时报控制回路断线说明合闸回路异常，开关无法合闸；合闸时报控制回路断线说明分闸回路异常，开关无法正常分闸。

控制回路断线异常处理措施：

（1）检查操作电源空气断路器是否在合位。

（2）检查跳合闸压板是否投入。

（3）检查汇控柜控制把手是否在远方位置。

典型异常现象 7：告警灯亮

告警灯亮异常影响：在智能变电站的智能终端发生异样状况的时候，会造成与此隔离有关的继电维护以及自动化设备有关的跳闸功能失效。

告警灯亮异常处理措施：通过网分查看合并单元具体告警信息，也可通过监控后台查看具体报警信息。根据具体告警确定异常排查方案。

第 6 章

保护装置调试及异常处理

国家电网有限公司范围内要求：对于站内 330kV 及以上电压等级以及站内 220kV 及以下电压等级涉及稳定问题的，保护、测控等二次设备统一采用模拟量采样，取消合并单元及相应的 SV 网络。因此，330kV 及以上电压等级的保护装置基本采用模拟量采样 GOOSE 跳闸方式，220kV 及 110kV 电压等级的保护装置采用 SV 采样 GOOSE 跳闸方式，35kV 及以下电压等级保护装置采用模拟量采样电缆跳闸的方式。本章针对 220kV 电压等级的线路保护、母线保护、变压器保护进行分析，介绍相应的装置调试流程、验收标准及异常现象的分析处理。

6.1 保护装置调试流程

智能变电站内 220kV 电压等级的保护装置均采用 SV 点对点采样、GOOSE 点对点跳闸的模式。保护装置调试的基本流程参照图 6-1 的流程图。

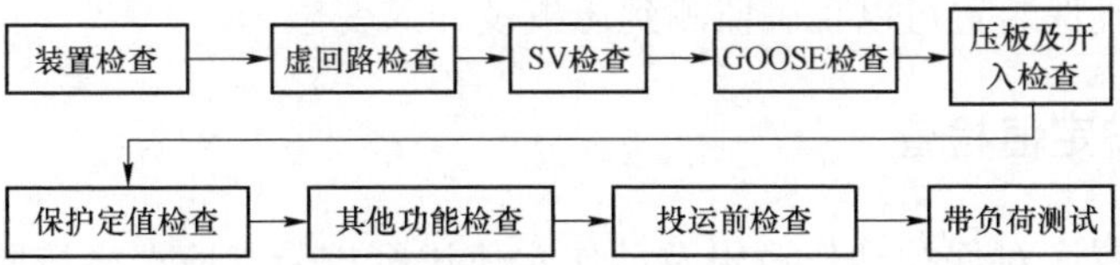

图 6-1　流程图

6.1.1 装置检查

开始调试前应对保护屏及装置进行检查，保护装置外观应良好，插件齐全，端子排及压板无松动。对直流回路、交流电压、交流电流回路进行绝缘检查时，必须断开保护装置直流电源，拔出所有逻辑插件。合上直流电源对装置进行上电检查，核对程序版本应与现场要求符合，定值能正确整定。

6.1.2 虚回路检查

装置检查完成后，应对装置的虚回路配置进行检查，确认保护装置接收的虚回路信息完整正确，通过SCD配置软件或其他相应工具打开SCD文件，检查保护装置接收的SV、GOOSE虚回路是否满足保护逻辑的需求，同时需要检查保护装置CID配置文件与SCD文件的一致性。

6.1.3 SV检查

装置检查完成后，应对保护装置SV进行信息检查，包括零漂检查以及采样精度试验等。

6.1.4 GOOSE检查

保护装置应对接收到的断路器位置、隔离开关位置等GOOSE开入信息进行检查，确保保护装置能够正确显示开入变位状态，同时能够进行开入变位报告的记录。

除进行GOOSE开入信息的检查外，还应对跳闸、重合闸等GOOSE开出信息进行检查。

6.1.5 压板及开入检查

保护装置应对装置“检修状态”“远方操作”等硬压板及“复归”等开入量进行检查，确保装置可以正确监测到压板及开入变位。

6.1.6 保护定值检查

保护装置应对保护动作逻辑及动作定值进行校验，应严格按照校验规程针对每一个参数进行校验，确保保护装置能够正确地按照调度定值单进行动作。

6.1.7 其他功能检查

应对保护装置及其附属设备、接线进行检查，如线路保护的光纤通信接口装置等设备，确保设备不影响保护装置正常工作。

还应对保护光纤及光纤连接情况进行检查。光纤、尾纤是通过光法兰盘进行连接。单模光纤的纤芯直径很细，约为9μm。为了保证光纤连接时衰减（损耗）最小，必须保证两根光纤在对准时的同心度。而光法兰盘内最内层是一瓷芯套管，这是保证光纤连接精度的关键部件。为了使光纤插头的瓷芯能插入光法兰盘，瓷芯套管必须纵向开槽（开槽瓷芯套管保证了光纤既能插入，又能保证一定的松紧度及连接的精度）。由于瓷套本身很薄，又开槽，所以当受到外力超过一定程度时就极易碎裂。在现场施工中，由于操作人员对光器件使用不甚了解及野蛮操作，光法兰盘内瓷芯碎裂时有发生。一旦发生内瓷芯碎裂，光通信必然中断，而且这类中断是很难查找到故障法兰盘的，必须借助于专用仪表（光功率计、ODTR、光衰耗器等）。尤其是当光接收端的法兰盘内瓷芯碎裂时，通过光功率的测量也无法发现，必须要通过灵敏度检查才能发现问题。法兰盘内瓷芯严重碎裂时，通过肉眼观测就能发现碎裂、碎片；法兰盘内瓷芯发生较轻的碎裂时，一般只有裂纹，通过肉眼观测较难发现，只有通过传输光功率测量才能发现。

1. 清洁处理

光纤在通过光法兰盘连接时，光跳线（尾纤）的瓷芯端面必须干净清洁。有时候甚至在肉眼都看不到有脏物、灰尘时，瓷芯端面未擦拭干净也会产生较大衰减，甚至达几十分贝。

（1）清洁：光纤在插入法兰前，纤芯的瓷芯端面应用浸有无水酒精的纱布擦干净，并用吹气球（吹气球可用医用“洗耳球”）吹。酒精必须是纯净的无水酒精，最好用分析纯或化学纯。

（2）擦拭干净后的光纤端面在插入光法兰的过程中不得碰到任何物品。

（3）光纤和光法兰在未连接时必须用相应的保护罩套好，以保证脏物不进入光法兰或污染光纤端面。

（4）光纤端面被弄脏后，与另一端光器件连接时，可能会把脏物转移到对端。在现场安装时，有时这一后果是严重的，如被转移对端是光端机的光接收端，由于脏物存在，接收的光信号被衰减但尚且能正常工作，当这种设备运行一段时间后，由于器件老化等原因，当光信号有所衰减时就会出现故障，即使原来系统的设计是留有足够的冗余度的。

2. 光纤与法兰连接

光纤与法兰在连接前必须经过上面的处理。

（1）必须在眼睛可视的情况下，做光纤与光法兰的连接，绝不能仅凭手的感觉进行操作。

（2）光纤在插入光法兰时，要保持在同一轴线上插入，并且光纤上的凸出定位部分要对准法兰的缺口。

（3）光纤插入法兰时一般都有一定阻力，可以把光纤一边往里轻推，一边来回轻轻转动，直到插到位，最后拧紧。注意：光纤插入法兰的过程中千万不能左右、上下晃动，这样会使光法兰内的陶瓷套管破裂。

3. 光纤、尾纤的盘绕与保护

（1）尽量避免光纤弯曲、折叠，过大的曲折会使光纤的纤芯折断。在必须弯曲时，必须保证弯曲半径大于3cm，否则会增加光纤的衰减。

（2）光缆、光纤、尾纤铺放、盘绕时只能采用圆弧形弯曲，绝对不能弯折，不能使光缆、光纤、尾纤呈锐角、直角、钝角弯折。

（3）对光缆、光纤、尾纤进行固定时，必须用软质材料。如果用扎线扣固定时，千万不能将扎线扣拉紧。

6.1.8 投运前检查

装置调试完成后应进行以下检查并存档，方可进行投运：

（1）打印装置的软件版本及CRC校验码。

（2）打印保护装置定值，与调度部门下发的整定单进行核对正确。

（3）打印保护装置软压板状态，与调度部门下发的整定单进行核对正确。

（4）打印保护装置的开出矩阵，与调度部门下发的整定单进行核对正确。

1. 带负荷测试

按DL/T 995—2016《继电保护和电网安全自动装置检验规程》的有关规定，除完成对电流互感器的极性及其相别的检验外，还要完成对断路器及其操作回路的检验工作，才能进行本检验。所有接线应恢复至正常运行状态。

（1）三相电压、电流相序及相位检查：系统工频电压、电流加入保护屏后，在负荷小于30%时，对所有加入保护屏的三相电流、电压进行相序及相位检查。

利用管理机的实时参数显示命令或打印实时参数命令，分别对各侧保护的电流、电压进行检查，同侧U_a、U_b、U_c间角度差应为120°，且U_a超前U_b，U_b超前U_c，符合正序关系；同侧I_a、I_b、I_c间角度差应为120°，且I_a超前I_b，I_b超前I_c，符合正序关系；各相电压、电流采样幅值与表计应一致；同名相电压、电流相差的角度应与系统功率因数角一致。如有不符，应仔细检查TA、TV有无接错。

（2）差动保护差流检查：系统工频电压、电流加入保护屏后，通过管理机选择实时参数显示或打印实时参数，差动保护差流值小于 3%I_N 为正常，若差流值过大，应仔细检查回路及各侧参数设置是否正确，如有问题应立即解决。

6.2　线路保护调试流程及验收标准

6.2.1　线路保护信息流介绍

如图 6－2 所示，该图完整地展示了 220kV 线路保护（单套）的光纤链路连接情况，合并单元、智能终端采集一次设备信息通过光纤以直连或组网的方式传送至线路保护，由线路保护进行计算，并通过光纤实现对一次设备的控制。

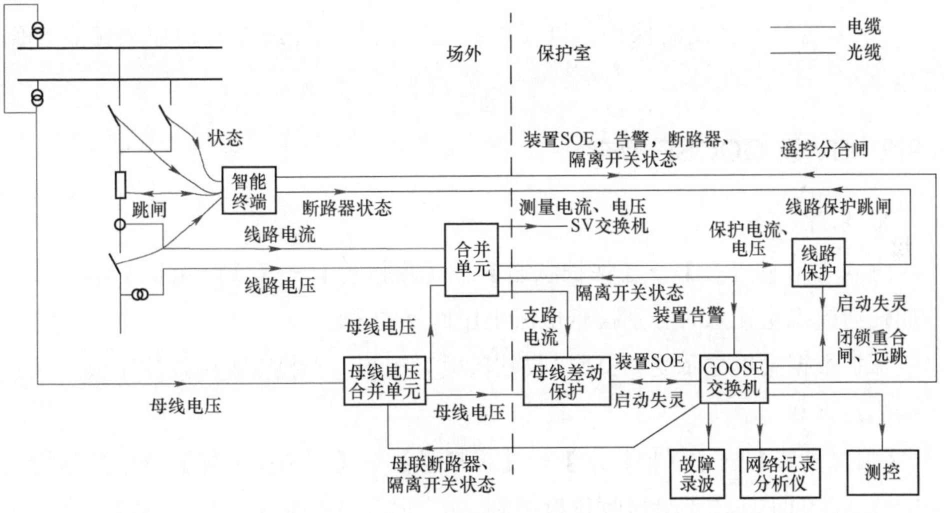

图 6－2　220kV 线路保护链路信息流

说明：

（1）场外与保护室的联系通过光缆连接。

（2）一般计量、测控只与第一套合并单元通过 SV 组网连接。

（3）图中省略了保护装置、故障录波等装置与站控层的连接。

（4）220kV 线路保护的电压和电流由线路间隔合并单元提供，母线电压由母线电压合并单元送入线路间隔合并单元，并在线路间隔合并单元内实现电压切换，切换所需的隔离开关位置由线路智能终端通过 GOOSE 交换机传输。

（5）线路保护经点对点直跳光纤到相应智能终端，完成断路器的跳合功能并通过直跳光纤接收断路器的位置、闭锁重合闸等信号，信息流包括：

1）线路保护至智能终端：跳断路器 A 相、跳断路器 B 相、跳断路器 C 相、重合闸出口、线路保护永跳闭锁重合闸。

2）智能终端至线路保护：断路器 A 相位置、断路器 B 相位置、断路器 C 相位置、压力低闭锁重合闸、智能终端闭锁重合闸（包括手跳、手合、遥跳、遥合、TJF、TJR、上电 500ms 内、另一套智能终端闭锁重合闸信号等）。

（6）线路保护经点对点直采光纤到相应合并单元，单向信息流包括线路电流、线路电压、经切换后的母线电压。

（7）线路保护与母线保护之间通过 GOOSE 交换机传输信息，信息流包括：

1）线路保护至母线保护：线路保护 A 相启动失灵，B 相启动失灵，C 相启动失灵。

2）母线保护至线路保护：母线保护远跳信号、母线保护动作闭锁重合闸信号。

6.2.2 SV 及 GOOSE 检查

1. 零漂检查

进入【信息查看】→【保护状态】→【模拟量】→【实时量值】菜单，在不加任何模拟量输入时分别检查电流电压回路的零漂。

保护数据菜单显示受“SV 接收软压板”控制，不投 SV 接收软压板时显示数据固定为 0。

【信息查看】→【保护状态】→【模拟量】→【双 AD 采样】菜单显示接收到的双 AD 的采样，不受接收压板控制。

2. 采样精度试验

对装置施加数字电压、电流信号，进入【信息查看】→【保护状态】→【模拟量】菜单查看装置显示的采样值，显示值与实测的误差应不大于 5%。

3. 开入量检查

对装置施加数字开关量，进入【信息查看】→【保护状态】→【开入量】，查看各个开入量状态，投退各个功能压板和开入量，装置能正确显示当前状态，同时有详细的变位报告。

4. 开出传动检查

在现场可根据需要选择是否进行装置的GOOSE传动或带开关传动试验。一旦装置投检修压板之后，所开出的GOOSE带“检修位”标志。当进行GOOSE传动时应保证接收端设备没有投入检修，以防止直接跳开断路器。当进行带开关传动试验时智能单元也应投入检修，如果智能单元不开出，请检查智能单元是否投入检修。

（1）装置开出触点传动：在进行装置通道传动时，保护装置投检修压板，智能单元应不投检修压板，在进行此项试验时，应保证本装置跳闸GOOSE不开出。线路保护GOOSE开出检查表如表6-1所示。

表6-1　智能变电站线路保护GOOSE开出检查表

GOOSE开出检查均正确　是□　否□		
操作命令	GOOSE开出情况	备注
跳边断路器A相	跳边断路器A相	选配3/2接线方式
跳边断路器B相	跳边断路器B相	
跳边断路器C相	跳边断路器C相	
启动边断路器A相失灵	启动边断路器A相失灵	
启动边断路器B相失灵	启动边断路器B相失灵	
启动边断路器C相失灵	启动边断路器C相失灵	
闭锁边断路器重合闸	闭锁边断路器重合闸	
跳中断路器A相	跳中断路器A相	
跳中断路器B相	跳中断路器B相	
跳中断路器C相	跳中断路器C相	
启动中断路器A相失灵	启动中断路器A相失灵	
启动中断路器B相失灵	启动中断路器B相失灵	
启动中断路器C相失灵	启动中断路器C相失灵	
闭锁中断路器重合闸	闭锁中断路器重合闸	
跳断路器A相	跳断路器A相	对于双母线接线方式
跳断路器B相	跳断路器B相	
跳断路器C相	跳断路器C相	
启动A相失灵	启动A相失灵	
启动B相失灵	启动B相失灵	
启动C相失灵	启动C相失灵	

续表

GOOSE 开出检查均正确　　是□　否□		
操作命令	GOOSE 开出情况	备注
闭锁重合闸	闭锁重合闸	对于双母线接线方式
重合闸	重合闸	
三相不一致跳闸	三相不一致跳闸	选配三相不一致
远传 1 开出	远传 1 开出	—
远传 2 开出	远传 2 开出	—
过电压启动远跳	过电压启动远跳	选配过电压和远跳
保护动作	保护动作	—
通道一告警	通道一告警	—
通道二告警	通道二告警	—
通道故障	通道故障	—
过负荷告警	过负荷告警	选配过负荷

（2）带开关传动试验：首先投入保护功能压板以及跳合闸出口压板，保证启动失灵回路与外部失灵回路完全断开。

进行传动断路器检验之前，控制室和开关站均应有专人监视，应具备良好的通信联络设备，便观察断路器和保护装置动作相别是否一致。发生异常情况时，立即停止检验，查明原因并改正后再继续进行。

传动断路器检验应在确保检验质量的前提下，尽可能减少断路器的动作次数。据此原则，在整定的重合闸方式下做以下传动断路器检验：

1）分别模拟 A、B、C 相瞬时性接地故障。

2）模拟 C 相永久性接地故障。

3）模拟 AB 相间瞬时性故障。

此外，在重合闸停用方式下模拟一次单相瞬时性接地故障。

6.2.3 保护定值校验

本节将以 WXH－803A（C）－DA－G 系列为例，针对 220kV 电压等级的智能变电站线路保护装置调试流程进行介绍。

校验保护定值时需投入相应保护的功能压板以及控制字，先将重合闸置于单重方式（重合闸的其他方式可以单独进行检验），保证保护能够正常选相跳闸。每次试验前，应保证重合闸充电完成，模拟故障建议采用整组方式，即保证故障前有一段正常运行状态，保护装置无异常告警，故障持续时间依据具体保护动作出口时间合理设置（保持在保护动作时间+100ms 时间段内），避免出现跳闸失败现象。

1. 电流差动保护定值校验

（1）相关准备：

1）差动保护投入：投入纵联差动保护软压板以及纵联差动保护控制字，并投入对应的光纤通道软压板。以下以仅投入光纤通道一为例，通道二校验同通道一。

2）差动定值整定：适当整定变化量启动电流定值，保证在模拟故障时，保护能够可靠启动，适当整定差动保护动作电流定值，通道一通信内时钟控制字整定为 1，电流补偿控制字整定为 0。

3）光纤通道检查：校验前要保证光纤通道运行正常，无异常告警。

（2）自环状态下试验：

1）设置自环状态：将保护 CPU 插件上通道一光纤接口的接收“RX”和发送“TX”用一根光纤跳线短接，构成自发自收；同时将装置内两侧识别码整定一致，如本侧识别码整定为 200，对侧识别码整定为 200。

2）施加故障电流 $I>1.05\times0.5\times$差动电流定值，模拟单相、多相区内故障，故障持续时间 100ms，装置面板上相应跳闸灯亮，液晶上显示通道一分相差动保护动作，动作时间为 20～50ms。

3）施加故障电流 $I<0.95\times0.5\times$差动电流定值，模拟单相、多相区内故障，故障持续时间 100ms，装置应可靠不动作。

4）对于零序差动保护，由于和相差采用相同的定值，因此在自环方式下无法模拟，只能在联调实验中模拟，保证故障相相差不满足制动条件，仅零差满足动作条件，且由于本保护零序差动固定延时 100ms 动作，故障持续时间设置为 150ms。

注意：自环状态可以用来校验差动保护动作电流定值，但是不能校验差动 TA 断线逻辑，以及差动保护的制动特性。

（3）通道连接正常后两侧装置差动联调试验：

1）在现场实际光纤通道具备调试条件后，可以进行带光纤通道的两侧差动保护联调校验。

2）差流检查：要保证两侧保护 TA 变比的正确性，为了便于差动保护的通道联调校验，建议将两侧 TA 变比整定一致。通道连通后，两侧分别施加模拟量，进行差流的检查，要保证正确。

3）将装置和对侧装置通道正常连接，并将装置编码整定正确，两侧识别码一定不能相同，如 M 端本侧整定为 200，对侧为 300；N 侧装置本侧整定为 300，对侧整定为 200。

4）模拟线路充电时发生故障：N 侧开关在分闸位置，M 侧开关在合闸位置，在 M 侧模拟各种故障，故障电流大于差动保护定值。

① 仅 M 侧施加故障电流，M 侧差动保护动作，N 侧差动保护不动作。

② M 侧施加故障电流，同时 M 侧满足复合电压判据，M 侧差动保护动作，N 侧分闸时间不超过 20s 时 N 侧差动保护动作，N 侧分闸时间超过 20s 后 N 侧差动保护不动作。

③ M 侧施加故障电流，同时 N 侧满足复合电压判据，M 侧差动保护动作，N 侧分闸时间不超过 20s 时 N 侧差动保护动作，N 侧分闸时间超过 20s 后 N 侧差动保护不动作。

注：在 M 侧施加故障，可以方便地在 M 侧模拟复合电压判据，但是对于 N 侧，单独施加复合电压时 M 侧不太容易配合，因此 N 侧复合电压不建议模拟突变量，建议模拟能够躲过 TV 断线的低电压或零序电压，如低电压满足大于 30V、小于 37V，零序电压满足大于 5V、小于 7V。

5）模拟线路运行时发生故障：两侧开关均在合位，在 M 侧模拟各种故障，故障电流大于差动保护定值。

① 仅 M 侧施加故障电流，两侧差动保护均不动作。

② M 侧施加故障电流，同时 M 侧满足复合电压判据，M 侧差动保护动作，N 侧差动保护动作。

③ M 侧施加故障电流，同时 N 侧满足复合电压判据，M 侧差动保护动作，N 侧差动保护动作。

6）对于光差保护带通道联调校验，可以分别在 M 侧和 N 侧进行，校验方法和现象均相同。而且对于单独投通道一、单独投通道二或同时投入通道一和通道二这三种条件下，校验方法和现象也均相同。

7）差动保护带通道联调校验方式，可以用来校验差动保护动作电流定值，以及差动 TA 断线逻辑，但是无法校验差动保护的制动特性。要想校验差动保护的制动特性，必须满足能够在两侧差动保护上同时施加故障电流的条件。

2. 距离保护定值校验

（1）定值相关：合理整定线路正序阻抗定值、线路正序灵敏角、线路零序阻抗定值、线路零序灵敏角，并根据 $K_Z=(Z_0-Z_1)/3Z_1$ 计算出零序补偿系数 K_Z，比如整定 $Z_1=10\Omega$，$PS_1=80°$，$Z_0=30\Omega$，$PS_0=80°$，则 $K_Z=0.667$（角度为 0°）。

（2）投入距离保护软压板，并根据测试情况投入距离保护各段控制字。

（3）注意在单相故障时应满足故障电压在 0～U_N，在相间及三相故障时应满足故障电压在 0～U_{Nn}，若电压不满足应适当降低故障电流。

注：U_{Nn} 为额定相间电压，一般额定相电压为 57.7V，相间电压为 100V。相间电压即为 U_{AB}、U_{BC} 或 U_{CA}。

（4）加故障电流 $I=I_N$，故障电压 $U=0.95\times I\times Z_{Z1}$（$Z_{Z1}$ 为相间距离 Ⅰ 段定值），相角为整定的线路正序灵敏角；模拟相间、三相正方向瞬时故障，装置面板上相应跳 A、B、C 信号指示灯亮，液晶上显示相间距离 Ⅰ 段动作。

（5）模拟单相接地故障，加故障电流 $I=I_N$，故障电压 $U=0.95\times I\times Z_{D1}(1+K_Z)$（$Z_{D1}$ 为接地距离 Ⅰ 段定值，K_Z 为零序补偿系数），故障电压、故障电流夹角为线路正序灵敏角；模拟单相接地正方向瞬时故障，装置面板上相应跳闸指示灯亮，液晶上显示接地距离 Ⅰ 段动作。

（6）施加故障电流 $I=I_N$，故障电压 $U=1.05\times I\times Z_{Z1}$（$Z_{Z1}$ 为相间距离 Ⅰ 段定值），相角为整定的线路正序灵敏角；模拟相间、三相正方向瞬时故障，装置应可靠不动作。

（7）施加故障电流 $I=I_N$，故障电压 $U=1.05\times I\times Z_{D1}(1+K_Z)$（$Z_{D1}$ 为接地距离 Ⅰ 段定值，K_Z 为零序补偿系数），电流和电压的相角为线路正序灵敏角；模拟单相接地正方向瞬时故障，装置应可靠不动作。

（8）同（1）～（7）分别校验 Ⅱ、Ⅲ 段距离保护，注意加故障量的时间应大于保护定值时间。

（9）施加故障电流为 $\dot{I}<\dot{U}_N/Z_L$，分别模拟单相接地、两相、两相接地和三相反方向故障，距离保护不动作。

注意：

（1）距离保护任何一段单相（三相）动作后进入距离保护的单相跳闸（三相跳闸）后即非全相逻辑，其他延时段的全相保护不再动作。

（2）如果接地距离无法验证，建议检查 K_Z 的整定是否正确，检查测试仪 K_Z 设置的角度是否正确。

（3）如果相间距离无法验证，建议检查施加的模拟量是否能够真实反映需要模拟的故障情况，特别是非故障相施加的模拟量不能影响故障性质。

3. 零序保护定值校验

（1）投入零序保护软压板，并投入零序电流保护控制字。

（2）施加故障电流 $I=1.05\times I_{2ZD}$（其中 I_{2ZD} 为零序过电流Ⅱ段定值，以下同），故障电压 30V，模拟单相正方向故障，加故障量的时间大于零序过电流Ⅱ段整定延时，装置面板上相应跳闸指示灯灯亮，液晶上显示零序过电流Ⅱ段动作。

（3）施加故障电流 $I=0.95\times I_{2ZD}$，故障电压 30V，模拟单相正方向故障，零序过电流Ⅱ段保护不动作。

（4）施加故障电流 $I=1.2\times I_{2ZD}$，故障电压 $0.3U_{Nn}$，模拟单相反方向故障，零序过电流Ⅱ段保护不动作。

（5）同（1）～（4）校验其他段零序过电流保护，注意加故障量的时间应大于各段保护定值时间，同时保证投入各段的方向元件。

4. 快速距离定值校验

（1）定值相关：合理整定线路正序阻抗定值、线路正序灵敏角、线路零序阻抗定值、线路零序灵敏角，并根据 K_Z 的计算公式计算出零序补偿系数 K_Z，比如整定 $Z_1=10\Omega$，$PS_1=80°$，$Z_0=30\Omega$，$PS_0=80°$，则 $K_Z=0.667$（角度为 0°）。合理整定快速距离阻抗定值，特别是当二次额定电流为 1A 时，校验快速距离保护时，可将快速距离阻抗定值整定为 10Ω；若二次额定电流为 5A，可将快速距离阻抗定值整定为 5Ω。

（2）投入距离保护软压板，以及快速距离保护控制字。

（3）施加故障电流 $I=2I_N$，分别模拟 A、B、C 相单相接地瞬时性故障及 AB、BC、CA 相间瞬时性故障；故障相电压、电流夹角为线路正序灵敏角，模拟故障时间为 100ms，故障电压为：

模拟单相接地故障时，$U=(1+K_Z)\times I\times Z_{set}+(1-1.38m)\times U_N$（同时应满足故障电压在 0～$U_N$）。

模拟相间故障时，$U=2IZ_{set}+(1-1.3m)\times U_{NN}$（同时满足故障电压在 0～$U_{Nn}$）。其中，$m=0.9$、1.1、3；$Z_{set}$ 为快速距离阻抗定值；K_Z 为零序补偿系数。

（4）快速距离保护在 $m=1.1$ 时应可靠动作，在 $m=0.9$ 时应可靠不动作，装置面板相应灯亮。

（5）加故障电流为 $\dot{I} < \dot{U}_N / Z_L$，分别模拟反方向各种类型出口故障，快速距离保护均应不动作。

注意：

（1）试验时所用试验设备在模拟故障时，电流、电压必须同时变化。

（2）试验正方向故障时，必须注意约束快速距离动作的全阻抗继电器在故障时应能处在动作状态。

6.2.4　光纤通道连接及调试

1. 通道状态良好的判别方法

（1）保护装置没有通道异常类告警报文，装置面板上通道一异常、通道二异常灯不亮，通道告警接点不闭合。

（2）主接线上“通道状态”指示状态为绿色，菜单【浏览】→【实时量】→【纵联通道*】中有关通道通信质量的参数正常，如通道延时正常（专用通道一般不超过 1ms，复用通道一般为毫秒级，但不超过 20ms），通道实时误码率为 0、误码、丢帧统计的计数应恒定不变化。

注意：必须满足以上两个条件才能判定保护装置所使用的光纤通道通信良好，差动保护才能正常投入运行。

2. 通道调试前准备工作

（1）光纤通道受纵联差动保护软压板、光纤通道软压板及控制字的控制，进行调试时应先投入差动软压板、光纤通道软压板及纵联电流差动控制字。

（2）通道调试前首先要检查光纤头是否清洁。光纤连接时，一定要注意检查 FC 连接头上的凸台和珐琅盘上的缺口对齐，然后旋紧 FC 连接头。当连接不可靠或光纤头不清洁时，仍能收到对侧数据，但收信裕度大大降低，当系统扰动或操作时，会导致通道异常，故必须严格校验光纤连接的可靠性。

（3）若保护使用的通道中有通道接口设备，应保证通道接口装置良好接地，接口装置至通信设备间的连接线选用应符合厂家要求，其屏蔽层两端均应可靠接地，且保证同轴电缆两端接地电位处于同一个等势面上。

3. 专用光纤通道调试步骤

（1）用光功率计和尾纤跳线，检查保护装置的发光功率是否和通道插件上的标称值一致，常规光纤接口插件波长为 1310nm 的，发光功率一般在 −8～−17dBm；超长距离用插件波长为 1550nm 的，发光功率一般在 −5～−14dBm。

（2）用光功率计检查由对侧来的光纤发光功率，校验接收光功率裕度，常规光纤接口插件的接收灵敏度不超过–34dBm，应保证收光接收功率裕度（功率裕度=接收光功率–接收灵敏度）在6dB以上，最好要有10dB。当线路比较长导致对侧接收光功率不满足接收灵敏度要求时，应检查光纤的衰耗是否与实际线路长度相符（尾纤的衰耗一般很小，应在2dB以内。光缆平均衰耗：1310nm为0.35dB/km；1550nm为0.2dB/km。一个熔接头损耗为0.1dB，一个光纤连接器损耗为1dB）。

（3）分别用尾纤跳线将两侧保护装置的光收、发自环，将控制字通道通信内时钟整定为1，同时本侧识别码和对侧识别码整定相同，经一段时间的观察，保护装置不能有通道异常告警信号，主接线上通道状态指示灯始终为绿色，同时菜单中误码统计应不增加，即保证每侧保护装置在自环状态下通道状态良好。

（4）两侧保护使用专用光纤通道进行实际连接前，需要将两侧保护中的本侧识别码和对侧识别码恢复成正常状态（即二者不能相同），然后恢复通道光纤的连接，经一段时间的观察，保护装置不能有通道异常告警信号，主接线上通道状态指示灯始终为绿色，同时菜单中误码统计应不增加，即保证两侧保护装置在通道连接的状态下通道状态良好。

（5）保护调试完成恢复正常运行时，先退出纵联差动保护软压板，恢复正常运行时的定值，将通道恢复到正常运行时的连接，观察光纤通道恢复正常，且两侧差流正常后，再投入纵联差动保护压板。

4. 复用通道调试步骤

（1）检查两侧保护装置的发光功率和接收功率，校验收信裕度，方法同专用光纤。

（2）分别用尾纤跳线将两侧保护装置的光收、发自环，将通道通信内时钟控制字整定为1，同时本侧识别码和对侧识别码整定相同，经一段时间的观察，保护装置不能有“通道异常”告警信号，主接线上通道状态指示灯始终为绿色，同时菜单中误码统计应不增加，即保证每侧保护装置在自环状态下通道状态良好。

（3）两侧正常连接保护装置和复用接口装置（OTEC）之间的光缆，检查OTEC装置的光发送功率、光接收功率。OTEC的光发送功率一般为–15～–5dBm，接收灵敏度为–34dBm。OTEC的光接收功率应在–20dBm以上，保护装置的光接收功率应在–15dBm以上。站内光缆的衰耗应不超过1～2dB。

（4）两侧在复用接口装置的电接口处用 2M 线自环，将通道通信内时钟控制字整定为 1，同时本侧识别码和对侧识别码整定相同，经一段时间的观察，保护装置不能有“通道异常”告警信号，主接线上通道状态指示灯始终为绿色，同时菜单中误码统计应不增加。复用接口装置无光口、电口通道异常的告警信息，即保证每侧保护装置以及复用接口装置在自环状态下通道状态良好。

（5）对于复用通道，两侧保护使用复用光纤通道进行实际连接前，需要将两侧保护中的本侧识别码和对侧识别码恢复成正常状态（即二者不能相同），然后恢复通道光纤的连接，经一段时间的观察，保护装置不能有通道异常告警信号，主接线上通道状态指示灯始终为绿色，同时菜单中误码统计应不增加，复用接口装置无光口、电口通道异常的告警信息，即保证每侧保护装置以及复用接口装置在自环状态下通道状态良好。通道中间设备较多，因此建议有条件的情况下，利用误码仪测试复用通道的传输质量，要求误码率越低越好（要求短时间误码率至少优于 10^{-4}，即 0.01%）。同时不能有丢帧、接收中断等告警。通道测试时间要求至少超过 24h。

（6）保护调试完成恢复正常运行时，先退出纵联差动保护软压板，恢复两侧接口装置电口的正常连接，将通道恢复到正常运行时的连接。将定值恢复到正常运行时的状态。观察光纤通道恢复正常，且两侧差流正常后，再投入纵联差动保护软压板。

注意：对于双光纤通道，调试时按照上述步骤对每个通道依次进行调试。

6.3　母线保护调试流程及验收标准

6.3.1　母线差动保护信息流介绍

图 6–3 完整地展示了 220kV 母线保护（单套）的光纤链路连接情况：合并单元、智能终端采集一次设备信息通过光纤以直连的方式传送至母线保护，通过组网实现母线保护和线路保护、变压器保护间的信息交互，经母线保护计算后，通过光纤实现对一次设备的控制。

说明：

（1）场外与保护室的联系通过光缆连接。

（2）图中省略了合并单元、保护装置等与其他装置的连接。

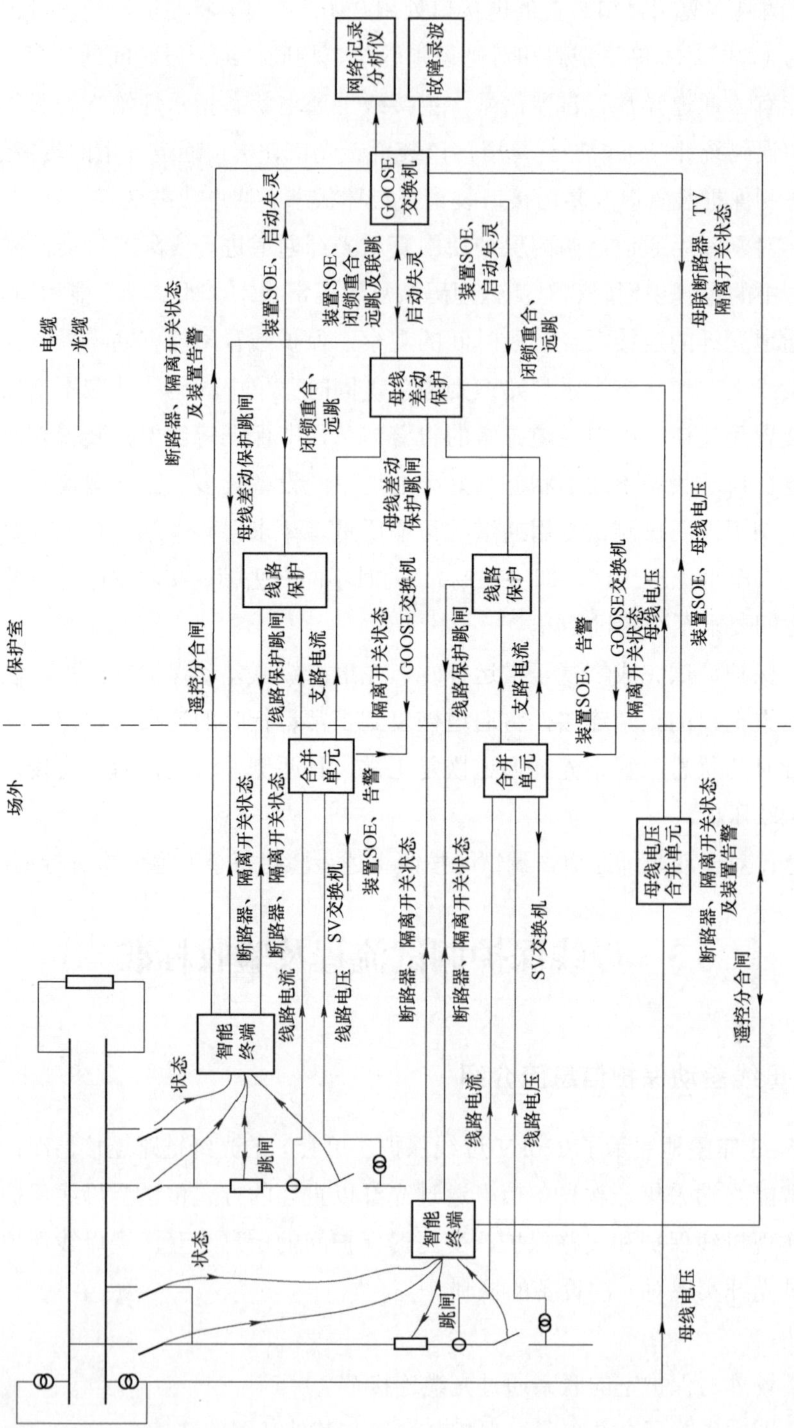

图 6-3 220kV 母线保护链路信息流

（3）图中省略了母线保护与其他间隔的连接。

（4）图中省略了保护装置、故障录波等装置与站控层的连接。

（5）母线保护经点对点直采光纤到母线电压合并单元及各间隔合并单元，实现电压电流采集功能，单向信息流包括两条母线电压、线路电流。

（6）母线保护经点对点直跳光纤到各间隔智能终端，完成断路器的跳合功能并通过直跳光纤接收各间隔隔离开关位置、母联断路器位置、母联手合等信号，信息流包括：

1）母线保护至智能终端：TJR 闭锁重合闸三相跳闸。

2）智能终端至母线保护：各间隔两条母线隔离开关位置、母联断路器位置、母联手合。

（7）母线保护与各间隔线路保护之间的信息流可参考线路保护信息流部分。

6.3.2　SV 及 GOOSE 检查

1. 零漂检查

进入【信息查看】→【保护状态】→【模拟量】菜单，在不加任何模拟量输入时分别检查电流电压回路的零漂。

2. 采样精度试验

对装置施加电压、电流信号，进入【信息查看】→【保护状态】→【模拟量】菜单查看装置显示的采样值，显示值与实测的误差应不大于 5%。

3. 开入量检查

对装置施加开关量信号，进入【信息查看】→【保护状态】→【开关量】，查看各个开入量状态，投退各个功能压板和开入量，装置能正确显示当前状态，同时有详细的变位报告。

4. 开出传动检查

在现场可根据需要选择是否进行装置的 GOOSE 传动或带开关传动试验。装置投保护检修状态硬压板之后，所开出的 GOOSE 带“检修位”标志。

（1）当进行 GOOSE 传动时应保证接收端设备没有投入检修，以防止直接跳开断路器。

（2）当进行带开关传动试验时，智能单元也应投入检修，如果智能单元不开出，请检查智能单元是否投入检修。

注：请确认智能单元是否有判别 GOOSE 检修不一致功能，否则可能导致误跳断路器的

情况。通信对点试验时，保护发出的信息点带有检修位标志。

5. 装置开出触点传动

在进行装置通道传动时，保护装置投保护检修状态硬压板，智能单元应不投保护检修状态硬压板，在进行此项试验时，应保证本装置跳闸 GOOSE 不开出。母线保护 GOOSE 开出检查表如表 6-2 所示。

表 6-2　智能变电站母线保护 GOOSE 开出检查表

序号	GOOSE 开出检查均正确　　是□　否□		
	操作命令	GOOSE 开出情况	备注
1	母联 1_保护跳闸	母联 1_保护跳闸	
2	分段_保护跳闸	分段_保护跳闸	
3	母联 2_保护跳闸	母联 2_保护跳闸	
4	主变压器 1_保护跳闸	主变压器 1_保护跳闸	
5	主变压器 2_保护跳闸	主变压器 2_保护跳闸	
6	支路 6_保护跳闸	支路 6_保护跳闸	
7	支路 7_保护跳闸	支路 7_保护跳闸	
8	支路 8_保护跳闸	支路 8_保护跳闸	
9	支路 9_保护跳闸	支路 9_保护跳闸	
10	支路 10_保护跳闸	支路 10_保护跳闸	
11	支路 11_保护跳闸	支路 11_保护跳闸	
12	支路 12_保护跳闸	支路 12_保护跳闸	
13	支路 13_保护跳闸	支路 13_保护跳闸	
14	主变压器 3_保护跳闸	主变压器 3_保护跳闸	
15	主变压器 4_保护跳闸	主变压器 4_保护跳闸	
16	支路 16_保护跳闸	支路 16_保护跳闸	
17	支路 17_保护跳闸	支路 17_保护跳闸	
18	支路 18_保护跳闸	支路 18_保护跳闸	
19	支路 19_保护跳闸	支路 19_保护跳闸	
20	支路 20_保护跳闸	支路 20_保护跳闸	
21	支路 21_保护跳闸	支路 21_保护跳闸	
22	支路 22_保护跳闸	支路 22_保护跳闸	
23	支路 23_保护跳闸	支路 23_保护跳闸	
24	支路 24_保护跳闸	支路 24_保护跳闸	
25	主变压器 1_失灵联跳变压器	主变压器 1_失灵联跳变压器	

续表

序号	GOOSE 开出检查均正确　　是□　否□		
	操作命令	GOOSE 开出情况	备注
26	主变压器 2_失灵联跳变压器	主变压器 2_失灵联跳变压器	
27	主变压器 3_失灵联跳变压器	主变压器 3_失灵联跳变压器	
28	主变压器 4_失灵联跳变压器	主变压器 4_失灵联跳变压器	
29	分段 1_启动失灵	分段 1_启动失灵	
30	分段 2_启动失灵	分段 2_启动失灵	
31	Ⅰ母保护动作	Ⅰ母保护动作	
32	Ⅱ母保护动作	Ⅱ母保护动作	
33	Ⅲ母保护动作	Ⅲ母保护动作	
34	Ⅰ母保护动作（录波）	Ⅰ母保护动作（录波）	
35	Ⅱ母保护动作（录波）	Ⅱ母保护动作（录波）	
36	Ⅲ母保护动作（录波）	Ⅲ母保护动作（录波）	

注　1. 常规采样 GOOSE 跳闸装置，无第 24 项内容。
2. 双母单分接线方式下，无第 29、30 项内容。
3. 双母双分、双母线接线方式下，无第 33、36 项内容。
4. 双母双分、双母线接线方式下，第 1 项对应为“母联_保护跳闸”，第 2 项对应为“分段 1_保护跳闸”，第 3 项对应为“分段 2_保护跳闸”。

6. 带开关传动试验

首先必须投入保护功能压板以及 GOOSE 发送压板。

进行传动断路器检验之前，控制室和开关站均应有专人监视，应具备良好的通信联络设备，便于观察断路器和保护装置动作相别是否一致。发生异常情况时，立即停止检验，查明原因并改正后再继续进行。

传动断路器检验应在确保检验质量的前提下，尽可能减少断路器的动作次数。

6.3.3　保护定值校验

本节将以 WMH－801 系列为例，针对 220kV 电压等级的智能变电站母线保护装置调试流程进行介绍。

测试以下 1～7 条目时，应投入“差动保护”控制字和软压板。

注 1：保护装置输入默认为二次值输入；定值整定、模拟量显示、录波、上送遥测信息、报告量值等均默认为二次值；定值整定时应注意此点；保护程序运算门槛均按一次值进行，而整定值以“基准 TA”为准整定，所以各支路加量验证差动逻辑时，注意支路 TA 一次值跟基准 TA 一次值之间的折算。

注 2：SV 采样装置试验时，应注意是否有相关支路模入检修不一致的情况。检修不一致状态会闭锁所有差动保护、跳闸出口以及相应支路断路器失灵保护功能。

注 3：以下试验方法均以双母线为例。

注 4：差动保护、充电保护、死区保护测试用例用定值均按 1A 设置。

1. 区外故障

（1）给上 6 号支路的Ⅰ母隔离开关位置及 7 号支路的Ⅱ母隔离开关位置。

（2）按照以下原则施加电流量：7 号支路与母联支路幅值相等、相位相同，与 6 号支路幅值相等、相位相反，模拟母线区外故障。

（3）通入大于差动保护启动电流定值的电流，并保证母差电压闭锁条件开放，保护启动。

2. 区内故障

（1）给上 6 号支路的Ⅰ母隔离开关位置及 7 号支路的Ⅱ母隔离开关位置。

（2）6 号支路、7 号支路与母联支路施加的电流幅值相等、相位相同，模拟Ⅰ母故障。

（3）通入大于差流定值同时满足比率制动特性的电流，并保证母差电压闭锁条件开放，保护动作跳Ⅰ母。

（4）6 号支路和 7 号支路电流幅值相等、相位相同，与母联 TA 电流相位相反，模拟Ⅱ母故障。

（5）通入大于差动保护启动电流定值且满足比率制动特性的电流，并保证母差电压闭锁条件开放，保护动作跳Ⅱ母。

（6）投入母联互联压板。重复上述区内故障，保护动作切除两母线上所有的连接支路。

3. 比率制动特性

（1）给上 6 号支路的Ⅰ母隔离开关位置和 7 号支路的Ⅱ母隔离开关位置。

（2）向 6 号支路和 7 号支路加入方向相反、大小可调的一相电流，则差动电流为$|\dot{I}_1+\dot{I}_2|$，制动电流为$|\dot{I}_1|+|\dot{I}_2|$，比率制动系数为$k=|\dot{I}_1+\dot{I}_2|/(|\dot{I}_1|+|\dot{I}_2|)$，分别检验差动电流定值和比率制动特性。注意：调整电流变化时，步长尽量设小。

（3）比例制动详细验证方法：母线差动保护包含比率差动保护和大差后备保护两个保护，比率制动特性差动保护包含常规比率差动保护和突变量比率差动保护，对于不同运行方式，保护采用的制动特性各不相同，以下详细介绍测试方法。

注：测试用例支路TA变比与基准TA变比均为1000:1，差动定值为1A。现场各支路TA变比存在差异，测试用例中支路电流为折算到基准TA变比之后的量值。

1）并列运行大差稳态量制动特性测试：用缓加测试量的方法，加量测试过程中应保证满足差动复压开放条件和小差制动特性的前提下，验证大差稳态量制动特性。

测试用例：母联并列运行且不施加电流，将支路6挂在Ⅰ母，支路7挂在Ⅱ母。

并列运行大差稳态量制动特性测试如表6－3所示，以A相电流为例。

表6－3　　并列运行大差稳态量制动特性测试

测试项目	状态1	状态2	状态3
Ⅰ母电压	$U_{Ⅰa}=30\angle0°V$ $U_{Ⅰb}=57.4\angle240°V$ $U_{Ⅰc}=57.4\angle120°V$	$U_{Ⅰa}=30\angle0°V$ $U_{Ⅰb}=57.4\angle240°V$ $U_{Ⅰc}=57.4\angle120°V$	$U_{Ⅰa}=30\angle0°V$ $U_{Ⅰb}=57.4\angle240°V$ $U_{Ⅰc}=57.4\angle120°V$
Ⅱ母电压	$U_{Ⅱa}=30\angle0°V$ $U_{Ⅱb}=57.4\angle240°V$ $U_{Ⅱc}=57.4\angle120°V$	$U_{Ⅱa}=30\angle0°V$ $U_{Ⅱb}=57.4\angle240°V$ $U_{Ⅱc}=57.4\angle120°V$	$U_{Ⅱa}=30\angle0°V$ $U_{Ⅱb}=57.4\angle240°V$ $U_{Ⅱc}=57.4\angle120°V$
支路6　A相电流	$I_{6a}=1.2\angle0°A$	$I_{6a}=1.2\angle0°A$	$I_{6a}=1.2\angle0°A$
支路7　A相电流	$I_{7a}=1.2\angle180°A$	$I_{7a}=3.55\angle180°A$	$I_{7a}=3.65\angle180°A$

① 试验步骤：

● 试验仪参照状态1加量，观察保护装置报文及动作出口情况。

● I_{6a}保持不变，I_{7a}以0.05A的步长增加，将I_{7a}增加到3.55A，如状态2，观察保护装置报文及动作出口情况。

● I_{6a}继续保持不变，I_{7a}以0.05A的步长增加，将I_{7a}增加到3.65A，如状态3，观察保护装置报文及动作出口情况。

② 试验现象：

● 状态1：Ⅰ、Ⅱ母差流均为1.2A，$I_{Ⅰ(Ⅱ)da}/I_{Ⅰ(Ⅱ)ra}=1$，Ⅰ、Ⅱ母差动满足动作条件，保护启动，由于大差差流为0，Ⅰ、Ⅱ母差动均不动作。

● 状态2：Ⅰ、Ⅱ母小差及大差差流均大于1A，且Ⅰ、Ⅱ母制动系数均为1，大差制动系数$I_{da}/I_{ra}=0.495$，小差满足比率差动条件，大差不满足比率差动条件，保护不动作。

● 状态 3：Ⅰ、Ⅱ母小差及大差差流均大于 1A，且Ⅰ、Ⅱ母制动系数均为 1，大差制动系数 $I_{da}/I_{ra}=0.51$，满足比率差动条件，Ⅰ、Ⅱ母差动保护动作，支路 6、7 同时出口，即可验证大差制动系数为 0.5。

2）小差稳态量制动特性测试：用缓加测试量的方法，在保证满足差动复压开放和大差制动特性（大差制动系数大于 0.5）、增量小差不动作的前提下，验证小差稳态量制动特性。

测试用例：母联并列运行，将支路 4、5 同时挂在Ⅰ母，支路 6 挂在Ⅱ母。

小差稳态量制动特性测试如表 6-4 所示，以 A 相电流为例。

表 6-4　　小差稳态量制动特性测试

测试项目	状态 1	状态 2	状态 3
Ⅰ母电压	$U_{Ⅰa}=30\angle0°$ V $U_{Ⅰb}=57.4\angle240°$ V $U_{Ⅰc}=57.4\angle120°$ V	$U_{Ⅰa}=30\angle0°$ V $U_{Ⅰb}=57.4\angle240°$ V $U_{Ⅰc}=57.4\angle120°$ V	$U_{Ⅰa}=30\angle0°$ V $U_{Ⅰb}=57.4\angle240°$ V $U_{Ⅰc}=57.4\angle120°$ V
Ⅱ母电压	$U_{Ⅱa}=30\angle0°$ V $U_{Ⅱb}=57.4\angle240°$ V $U_{Ⅱc}=57.4\angle120°$ V	$U_{Ⅱa}=30\angle0°$ V $U_{Ⅱb}=57.4\angle240°$ V $U_{Ⅱc}=57.4\angle120°$ V	$U_{Ⅱa}=30\angle0°$ V $U_{Ⅱb}=57.4\angle240°$ V $U_{Ⅱc}=57.4\angle120°$ V
支路 4　A 相电流	$I_{4a}=1.0\angle0°$ A	$I_{4a}=1.75\angle0°$ A	$I_{4a}=1.80\angle0°$ A
支路 5　A 相电流	$I_{5a}=0.6\angle180°$ A	$I_{5a}=0.6\angle180°$ A	$I_{5a}=0.6\angle180°$ A
支路 6　A 相电流	$I_{6a}=0.9\angle0°$ A	$I_{6a}=0.9\angle0°$ A	$I_{6a}=0.9\angle0°$ A

① 试验步骤：

● 试验仪参照状态 1 加量，观察保护装置报文及支路 4、5、6 出口接点动作情况。

● I_{5a}、I_{6a} 保持不变，I_{4a} 以 0.05A 的步长增加，将 I_{4a} 增加到 1.75A，如状态 2，观察保护装置报文及支路 4、5、6 出口接点动作情况。

● I_{5a}、I_{6a} 继续保持不变，I_{4a} 以 0.05A 的步长增加，将 I_{4a} 增加到 1.80A，如状态 3，观察保护装置报文及支路 4、5、6 出口接点动作情况。

② 试验现象：

● 状态 1：大差差流 $I_{da}=1.3$A，大差制动系数 $I_{da}/I_{ra}=0.52$，大差保护动作；Ⅱ母差流 $I_{Ⅱda}=0.9$A，小于差动保护电流定值，Ⅱ母差动保护不动作；Ⅰ母差流 $I_{Ⅰda}=0.4$A，小于差动保护电流定值，Ⅰ母差动保护不动作；无支路 4、5、6 出口接点动作信息。

- 状态 2：大差差流 $I_{da}=2.05A$，大差制动系数 $I_{da}/I_{ra}=0.63$，大差保护动作保持；Ⅱ母差流 $I_{Ⅱda}=0.9A$，Ⅱ母差动保护不动作；Ⅰ母差流 $I_{Ⅰda}=1.15A$，Ⅰ母制动系数 $I_{Ⅰda}/I_{Ⅰra}=0.489$，Ⅰ母差动保护不动作；无支路 4、5、6 出口接点动作信息。

- 状态 3：大差差流 $I_{da}=2.15A$，大差制动系数 $I_{da}/I_{ra}=0.64$，大差保护动作保持；Ⅱ母差流 $I_{Ⅱda}=0.9A$，Ⅱ母差动保护不动作，Ⅰ母差流 $I_{Ⅰda}=1.25A$，Ⅰ母制动系数 $I_{Ⅰda}/I_{Ⅰra}=0.51$，Ⅰ母差动条件满足，Ⅰ母差动保护动作，支路 4、5 动作出口，由此验证小差稳态量制动系数为 0.5。

3）小差增量制动特性测试：应保证差动复压开放条件和大差制动特性满足的情况下，验证母线小差增量制动系数（增量制动系数为 0.7）。

测试用例：母联并列运行，将支路 4、5 同时挂在Ⅰ母。

小差增量制动特性测试如表 6－5 和表 6－6 所示，以 A 相电流为例。

表 6－5　小差增量制动特性测试 1

测试项目	状态 1（10s）	状态 2（1s）
Ⅰ母电压	$U_{Ⅰa}=30\angle0°V$ $U_{Ⅰb}=57.4\angle240°V$ $U_{Ⅰc}=57.4\angle120°V$	$U_{Ⅰa}=30\angle0°V$ $U_{Ⅰb}=57.4\angle240°V$ $U_{Ⅰc}=57.4\angle120°V$
Ⅱ母电压	$U_{Ⅱa}=30\angle0°V$ $U_{Ⅱb}=57.4\angle240°V$ $U_{Ⅱc}=57.4\angle120°V$	$U_{Ⅱa}=30\angle0°V$ $U_{Ⅱb}=57.4\angle240°V$ $U_{Ⅱc}=57.4\angle120°V$
支路 4　A 相电流	$I_{4a}=1\angle0°A$	$I_{4a}=1.25\angle0°A$
支路 5　A 相电流	$I_{5a}=1\angle180°A$	$I_{5a}=2.4\angle180°A$

表 6－6　小差增量制动特性测试 2

测试项目	状态 1（10s）	状态 2（1s）
Ⅰ母电压	$U_{Ⅰa}=30\angle0°V$ $U_{Ⅰb}=57.4\angle240°V$ $U_{Ⅰc}=57.4\angle120°V$	$U_{Ⅰa}=30\angle0°V$ $U_{Ⅰb}=57.4\angle240°V$ $U_{Ⅰc}=57.4\angle120°V$
Ⅱ母电压	$U_{Ⅱa}=30\angle0°V$ $U_{Ⅱb}=57.4\angle240°V$ $U_{Ⅱc}=57.4\angle120°V$	$U_{Ⅱa}=30\angle0°V$ $U_{Ⅱb}=57.4\angle240°V$ $U_{Ⅱc}=57.4\angle120°V$
支路 4　A 相电流	$I_{4a}=1\angle0°A$	$I_{4a}=1.25\angle0°A$
支路 5　A 相电流	$I_{5a}=1\angle180°A$	$I_{5a}=2.6\angle180°A$

① 试验步骤：

- 采用测试仪的状态序列模块，参照表 6-5 加量，观察动作报文及支路 4、5 动作出口情况。
- 采用测试仪的状态序列模块，参照表 6-6 加量，观察动作报文及支路 4、5 动作出口情况。

② 试验现象：

- 由表 6-5 可得：状态 1 时大差和Ⅰ母小差稳态量制动系数均为 0；状态 2 时大差和Ⅰ母小差差流均为 $I_{da}=1.15$，稳态量制动系数均为 $I_{da}/I_{ra}=0.315$；由状态 1 到状态 2 过程中，增量差制动系数 $\Delta I_{da}/\Delta I_{ra}=0.69$，不满足小差增量差制动系数，故差动保护不动作。
- 由表 6-6 可得：由状态 1 到状态 2 过程中，制动系数 $I_{da}/I_{ra}=0.35$（不满足稳态量动作条件），增量差制动系数 $\Delta I_{da}/\Delta I_{ra}=0.73$，满足增量制动保护动作条件，故差动保护动作。由此可验证制动系数精度。

4）分列运行大差制动系数测试：

测试用例：当双母线分列运行时，即母联分列运行压板投入，母联跳位且无流，Ⅰ、Ⅱ母均有压，将支路 4 挂在Ⅰ母，支路 5 挂在Ⅱ母。

分列运行大差制动系数测试如表 6-7 所示，以 A 相电流为例。

表 6-7　　分列运行大差制动系数测试

测试项目	状态 1	状态 2	状态 3
Ⅰ母电压	$U_{Ⅰa}=57.4\angle 0°$ V $U_{Ⅰb}=57.4\angle 240°$ V $U_{Ⅰc}=57.4\angle 120°$ V	$U_{Ⅰa}=30\angle 0°$ V $U_{Ⅰb}=57.4\angle 240°$ V $U_{Ⅰc}=57.4\angle 120°$ V	$U_{Ⅰa}=30\angle 0°$ V $U_{Ⅰb}=57.4\angle 240°$ V $U_{Ⅰc}=57.4\angle 120°$ V
Ⅱ母电压	$U_{Ⅱa}=57.4\angle 0°$ V $U_{Ⅱb}=57.4\angle 240°$ V $U_{Ⅱc}=57.4\angle 120°$ V	$U_{Ⅱa}=30\angle 0°$ V $U_{Ⅱb}=57.4\angle 240°$ V $U_{Ⅱc}=57.4\angle 120°$ V	$U_{Ⅱa}=30\angle 0°$ V $U_{Ⅱb}=57.4\angle 240°$ V $U_{Ⅱc}=57.4\angle 120°$ V
支路 4　A 相电流	$I_{4a}=1.4\angle 0°$ A	$I_{4a}=1.4\angle 0°$ A	$I_{4a}=1.4\angle 0$A°
支路 5　A 相电流	$I_{5a}=1.4\angle 180°$ A	$I_{5a}=2.55\angle 180°$ A	$I_{5a}=2.6\angle 180°$ A

① 试验步骤：

- 试验仪参照状态 1 加量，观察保护装置报文及支路 4、5 出口接点动作情况。

● 参照状态 2 施加电压，满足Ⅰ、Ⅱ母复压开放条件，I_{4a} 保持不变，I_{5a} 以 0.05A 的步长增加，将 I_{5a} 增加到 2.55A，如状态 2，观察保护装置报文及支路 4、5 出口接点动作情况。

● 满足复压开放条件，同时 I_{4a} 继续保持不变，I_{5a} 以 0.05A 的步长增加，将 I_{5a} 增加到 2.6A，如状态 3，观察保护装置报文及支路 4、5 出口接点动作情况。

② 试验现象：

● 状态 1：Ⅰ、Ⅱ母差流 $I_{\text{Ⅰ(Ⅱ)da}}=1.4\text{A}$，Ⅰ、Ⅱ母制动系数 $I_{\text{Ⅰ(Ⅱ)da}}/I_{\text{Ⅰ(Ⅱ)ra}}=1$，Ⅰ、Ⅱ母差动满足；大差差流 $I_{da}=0\text{A}$，大差不满足，差动保护不动作。

● 状态 2：Ⅰ、Ⅱ母制动系数仍然为 1，Ⅰ、Ⅱ母差动满足；大差差流 $I_{da}=1.15\text{A}$，大差制动系数 $I_{da}/I_{ra}=0.291$，大差制动不满足，差动保护不动作。

● 状态 3：Ⅰ、Ⅱ母制动系数保持为 1，Ⅰ、Ⅱ母差动满足；大差差流 $I_{da}=1.2\text{A}$，大差制动系数 $I_{da}/I_{ra}=0.3$，差动保护动作，支路 4、5 动作出口；由此可验证分列运行时大差制动系数为 0.3。

4. 电压闭锁元件

在满足比率差动元件动作的条件下，分别检验保护的电压闭锁元件中相低电压、负序和零序电压定值，误差应在±5%以内。

5. 母联失灵保护

按上述试验步骤模拟母线区内故障，保护向母联断路器发跳令后，向母联支路继续通入大于母联失灵电流定值的电流，并保证两母差电压闭锁条件均开放，经母联失灵保护整定延时母联失灵保护动作切除两母线上的所有连接支路。或者施加外部启动母联失灵开入，同时向母联支路继续通入大于母联失灵电流定值的电流，并保证两母差电压闭锁条件均开放，经母联失灵保护整定延时母联失灵保护动作切除两母线上的所有连接支路件。

6. 充电过程测试

（1）充电到死区测试：以Ⅰ母往Ⅱ母充电进行说明。先给上母联断路器跳位，任一段母线无压，再施加母联断路器手合开入，同时在Ⅰ母上施加故障电流（母联无电流）大于差动定值，这时充电跳母联断路器动作，如果故障仍未切除，由于故障点位于Ⅰ母上，这时Ⅰ母差动保护经 300ms 闭锁后动作。

充电到死区测试如表 6－8 所示，以 A 相电流为例。

表 6-8 充电到死区测试

测试项目	状态 1（10s）	状态 2（30ms）	状态 3（1s）
Ⅰ母电压	$U_{Ⅰa}=57.4\angle0°$ V $U_{Ⅰb}=57.4\angle240°$ V $U_{Ⅰc}=57.4\angle120°$ V	$U_{Ⅰa}=57.4\angle0°$ V $U_{Ⅰb}=57.4\angle240°$ V $U_{Ⅰc}=57.4\angle120°$ V	$U_{Ⅰa}=57.4\angle0°$ V $U_{Ⅰb}=57.4\angle240°$ V $U_{Ⅰc}=57.4\angle120°$ V
Ⅱ母电压	$U_{Ⅱa}=0\angle0°$ V $U_{Ⅱb}=0\angle240°$ V $U_{Ⅱc}=0\angle180°$ V	$U_{Ⅱa}=0\angle0°$ V $U_{Ⅱb}=0\angle240°$ V $U_{Ⅱc}=0\angle180°$ V	$U_{Ⅱa}=0\angle0°$ V $U_{Ⅱb}=0\angle240°$ V $U_{Ⅱc}=0\angle180°$ V
母联断路器 A 相电流	$I_{1a}=0\angle0°$ A	$I_{1a}=0\angle0°$ A	$I_{1a}=0\angle0°$ A
支路 4 A 相电流	$I_{4a}=1.2\angle180°$ A	$I_{4a}=1.2\angle180°$ A	$I_{4a}=2.0\angle0°$ A
支路 5 A 相电流	$I_{5a}=1.2\angle0°$ A	$I_{5a}=1.2\angle0°$ A	$I_{5a}=2.0\angle0°$ A
母联断路器位置	三相跳位	跳位	合位
手合开入	0	1	1

1）测试方案：用状态序列模块如表 6-8 所示加量，核对报文及母联断路器及支路 4、5 动作出口时间。

2）测试现象：

① 状态 1：系统负荷平衡，具备充电前条件。

② 状态 2；手合开入，满足充电条件，保护识别出充电过程。

③ 状态 3：母联无流，且大差满足动作条件，符合充电到死区故障特征，大差瞬时跳母联断路器。

（2）充电到故障母线测试：以Ⅰ母往Ⅱ母充电为例进行说明。将支路 4、5 挂在Ⅰ母，母联断路器 1 正极性接入。先给上母联断路器跳位，任一段母线无压，再施加母联断路器手合开入，同时模拟Ⅱ母上故障（同时母联有电流），满足差动条件，这时Ⅱ母差动保护动作。

充电到故障母线测试如表 6-9 所示，以 A 相电流为例。

表 6-9 充电到故障母线测试

测试项目	状态 1（10s）	状态 2（30ms）	状态 3（1s）
Ⅰ母电压	$U_{Ⅰa}=57.4\angle0°$ V $U_{Ⅰb}=57.4\angle240°$ V $U_{Ⅰc}=57.4\angle120°$ V	$U_{Ⅰa}=57.4\angle0°$ V $U_{Ⅰb}=57.4\angle240°$ V $U_{Ⅰc}=57.4\angle120°$ V	$U_{Ⅰa}=57.4\angle0°$ V $U_{Ⅰb}=57.4\angle240°$ V $U_{Ⅰc}=57.4\angle120°$ V

续表

测试项目	状态 1（10s）	状态 2（30ms）	状态 3（1s）
Ⅱ母电压	$U_{Ⅱa}=0\angle 0^\circ$ V $U_{Ⅱb}=0\angle 240^\circ$ V $U_{Ⅱc}=0\angle 180^\circ$ V	$U_{Ⅱa}=0\angle 0^\circ$ V $U_{Ⅱb}=0\angle 240^\circ$ V $U_{Ⅱc}=0\angle 180^\circ$ V	$U_{Ⅱa}=0\angle 0^\circ$ V $U_{Ⅱb}=0\angle 240^\circ$ V $U_{Ⅱc}=0\angle 180^\circ$ V
母联断路器　A 相电流	$I_{1a}=0\angle 0^\circ$ A	$I_{1a}=0\angle 0^\circ$ A	$I_{1a}=4\angle 0^\circ$ A
支路 4　A 相电流	$I_{4a}=1.2\angle 180^\circ$ A	$I_{4a}=1.2\angle 180^\circ$ A	$I_{4a}=2.0\angle 0^\circ$ A
支路 5　A 相电流	$I_{5a}=1.2\angle 0^\circ$ A	$I_{5a}=1.2\angle 0^\circ$ A	$I_{5a}=2.0\angle 0^\circ$ A
母联断路器位置	三相跳位	跳位	合位
手合开入	0	1	1

1）试验步骤：用状态序列模块参照表 6－9 所示加量，核对报文及母联断路器及支路 4、5 动作出口时间。

2）试验现象：

① 状态 1：Ⅰ母负荷平衡，Ⅱ母无压，母联跳位无流，具备充电前条件。

② 状态 2：手合开入，满足充电条件，保护识别出充电过程。

③ 状态 3：Ⅱ母母线故障，母联支路流过故障电流，母联有流不满足闭锁差动保护动作条件，Ⅱ母差动保护动作，Ⅱ母差动跳母联断路器。

7. 母联死区保护

（1）母联断路器处于合位时（并列运行）的死区故障：模拟母联并列运行（不投分列压板、不施加跳位开入），母联断路器和 TA 之间发生故障，保护应该先跳断路器侧母线，延时跳 TA 侧母线。

测试用例：将支路 4 挂在Ⅰ母运行，支路 5 挂Ⅱ母运行，母联断路器正极性接入，母联 TA 装Ⅱ母侧。

母联断路器处于合位时（并列运行）的死区故障测试如表 6－10 所示，以 A 相电流为例。

表 6－10　　母联断路器处于合位时（并列运行）的死区故障测试

测试项目	状态 1（10s）	状态 2（30ms）	状态 3（1s）
母联断路器　A 相电流	$I_{1a}=2\angle 0^\circ$ A	$I_{1a}=2\angle 0^\circ$ A	$I_{1a}=2\angle 0^\circ$ A
支路 4　A 相电流	$I_{4a}=2\angle 180^\circ$ A	$I_{4a}=2\angle 0^\circ$ A	$I_{4a}=0\angle 0^\circ$ A
支路 5　A 相电流	$I_{5a}=2\angle 0^\circ$ A	$I_{5a}=2\angle 0^\circ$ A	$I_{5a}=2.0\angle 0^\circ$ A
母联断路器位置	合位	合位	跳位

1）试验步骤：用状态序列模块参照表 6－10 所示加量，核对报文及母联断路器及支路 4、5 动作出口时间。

2）试验现象：

① 状态 1：Ⅰ母负荷平衡，装置不启动。

② 状态 2：模拟死区故障，Ⅰ母差动保护动作，跳开支路 4 和母联。

③ 状态 3：跳位翻转后，延时 150ms 封母联 TA，Ⅱ母差动保护动作跳开支路 5。

（2）母联断路器处于跳位时（分列运行）的死区故障：给上母联断路器跳闸位置继电器（TWJ）开入，投入分列压板，模拟母线区内故障，保护应只跳母联 TA 侧母线（注意：故障前两母线电压必须正常有压）。

测试用例：将支路 4 挂在Ⅰ母运行（空载运行），支路 5、6 挂Ⅱ母运行，母联断路器正极性接入，母联 TA 装Ⅱ母侧。

母联断路器处于跳位时（分列运行）的死区故障测试如表 6－11 所示，以 A 相电流为例。

表 6－11　　母联断路器处于跳位时（分列运行）的死区故障测试

测试项目	状态 1（10s）	状态 2（1s）
Ⅰ母电压	$U_{\text{I}a}=57.4\angle 0^\circ$ V $U_{\text{I}b}=57.4\angle 240^\circ$ V $U_{\text{I}c}=57.4\angle 120^\circ$ V	$U_{\text{I}a}=0\angle 0^\circ$ V $U_{\text{I}b}=57.4\angle 240^\circ$ V $U_{\text{I}c}=57.4\angle 120^\circ$ V
Ⅱ母电压	$U_{\text{II}a}=57.4\angle 0^\circ$ V $U_{\text{II}b}=57.4\angle 240^\circ$ V $U_{\text{II}c}=57.4\angle 180^\circ$ V	$U_{\text{II}a}=0\angle 0^\circ$ V $U_{\text{II}b}=0\angle 240^\circ$ V $U_{\text{II}c}=0\angle 180^\circ$ V
母联断路器	$I_{1a}=0\angle 0^\circ$ A	$I_{1a}=4\angle 0^\circ$ A
支路 4　A 相电流	$I_{4a}=0\angle 0^\circ$ A	$I_{4a}=0\angle 0^\circ$ A
支路 5　A 相电流	$I_{5a}=2\angle 0^\circ$ A	$I_{5a}=2\angle 0^\circ$ A
支路 6　A 相电流	$I_{6a}=2\angle 180^\circ$ A	$I_{6a}=2\angle 0^\circ$ A
母联断路器位置	跳位	跳位

1）试验步骤：用状态序列模块参照表 6－11 所示加量，核对报文及母联断路器及支路 4、5、6 动作出口情况。

2）试验现象：

① 状态 1：Ⅰ母负荷平衡，装置不启动。

② 状态 2：模拟死区故障，Ⅱ母差动保护动作，跳开支路 5、6 和母联断路器。

8. 交流断线告警

在任一支路通入电流大于 TA 断线闭锁电流定值，装置延时 7s 发“×× TA 断线”信号，点“异常”灯，并通过母线 TA 断线判别逻辑按相闭锁母线差动保护。

在任一支路通入电流大于 TA 异常告警电流定值，装置延时 7s 发“×× TA 异常”信号，点“异常”灯，但不闭锁任何保护。

在任意母线上施加小于 $0.52U_N$（对应二次值为 30V）的正序电压或者大于 $0.105U_N$（对应二次值为 6V）的负序电压，装置延时 10s 发“TV 断线”信号，点“异常”灯。

9. 断路器失灵保护

实验时投入失灵保护控制字和软压板。

（1）失灵保护逻辑：

对于分相跳闸接点的启动方式：加任一相启失灵开入，并在对应支路的对应相别施加大于失灵相电流（同时满足整定的零序/负序电流定值）定值的电流，失灵保护动作。

而对于三相跳闸接点的启动方式：加三相启失灵开入，并在对应支路的任一相别施加大于失灵相电流（同时满足整定的零序/负序电流定值）定值的电流，失灵保护动作。

注：线路支路是相电流跟零负序的逻辑与，变压器支路时相电流跟零负序的逻辑或；对于变压器支路可以由差动保护跳支路来启动该支路的失灵保护。

试验方法：差动保护动作跳变压器支路后，继续在此变压器支路上施加大于失灵定值的电流，这时失灵保护动作。

失灵保护启动后可选择经失灵保护 1 时限跳母联，同时再次动作于该线路断路器，经失灵保护 2 时限切除该支路所在母线的各个连接支路。

（2）失灵电流元件：在满足电压闭锁元件动作的条件下，分别检验失灵保护的相电流、负序和零序电流定值，误差应在±2.5%以内。

注：线路支路的相电流门槛为 $0.05I_N$。

（3）低功率因数元件：在满足电压闭锁元件动作的条件下，线路支路施加三相失灵开入（主变压器支路施加三相失灵开入或存在差动跳主变压器状态），同时施加任一相电压大于 10V，待测断路器失灵支路同名相施加大于 $0.05I_N$ 的相电流，且施加的相电压和相电流的夹角设置为 90°，则该相低功率因数元件动作。以Ⅱ母主变压器支路为例，测试仪施加量值具体如表 6－12 所示。

表 6－12　　测试仪施加量值

测试项目	状态 1（10s）	状态 2（1s）	状态 3（5s）
Ⅱ母 A 相电压	$U_{Ⅱa}=57.4\angle 0°$ V	$U_{Ⅱa}=20\angle 0°$ V	$U_{Ⅱa}=57.4\angle 0°$ V
Ⅱ母 B 相电压	$U_{Ⅱb}=57.4\angle 240°$ V	$U_{Ⅱb}=20\angle 240°$ V	$U_{Ⅱb}=57.4\angle 240°$ V
Ⅱ母 C 相电压	$U_{Ⅱc}=57.4\angle 180°$ V	$U_{Ⅱc}=20\angle 180°$ V	$U_{Ⅱc}=57.4\angle 180°$ V
支路 5　A 相电流	$I_{5a}=0\angle 0°$ A	$I_{5a}=0.3\angle 90°$ A	$I_{5a}=0\angle 0°$ A
支路 5　三相失灵开入	分位	合位	分位

（4）电压闭锁定值：在满足失灵电流元件动作的条件下，分别检验保护的电压闭锁元件中相低电压、负序和零序电压定值，误差应在±2.5%以内。

10. 母联过电流保护

实验时投入母联过电流保护控制字和软压板。

向母联支路继续通入大于母联过电流保护电流定值的电流，经母联过电流保护整定延时保护动作跳母联断路器。

11. 母联非全相保护

实验时投入母联非全相保护控制字和软压板。

模拟母联断路器某相断开可进入母联非全相运行，向母联支路继续通入电流，满足母联零序电流大于母联非全相零序电流定值，或母联负序电流大于母联非全相负序电流定值，经非全相整定延时跳母联断路器。

在所有保护性能试验完毕后，将修改过定值恢复成定值通知单所列内容。

6.4　变压器保护调试流程及验收标准

6.4.1　变压器保护信息流介绍

图 6－4 完整地展示了 220kV 变压器保护（单套）的光纤链路连接情况：合并单元、智能终端采集一次设备信息通过光纤以直连的方式传送至变压器保护，

经变压器保护计算后，通过光纤实现对一次设备的控制。

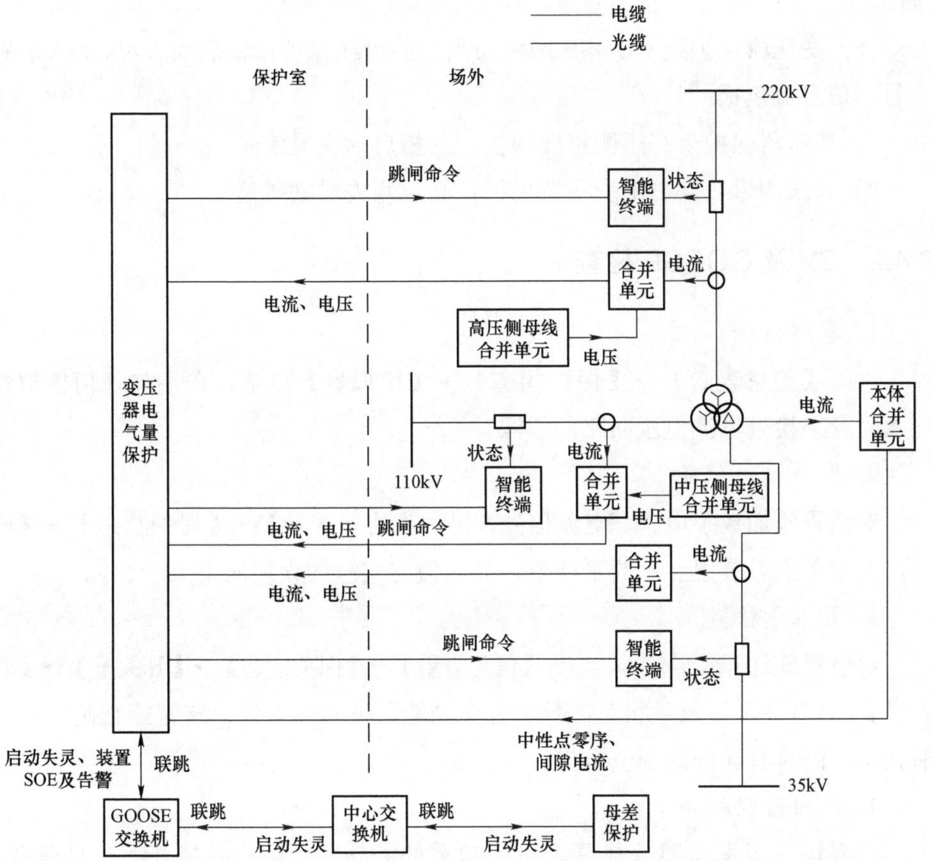

图6-4 220kV变压器保护链路信息流

说明：

（1）场外与保护室的联系通过光缆连接。

（2）图中省略了合并单元、智能终端、保护装置等与其他装置的连接。

（3）图中省略了保护装置与站控层的连接。

（4）变压器保护三侧电流、电压以直采方式从各侧合并单元获取，高、中侧母线电压由对应侧母线合并单元通过SV级联送入各侧间隔合并单元，低压侧母线电压由低压侧合并单元直接采集模拟量（图中省略），本体合并单元采集各侧中性点零序及间隙电流，单向信息流包括变压器各侧电流、电压、变压器中性点零序、间隙电流。

（5）变压器保护经点对点直跳光纤到各侧智能终端，完成断路器的跳闸功能，单向信息流包括：高压侧 TJR 闭锁重合闸三相跳闸、中低压侧闭锁重合闸跳闸。

（6）变压器保护经 GOOSE 网络与高压侧母线保护传输启动失灵、失灵联跳信号，信息流包括：

1）变压器保护至高压侧母线保护：三相启动失灵信号。

2）高压侧母线保护至变压器保护：高压侧失灵联跳信号。

6.4.2 SV 及 GOOSE 检查

1. 零漂检查

进入【信息查看】→【保护状态】→【模拟量】菜单，在不加任何模拟量输入时分别检查电流电压回路的零漂。

2. 采样精度试验

对装置施加数字电压、电流信号，进入【信息查看】→【保护状态】→【模拟量】菜单查看装置显示的采样值，显示值与实测的误差应不大于 5%。

3. 开入量检查

对装置施加开关量信号，进入【信息查看】→【保护状态】→【开关量】→【开入量】，查看各个开入量状态，投退各个功能压板和开入量，装置能正确显示当前状态，同时有详细的变位报告。

4. 开出传动检查

在现场可根据需要选择是否进行装置的 GOOSE 传动或带开关传动试验。装置投保护检修状态硬压板之后，所开出的 GOOSE 带“检修位”标志。

（1）当进行 GOOSE 传动时应保证接收端设备没有投入检修，以防止直接跳开断路器。

（2）当进行带开关传动试验时智能单元也应投入检修，如果智能单元不开出，请检查智能单元是否投入检修。

注：请确认智能单元是否有判别 GOOSE 检修不一致功能，否则可能导致误跳断路器的情况。通信对点试验时，保护发出的信息点带有检修位标志。

5. 装置开出触点传动

在进行装置通道传动时，保护装置投保护检修状态硬压板，智能单元应不投保护检修状态硬压板，在进行此项试验时，应保证本装置跳闸 GOOSE 不开出。主变压器保护 GOOSE 开出检查表如表 6-13 所示。

表 6 – 13　　智能变电站主变压器保护 GOOSE 开出检查表

序号	GOOSE 开出检查均正确　　是□　否□		
	操作命令	GOOSE 开出情况	备注
1	跳高压 1 侧断路器	跳高压 1 侧断路器出口	
2	启动高压 1 侧失灵	启动高压 1 侧失灵出口	
3	跳高压 2 侧断路器	跳高压 2 侧断路器出口	
4	启动高压 2 侧失灵	启动高压 2 侧失灵出口	
5	跳高压侧母联 1	跳高压侧母联 1 出口	
6	跳高压侧母联 2	跳高压侧母联 2 出口	
7	跳高压侧分段 1	跳高压侧分段 1 出口	
8	跳高压侧分段 2	跳高压侧分段 2 出口	
9	跳中压侧断路器	跳中压侧断路器出口	
10	启动中压侧失灵	启动中压侧失灵出口	
11	跳中压侧母联 1	跳中压侧母联 1 出口	
12	跳中压侧母联 2	跳中压侧母联 2 出口	
13	跳中压侧分段 1	跳中压侧分段 1 出口	
14	跳中压侧分段 2	跳中压侧分段 2 出口	
15	闭锁中压侧备自投	闭锁中压侧备自投出口	
16	跳低压 1 分支断路器	跳低压 1 分支断路器出口	
17	跳低压 1 分支分段	跳低压 1 分支分段出口	
18	闭锁低压 1 分支备自投	闭锁低压 1 分支备自投出口	
19	跳低压 2 分支断路器	跳低压 2 分支断路器出口	
20	跳低压 2 分支分段	跳低压 2 分支分段出口	
21	闭锁低压 2 分支备自投	闭锁低压 2 分支备自投出口	
22	跳闸备用 1	跳闸备用 1 出口	
23	跳闸备用 2	跳闸备用 2 出口	
24	跳闸备用 3	跳闸备用 3 出口	
25	跳闸备用 4	跳闸备用 4 出口	
26	保护动作	保护动作信号	
27	过负荷	过负荷信号	

6. 带开关传动试验

首先必须投入保护功能压板以及 GOOSE 发送压板。

进行传动断路器检验之前，控制室和开关站均应有专人监视，应具备良好的通信联络设备，便于观察断路器和保护装置动作相别是否一致，监视信号装置的动作、指示等是否正确。发生异常情况时，立即停止检验，查明原因并改正后再继续进行。

传动断路器检验应在确保检验质量的前提下，尽可能减少断路器的动作次数。根据此原则，应按照跳闸方式的不同进行传动试验：

（1）模拟故障让母联或分段断路器动作，其他断路器不动作。

（2）模拟故障让本侧断路器动作，其他断路器不动作。

（3）模拟故障让各侧断路器动作，母联或分段断路器不动作。

（4）也可直接使用保护装置的“出口传动”功能对相应的断路器进行传动。

6.4.3 保护定值校验

1. 设备参数定值

设备参数定值中的参数皆是变压器、TV、TA 的基本参数，决定着变压器保护装置中整定计算中的平衡系数、额定电流及转角公式。

已知某变压器参数如下：

额定容量：180/180/90MVA；

变比：（220±8×2.5%）kV/115kV/10.5kV；

接线方式：YNa0d11，高压侧不带桥，低压侧无分支，低压侧无电抗器及接地变，TA 二次接线均为星形；

高压侧 TA 变比：600/5（10P）；

高压侧零序 TA 变比：300/5（10P）；

高压侧间隙 TA 变比：300/5（10P）；

中压侧 TA 变比：1200/5（10P）；

中压侧零序 TA 变比：300/5（10P）；

中压侧间隙 TA 变比：300/5（10P）；

低压侧 TA 变比：6000/5（10P）。

根据以上设备参数可进行额定电流计算：

高压侧额定电流 $I_{He}=\dfrac{S_H}{\sqrt{3}\times U_H\times n_H}=\dfrac{180MVA}{\sqrt{3}\times 220kV\times\dfrac{600}{5}}=3.936A$；

中压侧额定电流 $I_{Me}=\dfrac{S_M}{\sqrt{3}\times U_M\times n_M}=\dfrac{180MVA}{\sqrt{3}\times 115kV\times\dfrac{1200}{5}}=3.765A$；

低压侧额定电流 $I_{Le}=\dfrac{S_L}{\sqrt{3}\times U_L\times n_L}=\dfrac{90MVA}{\sqrt{3}\times 10.5kV\times\dfrac{6000}{5}}=4.124A$。

以高压侧为基准进行归算：

高压侧平衡系数 $K_{HP}=\dfrac{I_{He}}{I_{He}}=\dfrac{3.936}{3.936}=1$；

中压侧平衡系数 $K_{MP}=\dfrac{I_{He}\times S_M}{I_{Me}\times S_H}=\dfrac{3.936}{3.765}=1.045$；

低压侧平衡系数 $K_{LP}=\dfrac{I_{He}\times S_L}{I_{Le}\times S_H}=\dfrac{3.936\times 90MVA}{4.124\times 180MVA}=0.477$。

按照Y→△方式进行相角修正：

$$\begin{cases}\dot{I}'_{aY}=\dfrac{\dot{I}_{aY}-\dot{I}_{bY}}{\sqrt{3}}\\ \dot{I}'_{bY}=\dfrac{\dot{I}_{bY}-\dot{I}_{cY}}{\sqrt{3}}\\ \dot{I}'_{cY}=\dfrac{\dot{I}_{cY}-\dot{I}_{aY}}{\sqrt{3}}\end{cases}\qquad\begin{cases}\dot{I}'_{a\triangle}=\dot{I}_{a\triangle}\\ \dot{I}'_{b\triangle}=\dot{I}_{b\triangle}\\ \dot{I}'_{c\triangle}=\dot{I}_{c\triangle}\end{cases}\qquad(6-1)$$

式中：$\dot{I}_{aY}$、$\dot{I}_{bY}$、$\dot{I}_{cY}$ 为Y侧TA二次电流，试验时为试验仪所施加的电流；$\dot{I}'_{aY}$、$\dot{I}'_{bY}$、$\dot{I}'_{cY}$ 为Y侧校正后的各相电流；$I_{a\triangle}$、$I_{b\triangle}$、$I_{c\triangle}$ 为△侧TA二次电流，试验时为试验仪所施加的电流；$\dot{I}'_{a\triangle}$、$\dot{I}'_{b\triangle}$、$\dot{I}'_{c\triangle}$ 为△侧校正后的各相电流。

按照△→Y方式进行相角修正：

$$\begin{cases}\dot{I}'_{aY}=\dot{I}_{aY}-\dfrac{1}{3}\times(\dot{I}_{aY}+\dot{I}_{bY}+\dot{I}_{cY})\\ \dot{I}'_{bY}=\dot{I}_{bY}-\dfrac{1}{3}\times(\dot{I}_{aY}+\dot{I}_{bY}+\dot{I}_{cY})\\ \dot{I}'_{cY}=\dot{I}_{cY}-\dfrac{1}{3}\times(\dot{I}_{aY}+\dot{I}_{bY}+\dot{I}_{cY})\end{cases}\qquad\begin{cases}\dot{I}'_{a\triangle}=\dfrac{\dot{I}_{a\triangle}-\dot{I}_{c\triangle}}{\sqrt{3}}\\ \dot{I}'_{b\triangle}=\dfrac{\dot{I}_{b\triangle}-\dot{I}_{a\triangle}}{\sqrt{3}}\\ \dot{I}'_{c\triangle}=\dfrac{\dot{I}_{c\triangle}-\dot{I}_{b\triangle}}{\sqrt{3}}\end{cases}\qquad(6-2)$$

差动电流计算：

$$\begin{cases} I_{dA} = \left| K_{HP}\dot{I}_{Ha} + K_{MP}\dot{I}_{Ma} + K_{LP}\dot{I}_{La} \right| \\ I_{dB} = \left| K_{HP}\dot{I}_{Hb} + K_{MP}\dot{I}_{Mb} + K_{LP}\dot{I}_{Lb} \right| \\ I_{dC} = \left| K_{HP}\dot{I}_{Hc} + K_{MP}\dot{I}_{Mc} + K_{LP}\dot{I}_{Lc} \right| \end{cases}$$

本节将以 WBH－801T2－DA－G 变压器保护为例，针对 220kV 电压等级的智能变电站变压器保护装置调试流程进行介绍。该装置采用 Y→△进行相角修正方式。

当试验仪加入低压侧 A 相单相电流 $1\angle0°$ A 时，保护只测到一相电流。

$$K_{LP} \times 1\angle0°\text{A} = 0.477\angle0°\text{A}$$

当试验仪加入中压侧 A 相单相电流 $1\angle0°$ A 时，保护测到 A、C 两相电流。

A 相：
$$\frac{K_{MP} \times 1\angle0°\text{A}}{\sqrt{3}} = 0.603\angle0°\text{A}$$

C 相：
$$\frac{K_{MP} \times 1\angle180°\text{A}}{\sqrt{3}} = 0.603\angle180°\text{A}$$

试验仪加入高压侧 A 相单相电流情况与中压侧类似。

试验仪加入 B、C 相单相电流可按上述公式推导。

利用单相电流进行试验时，所加电流值与保护装置测到的电流幅值除了要考虑平衡系数外，还应考虑相位修正时对其他相别的影响以及 $\sqrt{3}$ 倍的关系。当同时加入三相对称电流时，仅需考虑平衡系数的影响。

2. *差动保护试验*

WBH－801T2－DA－G 变压器保护差动保护动作特性曲线如图 6－5 所示。

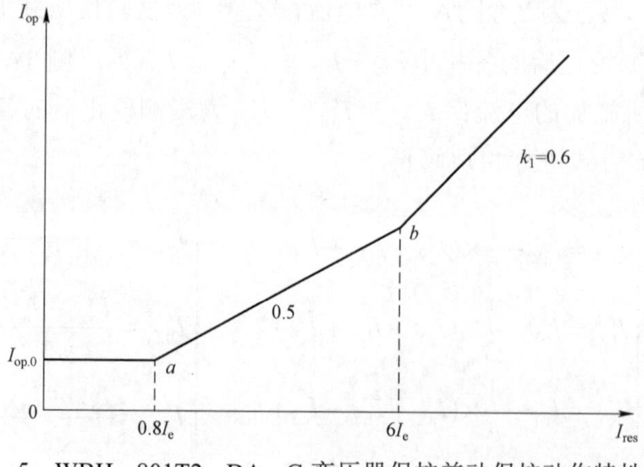

图 6－5　WBH－801T2－DA－G 变压器保护差动保护动作特性曲线

其中，$I_{op.0}$ 为差动保护启动电流定值，I_{res} 为差动保护制动电流。

投入“差动保护软压板”“差动保护控制字”“差动速断控制字”，投入高压侧电流 SV 软压板、中压侧电流 SV 软压板、低压侧电流 SV 软压板，用校验仪分别连接高压侧电流、中压侧电流、低压侧电流三根 SV 光纤，配置校验仪输出，检查装置无“电流 SV 断链”“差动保护闭锁”告警信号后即可加量试验。

（1）纵联差动保护启动电流定值试验：利用单相电流进行试验时，高、中压侧试验公式为 $I=\dfrac{\sqrt{3}I_{op.0}}{K_P}$，低压侧试验公式为 $I=\dfrac{I_{op.0}}{K_P}$，其中 I 为调试时加入电流，K_P 为加电流侧的平衡系数。

若差动保护启动电流定值整定为 0.254，该定值项单位为 I_e，是以高压侧额定电流为基准值的标幺量，则 $I_{op.0}=0.254\times3.936\text{A}=1\text{A}$。

分别对高、中、低压侧进行差动保护启动试验如下：

1）高压侧加入单相电流 $I=\dfrac{\sqrt{3}I_{op.0}}{K_P}=\dfrac{\sqrt{3}\times1\text{A}}{1}=1.732\text{A}$，差动保护动作；液晶屏幕弹出相应的动作报文。

2）中压侧加入单相电流 $I=\dfrac{\sqrt{3}I_{op.0}}{K_P}=\dfrac{\sqrt{3}\times1\text{A}}{1.045}=1.657\text{A}$，差动保护动作；液晶屏幕弹出相应的动作报文。

3）低压侧加入单相电流 $I=\dfrac{I_{op.0}}{K_P}=\dfrac{1\text{A}}{0.477}=2.096\text{A}$，差动保护动作；液晶屏幕弹出相应的动作报文。

（2）比率制动系数试验：试验时，按每两侧之间进行试验，即高对中、高对低、中对低分别进行。两侧电流反相位输入，在制动区找出两个动作点来试验比率制动系数。

比率制动系数 $S=\dfrac{I_{op.1}-I_{op.2}}{I_{res.1}-I_{res.2}}$，其中 $I_{op.1}$、$I_{res.1}$ 为动作点 1 的动作电流和制动电流，$I_{op.2}$、$I_{res.2}$ 为动作点 2 的动作电流和制动电流。

在制动区找出两个动作点来进行试验比率制动系数，注意应使其他侧不进入动作区而混淆动作边界。

1）高压侧对中压侧进行单相试验：高压侧加入 A 相 $I_1\angle0^\circ$（使 $I_1>\sqrt{3}I_{res.0}$），中压侧加入 A 相电流为 $I_2\angle180^\circ$，调整 I_1、I_2 幅值大小，使其乘以各自平衡系

数后差流为0，可通过保护装置液晶面板查看差流情况。

固定I_1（或I_2），降低I_2（或I_1），使得差动保护动作，记录动作点，再寻找另一动作点计算制动系数S，误差应符合技术条件的要求。

该装置固定$I_{res.0}=0.8I_e=3.15A$，$S=0.5$。若加入电流$I_1=9\angle0°A$，$I_2=8.612\angle180°A$，缓慢降低电流I_1，使得差动保护刚好动作，读取此时的$I_1=5.5\angle0°A$；再加入电流$I_1=12\angle0°A$，$I_2=11.483\angle180°A$，缓慢降低电流I_1，使得差动保护刚好动作，读取此时的$I_1=7\angle0°A$。根据上述公式可算出$S=0.5$。

2）高压侧对低压侧进行单相试验：根据前述内容推导，高压侧通入单相电流，该装置会在两相产生差流。低压侧需要通入两相电流进行补偿。

高压侧加入A相$I_1\angle0°$（使$I_1>\sqrt{3}I_{res.0}$），低压侧加入A、C两相电流分别为$I_2\angle180°$、$I_3\angle0°$，调整I_1、I_2、I_3幅值大小，使其乘以各自平衡系数后A、C相差流均为0，可通过保护装置液晶面板查看差流情况（$|I_2|=|I_3|=\left|\frac{I_1K_{HP}}{\sqrt{3}K_{LP}}\right|$）。

固定I_1、I_3，降低I_2，使得差动保护动作，记录动作点，再寻找另一动作点计算制动系数S，误差应符合技术条件的要求。

若加入电流$I_1=9\angle0°A$，$I_2=10.89\angle180°A$，$I_3=10.89\angle0°A$，缓慢降低电流I_2，使得差动保护刚好动作，读取此时的$I_2=6.65\angle180°A$；再加入电流$I_1=12\angle0°A$，$I_2=14.52\angle180°A$，$I_3=14.52\angle0°A$，缓慢降低电流I_2，使得差动保护刚好动作，读取此时的$I_2=8.47\angle180°A$。根据上述公式可算出$S=0.5$。

3）中压侧对低压侧进行单相试验：试验方法同2），需注意平衡系数的区别。

（3）差动速断校验：利用单相电流进行试验时，高、中压侧试验公式为$I=\frac{\sqrt{3}I_{sd}}{K_P}$，低压侧试验公式为$I=\frac{I_{sd}}{K_P}$，其中$I_{sd}$为差动速断动作整定值。

若差动速断保护电流定值整定为3.811，该定值项单位为I_e，是以高压侧额定电流为基准值的标幺量，则$I_{op.0}=3.811\times3.936A=15A$。

分别对高、中、低压侧进行差动保护启动试验如下：

1）高压侧加入单相电流$I>\frac{\sqrt{3}I_{sd}}{K_P}=\frac{\sqrt{3}\times15A}{1}=25.98A$，差动速断保护动作；加入单相电流$I<25.98A$，差动速断保护不动作，仅差动保护动作，液晶屏幕弹出相应的动作报文。

2）中压侧加入单相电流 $I > \frac{\sqrt{3}I_{sd}}{K_P} = \frac{\sqrt{3} \times 15A}{1.045} = 24.861A$，差动保护动作；加入单相电流 $I < 24.861A$，差动速断保护不动作，仅差动保护动作，液晶屏幕弹出相应的动作报文。

3）低压侧加入单相电流 $I > \frac{I_{sd}}{K_P} = \frac{15A}{0.477} = 31.447A$，差动保护动作；加入单相电流 $I < 31.447A$，差动速断保护不动作，仅差动保护动作，液晶屏幕弹出相应的动作报文。

（4）二次谐波制动试验：该项试验利用数字校验仪的谐波叠加功能进行，二次谐波制动系数默认为 15%，且二次谐波仅制动比率差动保护。差动速断保护不经二次谐波制动。

以高压侧为例：加入单相电流 $I < 25.98A$，且叠加二次谐波电流 $I' > 15\%I$ 时，差动保护不动作；加入单相电流 $I < 25.98A$，且叠加二次谐波电流 $I' < 15\%I$ 时，差动保护动作；加入单相电流 $I > 25.98A$，叠加二次谐波电流 I' 无论多大，差动速断动作。

对中压侧和低压侧进行试验，参照高压侧进行。

（5）差流越限保护：装置设置了差流越限告警功能，当纵联差动保护投入且任一相差动电流大于 0.5 倍纵联差动保护启动电流定值时，延时 5s 报差流越限告警。

试验方法参照（1）纵联差动保护启动电流试验，加入电流时间需超过 5s，装置报警，通过装置液晶屏可查看告警内容。

3. 复压方向过电流保护校验

复压过电流保护作为变压器或相邻元件的后备保护，对各侧复压过电流保护的各时限、复合电压元件及相间功率方向元件可通过相应保护投退控制字进行投退。以进行高后备保护校验为例，投入高压侧 SV 软压板、投入高后备保护控制字、投入高压侧电压软压板。投入高压侧复压过电流Ⅰ段经复压闭锁控制字、投入高压侧复压过电流Ⅰ段经方向控制字、退出高复压过电流Ⅰ段指向母线控制字。复压过电流保护动作特性如图 6-6 所示。

（1）复压闭锁校验：低电压定值设为 70V，负序电压定值设为 6V。

1）加入三相正常电压，待高压侧 TV 断线复归后试验。

高压侧加入一相动作电流 $I_A = 1.05 \times I_{op.I} \angle -60^\circ A$，$I_B = 0$，$I_C = 0$。

$U_A = 0.95\times70V \div \sqrt{3} = 38.4\angle0°V$，$U_B = 38.4\angle-120°V$，$U_C = 38.4\angle120°V$。

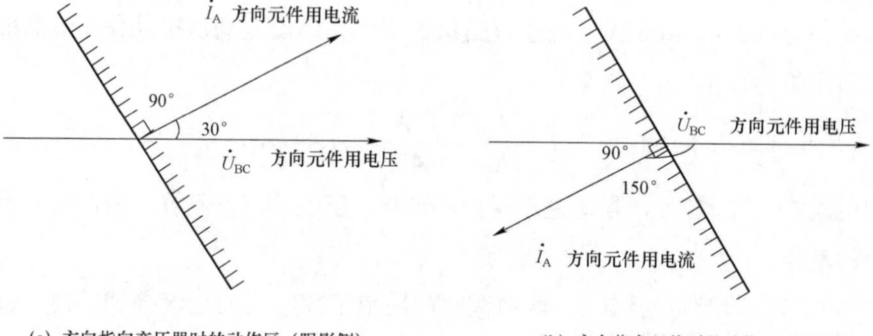

图 6－6　复压方向元件的动作特性图

高压侧复压过电流Ⅰ段 1 时限动作，查看保护装置报文是否正确显示。

2）加入三相正常电压，待高压侧 TV 断线复归后试验。

高压侧加入一相动作电流 $I_A = 1.05\times I_{op.I}\angle-60°A$，$I_B = 0$，$I_C = 0$。

$U_A = 1.05\times70V \div \sqrt{3} = 42.4\angle0°V$，$U_B = 42.4\angle-120°V$，$U_C = 42.4\angle120°V$。

高压侧复压过电流Ⅰ段 1 时限不动作，查看保护装置报文、告警是否正确显示。

3）加入三相正常电压，待高压侧 TV 断线复归后试验。

高压侧加入一相动作电流 $I_A = 1.05\times I_{op.I}\angle-60°A$，$I_B = 0$，$I_C = 0$。

$U_A = 1.05\times6V\times3 + 57.7V = 76.6\angle0°V$，$U_B = 57.7\angle-120°V$，$U_C = 57.7\angle120°V$。

高压侧复压过电流Ⅰ段 1 时限动作，查看保护装置报文、告警是否正确显示。

4）加入三相正常电压，待高压侧 TV 断线复归后试验。

高压侧加入一相动作电流 $I_A = 1.05\times I_{op.I}\angle-60°A$，$I_B = 0$，$I_C = 0$。

$U_A = 0.95\times6V\times3 + 57.7V = 74.8\angle0°V$，$U_B = 57.7\angle-120°V$，$U_C = 57.7\angle120°V$。

高压侧复压过电流Ⅰ段 1 时限不动作，查看保护装置报文、告警是否正确显示。

（2）方向闭锁校验：加入三相正常电压，待高压侧 TV 断线复归后试验。

高压侧加入动作电流 $I_A = 1.05\times I_{op.I}$。

$U_A = 35\angle 0°V$，$U_B = 35\angle -120°V$，$U_C = 35\angle 120°V$。

方向设置指向变压器，动作角度为 $30° > \varphi_{I_A} > -150°$。校验该方向元件的动作边界应该在该值 ±5° 范围以内。

（3）过电流定值校验。

1）加入三相正常电压，待高压侧 TV 断线复归后试验。

高压侧加入动作电流 $I_A = 1.05 \times I_{op.I}\angle -60°$。

$U_A = 35\angle 0°V$，$U_B = 35\angle -120°V$，$U_C = 35\angle 120°V$。

高压侧复压过电流Ⅰ段 1 时限动作，查看保护装置报文、告警是否正确显示。

2）加入三相正常电压，待高压侧 TV 断线复归后试验。

高压侧加入动作电流 $I_A = 0.95 \times I_{op.I}\angle -60°$。

$U_A = 35\angle 0°V$，$U_B = 35\angle -120°V$，$U_C = 35\angle 120°V$。

高压侧复压过电流Ⅰ段 1 时限不动作，查看保护装置报文、告警是否正确显示。

（4）经其他侧复压闭锁校验：将高压侧电压软压板退出，投入中压侧电压软压板，投入经其他侧复压闭锁控制字。在中压侧加入动作电压、高压侧加入动作电流，参照复压闭锁校验方法进行，可实现高压侧复压过电流保护动作。

高压侧复压过电流Ⅱ段、Ⅲ段参照上述试验步骤进行。

中压侧过电流保护、低压侧过电流保护校验参照高压侧过电流保护试验步骤进行。

4. 零序保护校验

以高后备零序保护校验为例，中后备、低后备零序保护试验方法相同。零序方向元件动作特性如图 6-7 所示。

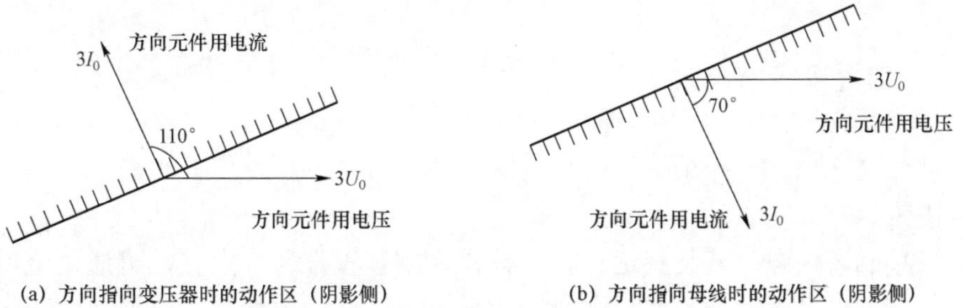

图 6-7　零序方向元件动作特性

投入高后备保护软压板、高压侧电压软压板、零序保护控制字。加入三相正常电压，待高压侧 TV 断线复归后进行试验。

方向闭锁校验、过电流定值校验方法参照复压过电流方向保护校验方法进行。

5. 间隙保护校验

间隙保护包含间隙过电流保护和零序过电压保护。间隙电流取自放电间隙处电流互感器，零序电压可通过“零序电压采用自产零压”控制字选择自产零序电压或外接零序电压，控制字整定为“0”时取外接零序电压，控制字整定为“1”时取自产零序电压。

间隙电流定值由装置固定为一次值 100A。零序电压定值取外接时 $3U_0$ 固定为 180V，取自产时 $3U_0$ 固定为 120V。

（1）间隙过电流校验：故障状态时间为延时时间整定值增加 50ms，施加间隙零序电流为 1.05 倍间隙电流定值，装置面板指示灯亮，液晶显示动作报文“高间隙保护动作”。

故障状态时间为延时时间整定值增加 50ms，施加间隙零序电流为 0.95 倍间隙电流定值，保护不动作。

（2）零序过电压校验：故障状态时间为延时时间整定值增加 50ms，施加零序电压为 1.05 倍零序过电压定值，装置面板指示灯亮，液晶显示动作报文“高间隙保护动作”。

故障状态时间为延时时间整定值增加 50ms，施加零序电压为 0.95 倍零序过电压定值，保护不动作。

6.5 保护装置典型异常现象、影响及处理措施

6.5.1 装置运行状态说明

（1）运行状态：正常运行时，运行灯常亮。若运行灯熄灭则表示装置不处于工作状态。

（2）报警状态：若装置运行存在异常，则装置报警灯点亮，可通过查看装置面板确定报警内容。部分报警状态待报警消失后，报警灯可自动熄灭；也存在部分报警内容在异常消失后，报警灯不会自动熄灭，如 TA 断线造成的报警，

若外部恢复正常后，需手动复归装置后方可熄灭报警灯。因此，若装置报警灯点亮，可查看装置面板确定告警状态，进而消除缺陷，若查看面板得知无告警信息，可尝试按下复归按钮熄灭告警灯。

（3）跳闸状态：当保护动作出口时点亮跳闸灯。该信号灯在故障消失后不会自动熄灭，需按下“信号复归”按钮或者接收远方信号复归后方可熄灭。若保护装置跳闸信号灯点亮，可通过装置面板查看跳闸内容，调取保护装置运行定值内容及故障跳闸录波文件等信息，结合电网一次运行方式针对故障内容进行分析，同时可查看相关其他保护装置的动作信息及动作录波文件等信息，进行结合分析，待故障分析结束后复归跳闸指示灯。

6.5.2　典型异常状态及处理建议

1. 装置报警

（1）故障现象：装置发出报警信号，此时装置还可以继续工作。

（2）原因分析：当装置 CPU 检测到装置长期启动、不对应启动、传动试验报警、TA 断线或异常、TV 异常等情况时，会使装置告警。

（3）安全措施：装置跳闸回路做好安全防护措施，防止跳闸回路误动。

（4）操作验证：通过查看装置面板确定具体告警信息，检查相应电压或电流二次回路的连接情况是否正确，应用万用表检查相应电压端子的交流电压与装置显示是否一致，应用钳形电流表检查相应电流二次线的交流电流与装置显示是否一致。进而进一步判断是二次回路问题还是装置插件问题，若是装置插件问题，需要更换插件进行处理。

2. 装置闭锁

（1）故障现象：此时装置运行指示灯熄灭、报警灯点亮，装置无法正常工作。

（2）原因分析：当装置 CPU 检测到装置本身硬件故障时，发装置闭锁信号，闭锁整套保护。硬件故障包括采样异常、跳闸出口异常、定值出错等。当装置出现配置文件错误等配置问题时，装置亦会闭锁所有保护功能。

（3）安全措施：保护装置改信号。

（4）操作验证：通过查看装置面板确定具体异常信息，若为配置问题，需检查装置信息中板卡信息设置情况；若为硬件问题，需检查相应的板卡是否异常，可通过更换板卡的方式检查保护装置能够恢复正常。

3. SV断链或SV异常

（1）故障现象：保护装置报“××× SV链路中断”“××× SV无效”或“××× SV出错”等告警信息。此时保护装置报警信号灯点亮，闭锁涉及相关SV采样通道数据的保护功能。

（2）原因分析：当保护装置检测到从合并单元接收到的SV光纤中无SV数据帧时，保护装置报“××× SV链路中断”。

当保护装置检测到从合并单元接收的SV数据帧中的电流或者电压通道状态品质位异常，或者保护装置检测到从合并单元接收的SV数据帧计数器出现缺帧、跳帧、错帧等情况，保护装置报“××× SV无效”或“××× SV出错”等告警信息。

若保护功能逻辑运算不涉及告警的SV采样通道数据，则此保护功能不受影响。

（3）安全措施：保护装置改信号。

（4）操作验证：保护装置接收的SV采样数据均为点对点连接方式，其连接路径为“合并单元→智能终端柜光纤配线架→保护屏光纤配线架→保护装置”。做好相应的安全措施后，从SV发送处逐级断开相应的光纤连接头，利用抓包工具抓取相应的SV报文进行分析，若该断开处无异常，则继续检查下一处光纤连接处。若检查结果为光纤问题，可采用替换备用光纤的方式进行处理；若检查结果为保护装置或合并单元光纤接头存在故障，可采用更换光纤接头的方式进行处理，同时需要更新相应配置文件。

4. GOOSE断链或GOOSE异常

（1）故障现象：保护装置报“××× GOOSE收发不匹配”“××× GOOSE断链”等告警信息。此时保护装置报警信号灯点亮。

（2）原因分析：当保护装置检测到接收的GOOSE数据帧收发双方配置版本、数据集数目、数据类型不匹配等问题，保护装置报“××× GOOSE收发不匹配”；当保护装置长时间无法接收到相应的GOOSE数据帧时，保护装置报“××× GOOSE断链”。

（3）安全措施：保护装置改信号。

（4）操作验证：当保护装置报“××× GOOSE收发不匹配”时，应检查保护装置的配置文件，确认保护装置需接收的GOOSE数据帧的配置版本、数据集数目等信息，然后利用抓包工具截取保护装置接收的GOOSE数据帧进行报文分析，确定保护装置的配置文件具体错误再进行修正。当保护装置报“××× GOOSE 断链”时，应首先判断该 GOOSE 数据帧的数据传输方式为点对点或组网。若点对点接收报文，其传输路径为“智能终端→智能终端柜光纤配线架→保护屏光纤配线架→保护装置”；若组网方式接收报文，其传输路径为“发送设备→发送设备屏内交换机→中心交换机→保护屏内交换机→保护装置”。做好相应的安全措施后，从 GOOSE 发送处逐级断开相应的光纤连接头，利用抓包工具抓取相应的 GOOSE 报文进行分析，若该断开处无异常，则继续检查下一处光纤连接处。若检查结果为光纤问题，可采用替换备用光纤的方式进行处理；若检查结果为设备光纤接头存在故障，可采用更换光纤接头的方式进行处理，同时需要更新相应配置文件。

5. 对时异常

（1）故障现象：保护装置报“对时异常”。

（2）原因分析：智能变电站保护装置一般采用光 B 码对时方式，当保护装置接收光 B 码信号强度过低或接收不到光 B 码信号时，保护装置报“对时异常”。该信号不影响保护装置功能。

（3）操作验证：光 B 码信号传输路径为“对时装置→对时屏光纤配线架→保护屏光纤配线架→保护装置”，应首先断开对时装置处该保护光纤，若检查发现光强不足，直接更换备用光口即可。否则，应逐段排查光纤是否损伤，若光纤损伤需更换备用光纤；若检查光纤无损伤，可判定为保护装置接收光口故障，做好安全措施后重启保护，查看保护对时能否恢复，若无法恢复需更换相应板卡，并更新装置配置文件。

6. 检修不一致

（1）故障现象：保护装置报“检修不一致”，保护装置闭锁相应的保护功能。

（2）原因分析：当保护装置接收的 SV 数据帧或 GOOSE 数据帧中检修状态位与保护装置自身的检修状态不一致时，保护装置报“检修不一致”，保护装置闭锁相应的保护功能。

（3）安全措施：保护装置改信号。

（4）操作验证：查看保护装置面板，通过开入状态、指示灯等检查保护装置为检修状态还是运行状态；通过保护装置面板确认检修不一致的通道，检查发出该数据帧的设备的检修压板、信号灯等状态。通过投退检修压板将检修状态调整一致即可。

7. 采样通道额定延时异常

（1）故障现象：保护装置报“采样通道延时异常”，报警灯点亮，并且闭锁相应差动保护功能。

（2）原因分析：当保护装置从合并单元接收的 SV 数据帧中采样通道延时出现以下情况报“采样通道延时异常”：

1）前后两次连接的合并单元采样通道延时不一致。

2）延时为 0。

3）延时超过 3000μs。

此时保护装置报警灯点亮，并且闭锁相应差动保护功能。

（3）安全措施：保护装置改信号。

（4）操作验证：在做好安全措施的前提下，应采用抓包工具检查合并单元发出的 SV 数据报文中的采样通道额定延时是否不变，且数据在 0～3000μs。若超范围，应调整相应合并单元设置，使其在允许的范围内。

8. 纵联通道异常

（1）故障现象：保护装置报“纵联通道中断”或“纵联通道异常”等信号。此时闭锁相应通道的纵联保护功能。

（2）原因分析：智能变电站线路保护装置纵联通道一般采用光纤纵联通道，当出现保护装置接收到的纵联通道信号弱、无有效帧或误码率较高等情况时，保护装置报“纵联通道中断”或“纵联通道异常”等信号。此时闭锁相应通道的纵联保护功能。

（3）安全措施：退出纵联保护。

（4）操作验证：专用光纤纵联通道的传输路径一般为“保护装置→光纤配线架→线路光缆→对侧光纤配线架→对侧保护”；复用光纤纵联通道的传输路径一般为“保护装置→光纤接口装置→通信设备→通信网→对侧通信设备→对侧光纤接口装置→对侧保护”。应将线路保护装置做好安全措施后，采用逐段收发接口自环的方式进行检查，通过装置面板内通道状态信息可查看自环后的纵联通道的误码率、有效帧、通道延时等信息，从而综合判断纵联通道的具体故障点。

第 7 章

交换机调试及异常处理

交换是按照通信两端传输信息的需要，用人工或设备自动完成的方法把要传输的信息送到符合要求的相应路由上的技术的统称。广义上的交换机就是一种在通信系统中完成信息交换功能的设备。

在计算机网络中，交换概念的提出改进了共享工作模式，这种新的工作模式就是共享网络带宽。交换机是一种智能型设备，工作于数据链路层，以 MAC 地址为基础，对帧进行封装转发操作。交换机可以学习 MAC 地址，并把其存放在内部地址表中，通过在数据帧的始发者和目标接收者之间建立临时的交换路径，使数据帧直接由源地址到达目的地址。使用交换机可以把网络“分段”，经济地将网络分成小的冲突网域，为每个工作站提供更高的带宽。通过对照 MAC 地址表，交换机只允许必要的网络流量通过交换机。通过交换机的过滤和转发，可以有效地隔离广播风暴，减少误包和错包的出现，避免共享冲突。

以太网交换机可以用来连接多个局域网段，在网络设备之间实现无冲突的专用通信。交换机在同一时刻可进行多个端口之间的数据传输，每一端口都可视为独立的网段，连接在其上的网络设备独自享有全部的带宽，无须同其他设备竞争使用。

7.1 交换机的基础知识

随着计算机及互联技术的迅速发展，以太网成为迄今为止普及率最高的短距离二层计算机网络，而以太网的核心部件就是以太网交换机。

从 1989 年第一台以太网交换机面世至今，经过 30 多年的快速发展，以太网交换机在转发性能上有了巨大提升。凭借着高性能、低成本等优势，以太网交换机已经成为应用最为广泛的网络设备。如今的交换机早已突破当年桥接设备的框架，出现了多层多业务交换机。以太网交换机的发展历史如表 7－1 所示。

表 7－1　以太网交换机的发展历史

类别	转发硬件	应用场景
集线器	专用集成电路（application specific integrated circuit，ASIC）	共享式局域网
二层交换机	ASIC	小型局域网
三层交换机	ASIC	中小型局域网
多业务交换机	ASIC＋多核 CPU	各类园区网格、城域网

变电站站内交换机属于工业用以太网交换机。工业控制网络不断增长的网络复杂度对网络拓扑结构设计的网络服务质量提出了更高的要求。工业以太网交换机作为构建系统网络的硬件设备，决定了工业自动化网络对连接设备所提供的服务性能水平。工业以太网交换机应用于工业控制领域，在技术性能上能与商用交换机兼容，但在材质的选用、产品的强度、适用性、实时性、可互操作性、可靠性、抗干扰性、安全性、环境适应性及安装使用方法上提出了更高的要求，广泛应用于物联网、工业自动化控制系统、信息智能化管理系统、电力系统、医疗设备系统、轨道交通、石化行业、安防系统等领域。

光交换是人们正在研究的下一代交换技术。目前所有的交换技术都是基于电信号的，即使是光纤交换机也是先将光信号转为电信号，经过交换处理后，再转回光信号发出。光电转换速率较低，同时电路的处理速度存在物理学上的瓶颈，因此，希望设计出一种无须经过光电转换的“光交换机”，其内部不是电路而是光路，逻辑元件不是开关电路而是开关光路。这样将大大提高交换机的处理速率。

7.2　交换机的交换模式

交换机通过直通转发（cut through）、存储转发（store and forward）、无碎片转发（fragment free）三种模式进行交换。

（1）直通转发：交换机在接收数据帧的时候，一旦检测到目的地址就转发此帧。转发延迟短，但错误率高。

（2）存储转发：交换机接收完整个数据帧，并在 CRC 校验通过后，才转发此帧。如果 CRC 校验失败，则数据帧有错，丢弃此帧。错误率低，但转发延时长。

（3）无碎片转发：交换机在接收数据帧时，在收到第 64 字节后才开始转发，此方式下，转发延迟介于两者之间。其优点在于可以避免碎片冲突，缺点是不能检测其他错误帧。

7.3　以太网相关知识介绍

7.3.1　以太网帧格式

以太网中信息传输存在的基本形式是以太网帧，它是以太网通信传输信号的基本单元。常见的以太网帧格式有两种标准：以太网 V2 标准和 IEEE 802.3《以太网（IEEE 计算机学会）》系列标准。

以太网常用的帧格式如表 7－2 所示，主要由 5 个字段组成。

表 7－2　以太网帧格式

字段	目的地址（destination address）	源地址（source address）	类型/长度（type/length）	数据（data）	帧校验（FCS）
所占字节	6 Byte	6 Byte	2 Byte	46～1500 Byte	4 Byte

目的地址（destination address，DA）：占用 6 个字节，以太网帧的目的 MAC 地址，可以是单址、多址或全地址。当目的地址出现多址时，表示该帧被一组站同时接收称为“组播”（multicast）；目的地址出现全地址时，表示该帧被局域网上所有站同时接收，称为“广播”（broadcast）。通常以 DA 的最高位来判断地址的类型，若第一字节最低位为 0 则表示单址，为 1 则表示组播，第一字节全为 1 则表示广播。

源地址（source address，SA）：占用 6 个字节，以太网帧的源 MAC 地址及发送端地址。

类型/长度（type/length）：占用 2 个字节，在这个字段中 IEEE 802.3《以太网（IEEE 计算机学会）》系列标准将 V2 标准中的协议类型替换成了帧长度字段。

数据字段（data）：最小为 46 字节，最大为 1500 字节。当数据小于 46 字节时，必须对数据字段进行补充。

帧校验序列（frame check sequence，FCS）：占用 4 个字节，采用 32 位 CRC 循环冗余校验对从目标 MAC 地址字段到数据字段的数据进行校验。最后接收站形成的检验和若与帧的校验和相同，则表示传输的帧未被破坏；反之，接收站认为帧被破坏，则会通过一定的机制要求发送站重发该帧。

7.3.2 以太网的相关协议

以太网在 OSI 模型的下两层——数据链路层和物理层上运行。IEEE 802.3《以太网（IEEE 计算机学会）》系列标准规定了 OSI 模型中的第一层以及第二层的 MAC 子层，OSI 模型也为以太网提供对应的参考模型，如表 7－3 所示。

表 7－3　　OSI 7 层模型

7	应用层
6	表示层
5	会话层
4	传输层
3	网络层
2	数据链路层
1	物理层

OSI 将整个通信功能划分为 7 个层次。其中前三层主要为用户服务，不传输数据，用于控制软件；后四层用来传输数据，用于管理硬件。OSI 中每一层具有不同的作用。

7.3.3 虚拟局域网 VLAN

随着以太网技术的普及，以太网的规模越来越大，网络管理变得越来越复杂。交换机将网络分割成多个冲突域以增强网络服务。但是，交换机虽然能解决冲突域的问题，却不能克服广播域问题。为了解决此问题，交换机提供了一种称为虚拟局域网（virtual local area network，VLAN）的广播域分段方法。虚拟局域网以局域网交换机为基础，一个 VLAN 是跨越多个物理 LAN 网段的逻辑广播域，人们设计 VLAN 来为工作站提供独立的广播域。VLAN 的最大特点是在组成逻辑网时无须考虑用户或设备在网络中的物理位置，可以在一个交换机或者跨交换机实现。采用 VLAN 后，在不增加投资的前提下，可在许多方面提高网络的性能，简化网络的管理。其具体优点表现在安全性、管理灵活性、基于第二层的通信优先级服务。

VLAN 是交换机网络的灵魂，其不仅从逻辑上对网络用户和资源进行有效、灵活、简便管理提供了手段，同时还提供了极高的网络扩展和移动性。

VLAN 的划分策略包括基于端口划分 VLAN、基于 MAC 地址划分 VLAN、基于网络层协议划分 VLAN。

7.3.4　以太网拓扑结构

（1）总线型：总线型以太网拓扑结构中的所有设备都直接与总线相连，总线上的信息大多以基带形式进行串行传递，无中心节点控制，各工作站地位平等。具有结构简单、网络用户扩展灵活、所需电缆较少、设备简单、易安装、组网费用低等优点。其缺点为维护难、分支节点故障不易查找；采用共享网络的访问机制，各节点共用总线带宽，传输速度会随着接入网络用户增多而下降，易造成网络拥塞。

（2）星形：星形网络的拓扑结构特点是将一个节点作为中心节点，其他节点直接与中心节点相连，整个网络由中心节点集中进行管理。中心节点可以是文件服务器，也可以是链接设备，常见为集线器。具有控制简单、管理方便、结构易扩展、也可通过级联非常便利地扩大网络规模、易诊断隔离故障、单个节点故障不会影响整个网络的正常通信、可靠性高等优点。其缺点为中心节点复杂，对中心节点设备可靠性要求高；各站点分部处理能力弱；耗费的电缆较多，安装和维护工作量也随之增加；中心节点负担重，故障后影响至全网。

（3）环形：环形结构是由网络中的多个节点首尾连接成一个闭合的环，数据在环网中沿着固定的方向流动。这种结构的网络形式大多应用于令牌网中，通常把这类网络称为“令牌环网”。具有实现简单、投资小、两节点之间只有一条道路、路径选择控制简化等优点。其缺点为功能简单，环路是封闭的，扩展性能差；环中节点增多时，会影响传输速率；一个节点故障会导致全网瘫痪，可靠性差。

总的来说，星形拓扑结构建网容易，管理简单，且具有单点出现问题其余组件仍可正常运行的优势，因此绝大部分变电站都采用星形结构。通常以双绞线或光纤作为传输介质，符合综合布线标准，能够满足多种带宽需求。随着以太网范围越来越大，功能越来越复杂，传统的拓扑结构已难以满足要求，因此在传统拓扑结构的基础上又衍生出了多种新的复杂结构。

7.3.5 网络安全策略

网络安全是一项复杂的工程，它涉及了技术、设备、管理使用以及立法制度等各个方面的因素。实现信息安全需要形成一套完备的网络信息安全体系，使用技术、设备、管理使用及立法制度等方面因素协同发展，缺一不可。

以太网的安全技术一般可分为访问控制、认证、加密、对交换机管理的安全保护和一些附加的功能。

（1）访问控制中 VLAN 是最传统的以太网安全技术，一个 VLAN 内部的广播和单播流量不会转发到其他 VLAN 中，从而有助于控制流量、简化网络管理、提高网络的安全性能。具体方式包括端口隔离、MAC 地址过滤、MAC 地址的捆绑、访问控制表（access control list，ACL）。

（2）认证包括 IEEE 802.1x、Web/Portal 认证、PEAP、TTLS 认证等。

（3）加密技术有效保护了信息系统和数据的安全性，是网络安全核心技术之一。数据加密技术可在 OSI7 层协议的多层实现，从加密技术应用的逻辑位置看，常用的数据加密方式有链路加密（网络层以下）、节点加密（传输层以上）、端对端加密（网络层以上）等。按照不同的作用，数据加密技术可以分为数据存储、数据传输、数据完整性的鉴别以及密钥管理技术等。

（4）交换机管理的安全防护主要指的是交换机的简单网络管理协议（simple network management protocol，SNMP），提供通过后台软件对网络设备进行集中化的管理通道。

7.4 电力以太网交换机

电力以太网交换机广泛应用于电力生产调度，它在电力通信中具有举重若轻的作用。智能变电站为了实现全站信息数字化、通信平台网络化、信息共享标准化的基本要求，采用以太网作为基本通信网，实现设备间的数字化交互及共享，电力以太网交换机也因此成为变电站二次系统关键设备。

7.4.1　电力以太网交换机的性能特点

1. 高可靠性

电力工业网络必须连续运行，它的任何中断和故障都可能造成停产，甚至引起设备和人身事故。因此电力工业控制网络必须具有极高的可靠性。如控制网络要求交换机在全线速转发条件下过程信息和操作实现零丢包率。

电力以太网交换机的高可靠性通常包含两个方面的内容：

（1）可使用性好，网络自身不易发生故障。这要求网络设备质量高，平均故障间隔时间长，能尽量防止故障发生。电力以太网交换机应具有完善的自诊断功能，并能以报文方式输出装置本身的自检信息，具有与变电站自动化系统状态监测连接的接口。

（2）可维护性高，故障发生后能及时发现和及时处理，通过维修使网络及时恢复。当网络系统出现失效时：① 系统能采取安全性措施，如及时报警、输出锁定等；② 系统能具有极强的自诊断和故障定位能力，且能迅速排除故障。装置应是模块化的、标准化的、插件式结构；③ 大部分板卡应容易维护和更换，且允许带电插拔任何一个模块进行故障检修时，应不影响其他模块的正常工作。

2. 系统响应的确定性与实时性

随着电力信息化建设进程的推进以及电力调度自动化水平的不断提高，各种生产和管理信息逐渐多元化。电力通信网承载的重要业务之一是电力系统实时控制业务，其对确定性和实时性要求很高。智能变电站中，基于数据信息网络化传输的继电保护系统逐步取代了基于二次电缆硬连接的传统保护模式。这在极大地提升了信息共享水平的同时，也造成了继电保护性能更大依赖通信网络的确定性和实时性。

智能变电站过程层网络是智能变电站安全稳定运行的重要保障。过程层网络中传送保护跳闸、保护启动、保护闭锁、断路器位置、采样值等实时信息，对信息传输的实时性有很高的要求，要求电力以太网交换机在数据传输可靠的基础上，保证数据传输的实时性，尽量减少数据传输延时，不影响保护正常运算，不降低关键性能。

7.4.2 电力以太网交换机的功能需求

变电站对交换机的功能需求基本体现在以下几个方面：

（1）数据帧转发和过滤。支持电力相关协议数据的转发功能；应实现基于IP或MAC地址的数据帧过滤功能。

（2）组网功能。可按照电力系统的需求组网，组网协议应采用国际标准协议。

（3）多链路聚合。支持物理上多条单独的链路作为一条独立逻辑链路使用以获得更高宽带，链路聚合时不丢失数据。

（4）网络管理功能。支持SNMPv2的网络管理能力，支持Web界面配置，支持网络拓扑发现、交换机工作状态识别、异常告警信息及日志上传。

（5）安全功能。交换机应满足IEC 62351－6－2020《动力系统管理及其关联的信息交换　数据和通信安全　第6部分：IEC 61850的安全性》和IEC 62351－7－2017《电力系统管理和相关信息交换　数据和通信安全性　第7部分：网络和系统管理（NSM）数据对象模型》要求。

（6）组播流量控制及优先级。支持组播流量控制限制智能变电站中GOOSE和SV组播报文的转发范围，交换机通过优先级功能保证重要数据的实时性。

（7）端口流量抑制功能。当网络发生异常时，网络数据量迅速膨胀，远远大于正常使用的量，影响正常通信，甚至造成部分智能电子设备故障。端口流量抑制功能控制每个端口的广播流量维持在特定比例之下，控制提供多种抑制广播数据流量过多地进入到网络中的手段，并保留带宽给必要的应用。

（8）端口镜像功能。智能变电站信息基于网络方式传输，因此为了实现对变电站运行、操作过程的有效判断，必须实现对网络上SV、GOOSE、MMS信息完整记录。端口镜像功能可以将某一端口或多个端口的数据复制到一个指定的镜像端口。利用端口镜像功能，记录仪可以对智能变电站通信过程进行记录，从而实现在SV、GOOSE、MMS信息完整记录。

（9）时钟同步功能。智能变电站采取网络同步方式，间隔层采用SNTP标准，支持简单网络时间协议SNTP，过程层采用IEEE 1588《网络化测控系统的精密时钟同步协议》系列标准，交换机作为智能电子设备连接的汇集点，应具备对于所连接的智能电子设备实现同步的功能。

（10）网络重构功能。网络重构功能主要应用于IEEE 802.1d的生成树协议，该协议是链路管理协议，就是消除网络拓扑中任意两点之间可能存在的重复路径，将两点之间存在的多条路径划分为“通信路径”和“备份链路”，数据转发在“通信路径”上进行，“备份链路”只用于链路的侦听，一旦发现“通信路径”失效时，自动地将通信切换到“备份链路”上，这样，可以支持环形网络结构的网络重构功能实现。

7.4.3　电力以太网交换机新技术

电力以太网交换机作为变电站的二次侧网络信息交换枢纽，其功能、性能及对环境的适应性对变电站的正常高效运行起着至关重要的作用，而且随着变电站数字化、智能化程度的提高，其重要性也越来越高。近年来，随着智能变电站建设的推进，传统电力以太网交换机在智能变电站的应用中逐渐显现出一定的局限性。例如，交换机运行状态无法纳入智能变电站进行统一管理，交换机无法独立控制因接入设备异常而产生的组播风暴，数据传输延时不可控等。

针对电力以太网交换机的局限性，各交换机厂家面向智能变电站应用而开发高性能、高可靠和高安全的电力专用交换机。电力专用交换机遵循 IEC 61850《电力应用自动化用通信网络和系统》系列标准，充分考虑智能变电站通信要求，采用电信级以太网、硬件时间戳、优先级、智能内容识别等先进技术，构建实时、互动、开放、灵活的通信网络。

1. IEC 61850 标准建模

传统电力以太网交换机存在参数管理方式不统一、运行状态无法监视等问题，给智能变电站的安全运行带来了较为严重的隐患。

电力专用交换机遵循 IEC 61850《电力应用自动化用通信网络和系统》系列标准建模，对能够表征网络运行状态的参数和可配置参数进行统一表达，一方面，可以利用报告等方式将网络故障、告警等信息及时发送给运行人员：另一方面，可以借鉴继电保护定值的管理方法对交换机的可配置参数进行管理，保证交换机及通信系统的正常工作，因而具有重要意义。

在交换机统一信息模型的基础上，对模型进行描述，形成交换机的各种配置文件，将交换机的配置纳入变电站系统和设备的统一配置流程中。这为实现交换机设备的标准化、自动化配置提供了技术条件。

2. 延时可测

智能变电站过程层网络采样模式中，采样数据报文的传输依赖交换机，而报文在交换机内的传输延时是不确定的，传统电力以太网交换机采样同步依赖外部时钟，一旦时钟源失稳，则很难保证采样值同步。电力专用交换机利用 IEC 61850－9－2－2011《公用电力事业自动化的通信网络和系统　第 9－2 部分：专用通信服务映射（SCSM）　通过 ISO/IEC 8802－3 的抽样值》帧结构中 reserved 字段测量并保存采样报文的驻留时间。交换机根据 SCD 文件中配置的每组 SV 发送信息识别 SV 报文中 MU 固有延时的品质位的位置，将交换延时写入其中，实现延时的准确标记。保护装置可以依赖本地时间基准，通过插值法进行延时补偿，还原收到的多个间隔采样数据的发生时刻，完成采样值的同步处理，不依赖外部时钟源。

3. 网络可视化与智能配置技术

传统电力以太网交换机需要人工进行间隔划分和 VLAN 划分，变电站的二次回路在投入运行后并不是一成不变的，在运维、改扩建等各项工作中均应保证 VLAN 配置与二次回路的变更保持一致。二次回路变更后，二次装置下装工作的自动化、规范化程度已经很高，但由于技术所限，交换机 VLAN 的调整仍需人工完成，工作量大，完成质量也缺乏保证。

电力专用交换机能够读取 SCD 文件，通过判断数据 MAC 地址和 AppID 信息自动感知数据流，并进行可视化呈现，进行 VLAN 和端口限速的自动配置。交换机导入 SCD 文件后，各端口接入相应 IED 装置数据后，自动呈现变电站网络和设备架构示意图，从而实现即插即用，方便工程调试和检修管理。

4. 流量控制及安全隔离

在智能变电站网络中，当接入交换机的设备因异常产生大量的组播数据帧时，将会影响交换机其他接入端口正常组播数据的转发性能。为提升智能变电站过程层网络 GOOSE、SV 报文传输的可靠性，避免因某路 GOOSE 或 SV 报文故障而导致整个过程层网络异常的情况发生，电力专用交换机对不同报文类型划分逻辑子网，对不同逻辑子网分配相互独立的物理资源，实现逻辑子网的互相隔离，一种类型报文的流量骤增不影响其他类型报文的正常传输。并针对每路 GOOSE 和 SV 报文分别进行流量控制，确保发生风暴的 GOOSE/SV 报文仅占用网络传输带宽的一小部分，保证其他网络带宽能够正常传输 GOOSE/SV 报文。

7.5　交换机调试流程与验收标准

7.5.1　交换机安装要求

用于变电站的电力以太网交换机面临着严酷和复杂的运行环境，在此环境下其性能和可靠性直接影响到变电站的安全运行。因此，必须对变电站的运行环境进行分析，来确定工业以太网交换机的环境及安全要求。

1. 环境温湿度要求

电力以太网交换机一般都具有紧凑的机身，其散热方式为无风扇外壳散热。交换机在长期运行过程中，当空气流通受到限制时，其内部的温度会升高，若要保证变电站的正常运行，就必须要求交换机能够耐受极端的高温。另外，变电站的工作场所可能会受到低温和相对湿度的影响，这对以太网交换机的工作性能和绝缘性能也是一大考验。

变电站的运行环境各处有所不同。IEC 61850－3－2013《电力自动化的通信网络和系统　第 3 部分：通用要求》规定，在变电站中运行的通信设备应能满足 IEC 60870－2－2－1996《远动设备和系统　第 2 部分：运行条件　第 2 节：环境条件（气候的、机械的及其他非电气的影响）》推荐的环境温度要求。该标准将设备的工作场所分为以下四类：A 类，空调场所；B 类，封闭的加热或制冷场所；C 类，遮蔽场所；D 类，室外场所。在变电站中运行的电力以太网交换机大多数都处于 C 类遮蔽场所。对环境类型 C 的工作和存储环境温湿度又细分为 3 种：C1，温度－25～55℃，湿度 5%～95%；C2，温度－40～70℃，湿度 10%～100%；Cx，特定。

对智能变电站中的电力以太网交换机应根据实际情况。要求其满足 C1、C2 或者 Cx（如温度－25～85℃，湿度 95%）规定的工作环境温、湿度范围，如安装在变电站控制室内的交换机，可要求其满足 C2 或 Cx 标准。

2. 绝缘性能要求

电力以太网交换机除了长期运行在工频额定电压下，还会受到短时间过电压的作用。该过电压除了负载切除或各种故障发生而产生的短时间的工频过电压外，在自然界的雷击过程中，以及一次回路的各种操作过程中，也会通过不同的途径输入到交换机的回路中，而电力以太网交换机的紧凑机身和元器件及网口的密集分布，使其绝缘性能更容易受到影响，对变电站的可靠运行具有极大的危险。必须对交换机进行截止强度和冲击电压检验，才能保证交换机在变电站的可靠运行。测试依据标准为 IEC 60255－5－2000《电气继电器　第 5 部分：量度继电器和保护装置的绝缘配合　要求和试验》或 IEEE 1613－2009《变电站通信网络装置的环境和测试要求》。

3. 机械性能要求

一般变电站环境都有轻度的振动和冲击，其场所属于 Bm 级（见 IEC 60870－2－2－1996《远动设备和系统　第 2 部分：运行条件　第 2 节：环境条件（气候的、机械的及其他非电气的影响）》中的规定），该级别也适用于良好的运输条件（如具有减震装置）。因此，在机械结构要求方面，电力以太网交换机需要振动和冲击耐久度检验，等级为 Bm 级。其中，振动耐久采用正弦稳态振动，即恒定唯一复制和加速复制结合的方式进行测试。

4. 电源要求

电力以太网交换机电源一般为冗余双电源设计、直流供电模式，有效提高系统的安全可靠性。但有些变电站环境并不是很理想，可能用变电站内的交流电源屏或用变压器直接为交换机提供电源，会导致交换机出现死机或数据丢失的现象。

因此，需要对电力以太网交换机进行电源的相关测试。采用交流电源供电时，进行交流电源谐波、交流电源电压和频率变化检验；采用直流电源供电时，进行电源电压中断、直流电源电压变化、直流电源输入纹波检验。

5. 接线要求

交换机一般采用背面接线方式，电源和通信端口均位于装置背面，运行状态指示灯位于装置前面，背面单层接线端口应在端口上方标明通信端口序号，双层接线端口的上方端口应在端口上方明确标明端口序号，下方端口应在端口下方明确标明通信端口序号，端口按从下到上、从左到右的顺序；百兆端口以数字标识，从 1 开始，千兆端口标识以“G”开头，后面标明数字序号，从 1 开始；每个通信端口自带端口状态指示灯。装置前后面板的结构如图 7－1 和图 7－2 所示。

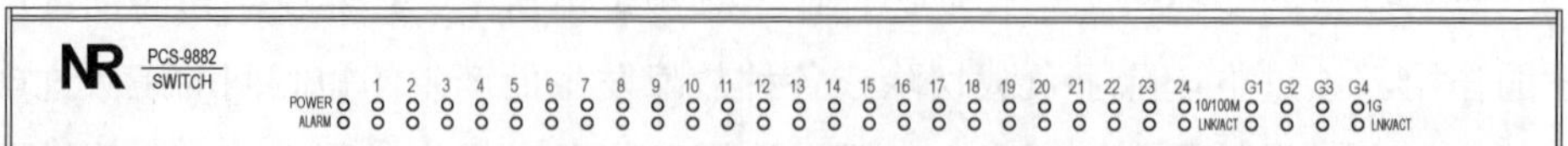

图 7－1　PCS－9882 交换机正视图

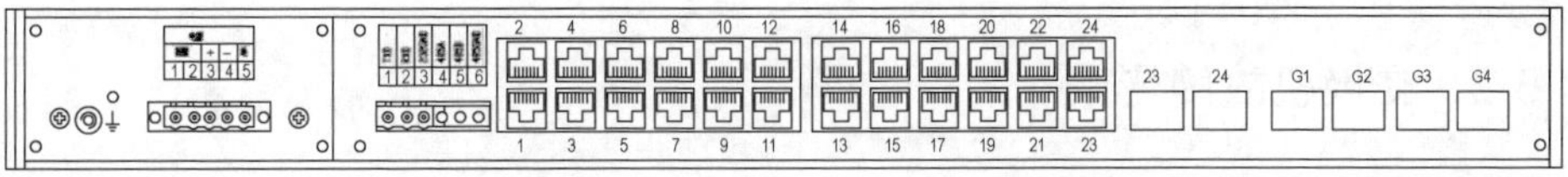

图 7－2　PCS－9882 交换机背视图

装置前面板一般有指示灯，其功能描述见表 7－4。

（1）电源指示灯：前面板上的 POWER 指示灯用于指示装置电源输入是否有效。装置通电时，PWR 灯点亮；装置断电时，PWR 灯熄灭。

（2）报警指示灯：前面板上的 ALARM 指示灯用于显示装置告警信息。告警灯亮时，表示装置故障。

（3）接口状态指示灯：每个百兆端口配置了两个状态指示灯，分别表示端口连接速度和端口连接/活动情况。

表 7－4　　交换机面板接口状态指示灯功能描述

指示灯状态		功能描述
连接情况	亮	端口速率正常
	灭	端口无连接或传输速率异常
活动情况	亮	对应端口已建立连接
	闪	对应端口有数据转发
	灭	对应端口无可用连接

装置的通信接口可以根据需要自由选择 RJ－45 接口或是 SFP 插槽，一般站控层交换机配置 22 个 RJ－45 接口，可连接 10/100Mbit/s 的以太网设备，配置两个 SFP 插槽，支持千兆通信，过程层交换机配置 24 个 SFP 插槽，大部分可使用符合 100BaseFX 标准的光收发器，连接 100Mbit/s 的光纤以太网设备，小部分可使用符合 1000BASE－SX 标准的 SFP 光收发器。交换机端口配置情况见表 7－5。

表 7－5　　交换机端口配置情况

端口类型	站控层交换机	过程层中心交换机	过程层交换机
100Mbit/s 以太网光口（个）	0	0	16
100Mbit/s 以太网电口（个）	24	0	0
1000Mbit/s 以太网光口（个）	2 或 4	16	4
调试口（串口）（个）	1	1	1
MMS 通信电口（个）	0	2	9

7.5.2 交换机故障影响

作为变电站网络的核心装置，交换机承担着各种装置的数据交互，而交换机在运行中出现故障常造成各种网络通信中断、测控装置信息采集错误等，威胁电网安全。一般情况下，变电站内交换机发生故障时，需要首先收集现场信息，必要时要求厂家人员协助排查。交换机承担的功能不同，故障的影响也不同。

1. 站控层 MMS 交换机故障

若站控层 MMS 网采用双重化的星形网络结构。此时，A 网和 B 网并列运行，传输信息完全相同。当 MMS 网中任意一台交换机故障时，均不影响遥信、遥测量的上传，但此时已不满足 MMS 网双重化的要求，应尽快进行处理，否则当另一台 MMS 交换机再出现故障时，站内设备将失去监视，遥控命令无法下发，需要人员现场值班。

站控层网络异常的常见原因有：

（1）装置物理网卡 MAC 地址冲突，在调试和运行中均可引起地址解析协议（address resolution protocol，ARP）风暴，影响网络上所有装置。

（2）IP 地址冲突，在调试和运行过程中，后台的 ARP 更新后会向另外一台相同 IP 的装置发起连接，影响相同 IP 地址的几台装置。

（3）交换机被环接，一封或几封经过交换机的报文会在网络中循环，引起网络风暴，影响接收报文的几台装置。

（4）网络风暴发生期间，装置 CPU 资源被网络任务占用，处于假死状态，此时装置的双网均失效。

（5）装置网口和网线异常。

站控层通道通信异常信号的处理：由于经过了调试和验收，现场通信异常通常由线路损坏或者交换机故障所致，应该首先对光缆线路及站控层和过程层交换机运行情况进行检查。

2. 过程层中心交换机故障

当过程层网中心交换机故障时，接入 GOOSE 网中心交换机的所有设备均将受到不同程度的影响，子交换机将无法与中心交换机通信，从而导致 GOOSE 网大面积断链，影响范围较广。

当过程层A网中心交换机故障时，主要影响有：

（1）基于组网的保护信息无法传输，例如线路保护启动失灵、变压器保护失灵联跳等。

（2）影响接入A网的测控IED设备通信，造成遥信、遥测数据无法上传，遥控命令无法下达。

（3）影响接入A网的A套故障录波器、A套网络记录分析仪对站内数据的采集，电网故障时故障信息无法记录。

此时需将受影响的A套保护相关功能停用，同时将相应测控的遥信、遥测数据封锁，做好相应的安全隔离措施后进行处理。

3. 过程层间隔交换机故障

当过程层间隔交换机发生故障时，凡通过该交换机进行信息交互的设备均会因收不到相关信息而发出告警。主要包括该间隔线路保护、合并单元、智能终端、测控装置、相应的母线差动保护等。

为防止上述相关保护功能受影响，应退出保护装置相应功能，同时将相应测控的遥信、遥测数据封锁，然后及时更换交换机，使其恢复正常运行。

7.5.3　交换机验收及检验

智能变电站工业以太网交换机经过功能及性能检测后，通常在工程投入运行、设备检修过程中还要开展相应的检验工作，主要包括交换机设置检查、电源性能检查、散热性能检查、端口检查、功能验证测试等。

1. 交换机常规检查

（1）外观检查：交换机设备正面（非出线端）应设置交换机品牌标志、型号名称，交换机前后均设有按端口序号排列的指示灯，背面接线外观检查端口应标明端口序号或名称，电源端子上方应标注接线说明。

（2）散热方式检查：交换机应采用自然散热（无风扇）方式。

（3）二次回路检查：检查装置外部接线是否和装置配线图以及工程设计图一致，同时确保接线的实际相序和预先设计的相序相同。对照安装原理图纸检查接线，确保接线和实际应用一致。

（4）绝缘测试：所有和地的连接全部断开，使用绝缘测试仪（直流电压不超过500V）进行绝缘测试，把相同类别的回路端子暂时连接起来进行测试。需要进行测试的回路包括直流电源、通信接口、接线端子。

在直流 500V 下，测得的绝缘电阻应当大于 20MΩ。绝缘测试完成后，确保所有外部接线全部正确和装置重新连接。

（5）电源检查：检查待测交换机是否为两个独立供电的电源模块，在拉合电源开关的测试过程中，交换机应启动正常，不出现死机现象，不丢帧。装置能够在 110、125、220、250V 的直流电源下正常工作，直流电源电压取决于装置电源额定参数。输入的电源电压必须在 80%～120%额定电压规定的范围内才能保证装置正常工作，在装置上电前必须测量直流电源电压以确保其在规定的工作电压范围内。这里需要强调的是，装置可以承受最大纹波为直流额定值的 15%。

（6）上电检查：

1）测试电源指示灯。装置开启后，前面板上的“POWER”指示灯应该点亮。电源输入正常时，“POWER”指示灯应保持常亮。当电源输入中断时，“POWER”灯应该熄灭。

2）测试端口状态指示灯。当 100Mbit/s 快速兆以太网接口的设备连接到交换机时，对应端口的 10/100Mbit/s 灯和 LNK/ACT 灯均应亮起，当端口收发数据时，LNK/ACT 闪烁。

当 10Mbit/s 以太网接口的设备连接到交换机时，对应端口的 10/100Mbit/s 灯熄灭，LNK/ACT 灯亮起，当端口收发数据时，LNK/ACT 灯闪烁。当端口未连接设备时，两个指示灯均处于熄灭状态。

按照上述设备依次测试第 1～24 端口。

（7）状态上送功能：以太网交换机应具备完善的自诊断功能，能以报文方式将自检信息输出，可与变电站监控系统（公用测控）或报文记录分析装置接口，硬接点至公用测控或间隔测控装置。

（8）时间同步准确性检查：SNTP 时间同步准确性应优于 10ms。

2. 交换机端口功能检查

（1）端口设置检查：检查交换机所有端口设置是否正确，设置端口传输速率限制为最大值、全双工传输、多播。对于级联口或者需要接收多个 VLAN 设备信息的端口应设置为 Trunk，其他端口类型设置为 Edge。检查每台交换机是否预留有备用接口。

（2）端口性能检查：GOOSE/SV 网交换机光口发光器件采用 1310nm 波长，发光功率大于－14dBm，光纤接口类型选用 ST 型；作为接收器件时，接收灵敏度应不大于－25dBm。MMS 网交换机采用 RJ－45 接口。

（3）端口镜像功能检查：设置好交换机镜像端口及端口参数、VLAN 等，连接交换机和网络测试仪端口，利用网络测试仪作为其中一个或多个端口发送报文，抓取设置好的镜像端口报文，检查所抓取报文与网络测试仪报文是否一致。

3.交换机网络功能检查

（1）组网方式检查：

1）GOOSE 网应采用星形网络。过程层 SV 网络、过程层 GOOSE 网络、站控层网络应完全独立配置，过程层 SV 网络、过程层 GOOSE 网络宜按电压等级分别组网。

2）变压器保护接入不同电压等级的过程层 GOOSE 网时，应采用相互独立的数据接口控制器。

3）继电保护装置采用双重化配置时，对应的过程层网络亦应双重化配置，第一套保护接入 A 网，第二套保护接入 B 网，对于需要采集多个间隔信息的设备，应该接入相应电压等级的中心交换机。

4）每台交换机的光纤接入数量不宜超过 16 对，并配备适合的备用端口。

5）任意两台智能电子设备之间的数据传输路由不应超过 4 个交换机。当采用级联方式时，不应丢失数据。

（2）VLAN 功能检查：检查交换机 VLAN 设置是否与全站设备 VLAN 划分配置表一致；设置好交换机端口 VLAN，记录 VLAN 编号，分别为不同 VLAN 区加入不同报文，检查各 VLAN 区内报文差异，确定交换机 VLAN 功能是否正常。

（3）网络流量检查：检查交换机的网络流量是否符合要求。过程层网络根据 VLAN 划分选择交换机端口读取网络流量，站控层网络根据选择镜像端口读取网络流量。

（4）数据转发延时校验：利用网络测试仪检查传输的各种帧长数据时，交换机延时应小于 10μs，启用交换机延时累加功能后存储转发延时应小于 20μs。

（5）丢包率检查：交换机在全线速转发条件下，丢包（帧）率为零。

（6）网络风暴抑制功能检查：交换机应支持广播风暴抑制、组播风暴抑制和未知单播风暴抑制功能，默认开启广播风暴抑制和未知单播风暴抑制功能。站控层风暴防护要求如表 7－6 所示。

表 7-6　站控层风暴防护要求

风暴类型	防护要求
MMS 连接风暴	不同 IP 地址的 MMS 客户端同时连接交换机并发送连接请求，交换机在处理此类攻击时应能正常工作，不应有死机、重启、误发等状态
MMS 召唤风暴	以最大支持的客户端数量连接交换机，所有客户端以最小间隔重复读取定值信息，持续 5min，交换机在处理此类攻击时应能操作正常，不应有死机、重启、误发等状态
MMS 报告风暴	以最大支持的客户端数量连接交换机，使所有的报告控制块的报告上送，交换机在处理此类攻击时应能工作正常，不应有死机、重启、误发等状态

4. 交换机安全功能检查

（1）人机安全检查。

1）身份认证：应对登录的用户进行身份认证；应提供登录失败处理能力，多次登录失败后应采取必要的保护措施。

2）有效性验证：应提供数据有效性检验功能，保证通过人机或通信端口输入的数据格式或长度符合装置设定要求。

（2）功能安全检查。

1）身份限制：应依据源、目的 MAC 地址、VLAN 等属性对连接装置的对象进行限制。

2）参数修改：参数修改为异常值应拒绝响应，不应有数据出错、装置死机等现象。

3）日志记录：应具备对用户行为等业务操作事件和重要安全事件进行记录的功能；日志记录应包括事件的日期和时间、事件类型、事件是否成功及其他相关的信息；应对日志记录进行保护，避免受到非预期的删除、修改或覆盖等。

4）拒绝服务：交换机不应受拒绝服务攻击影响，应运行正常，不误动、不误发报文、不死机、不重启等。

5）容错性：应提供容错和自动保护功能，故障发生时自动保护所有状态，保证系统能够自动恢复。

（3）存储安全检查。应配有存储空间余量控制策略，当存储空间接近极限时，装置应能采取必要的措施保护存储数据的安全。

（4）进程安全检查。进程应无死锁，不存在内置后门漏洞。

（5）运行环境安全检查。禁止使用易遭受恶意攻击的高危端口作为服务端口，禁止开启与业务无关的服务端口。

（6）代码安全检查。

1）代码不应存在高危安全漏洞，包括缓冲区溢出、字符错误结束、整数溢出、内存泄漏、未释放资源、资源注入等。

2）代码不应存在违背安全编码规则的内容，包括访问控制缺陷、缓冲区溢出、DNS 欺骗、忽略返回值、未经验证的用户输入等方面。

7.5.4　交换机日常巡视

智能变电站工业以太网交换机通常为 19in（1in＝2.54cm）1U 机架式结构，整机采用六面全封闭结构，防护等级可以达到 IP40。机箱采用一体化无风扇散热方式，在降低整机功耗的同时也提高了设备的可靠性。随着智能变电站对网络交换的要求逐步提高，站内工业以太网交换机的接口性能也越来越高。

1. 交换机接口巡视

SFP 千兆光纤/电接口一般用于上下级级联，光纤/电器件采用 SFP 热插拔器件，光纤接口采用 LC 接口，千兆接口采用 RJ－45 接口。

对于 SFP 接口，在日常运维及巡视过程中主要应保证 SFP 器件插入到位。热插过程中，应将豁口背向 PCB 板、插入 SFP 笼子中，听到"喀"的声音说明器件已经插到位。然后，将 SFP 的插拔拉手放置在与接口平行的位置即可保证该器件已插入到位。热拔过程中，应先将 SFP 的插拔拉手放置在与接口成 90°的位置，注意此时的光器件与 SFP 笼子的挂接钩应该脱开。最后，才能将光器件从笼子里拉出。

2. 交换机 LED 指示灯巡视

智能变电站工业以太网交换机在装置前面板设置了相应的 LED 指示灯，以便能够在未登录的情况下及时了解交换机的系统运行状况和端口连接状态，确保运维巡视人员及时发现并解决设备故障。

3. 交换机物理环境巡视

智能变电站工业以太网交换机一般放置于标准机柜中，在日常运行过程中，需要一个相对稳定合适的工作环境，包括电源输入是否可靠、周围空间是否充分考虑到日常运维的需求、是否安装牢固等。通常情况下，交换机所处的物理环境如下：

（1）电源环境：85～264V AC，85～370V DC，9～72V DC，请注意电源电压等级。

（2）环境要求：温度－40～85℃，相对湿度 0%～95%（无凝露）。

（3）接地电阻要求：小于 5Ω。

（4）根据实际连接情况，检查光缆铺设是否到位，光纤接头是否合适。

（5）避免阳光直射，远离发热源或有强烈电磁干扰区域。

（6）设备应牢固安装在 19in 机架上。

（7）充分考虑设备连接实际情况，留有充裕的接线空间。

7.6 交换机典型异常现场现象、影响及处理措施

7.6.1 电源模块故障

1. 故障现象

（1）交换机电源指示灯和运行灯不亮。

（2）各业务模块状态灯不亮。

2. 原因分析

通常是外部供电环境的不稳定，或者是电源线路老化，又或者是遭受雷击等导致电源损坏或者风扇停止，从而导致交换机不能正常工作。还有可能是电源缘故导致交换机内其他部件的损坏。

3. 安全措施

（1）将受影响保护的相关功能停用，如退出本线路保护“启动失灵”发送软压板、母线差动闭锁重合闸 GOOSE 接收软压板和对应母线差动保护的失灵 GOOSE 接收软压板等。

（2）将受影响测控的遥信、遥测数据封锁。

（3）当两台 MMS 交换机同时出现故障时，站内设备将失去监视，遥控命令无法下发，需要人员现场值班。

（4）备份 VLAN 划分等配置文件。

4. 操作验证

检查电源系统，检查电源接线电压是否正常。

电压正常，检查电源线是否有所损坏、有无松动等，若电源线损坏需更换一条，若松动需重新接好。

如果外部回路无异常，那么问题就应该是交换机的电源模块或者是内部的其他部件损坏。需进行交换机的维修或更换，更换后需确认交换机配置与原配置一致、相关装置链路通信正常。

7.6.2　端口故障

1. 故障现象

这是交换机故障中最常见的故障，整个站内网络的运作正常，但个别的装置不能正常通信，业务模块 LNK/ACT 灯在有插入网线或光纤的情况下不亮或告警灯亮。

2. 原因分析

（1）光纤插头或 RJ－45 端口脏了，可能导致端口污染而不能正常通信。

（2）多次带电插拔接头，在理论上说并没有不妥，但实际上会增加端口的故障发生率。

（3）在搬运时不小心，也可能导致端口物理损坏；购买的水晶头尺寸偏大，插入交换机时，也很容易破坏端口。

3. 安全措施

（1）将受影响保护的相关功能停用，如退出本线路保护“启动失灵”发送软压板、母联差动闭锁重合闸 GOOSE 接收软压板和对应母线差动保护的失灵 GOOSE 接收软压板等。

（2）将受影响测控的遥信、遥测数据封锁。

（3）备份 VLAN 划分等配置文件。

4. 操作验证

先检查出现问题的保护装置，在排除了端口所连装置的问题后，可以通过更换交换机所连端口，来判断其是否为端口问题。

若更换端口后问题得以解决，再进一步判断是端口的何种缘故：关闭电源后，用酒精棉球清洗端口；如果端口确实被损坏，需更换端口。无论是光纤端口还是双绞线的 RJ－45 端口，在插拔接头时一定要小心，建议插拔时最好不要带电操作。

部分交换机端口通信中断是由光收发模块故障引起的，需要进行更换。更换光收发模块时，应根据具体的产品要求，确定更换后是否需要重新配置。

7.6.3 配置不当

1. 故障现象

端口所连装置通信中断，更换端口也无法恢复，将调试工具连接到交换机上的几个端口后，无法 Ping 通局域网内其他装置，但“本地连接”图标仍然显示网络连通。

2. 原因分析

对工业以太网交换机不熟悉，或者由于各种工业以太网交换机配置不一样，厂家人员在配置工业以太网交换机时会出现配置错误，如 VLAN 划分不正确导致网络不通、端口被错误地关闭、工业以太网交换机和网卡的模式配置不匹配等。

3. 安全措施

（1）将受影响保护的相关功能停用，如退出本线路保护“启动失灵”发送软压板、母联差动闭锁重合闸 GOOSE 接收软压板和对应母线差动保护的失灵 GOOSE 接收软压板等。

（2）将受影响测控的遥信、遥测数据封锁。

（3）备份 VLAN 划分等配置文件。

4. 操作验证

先检查交换机的 VLAN（虚拟局域网）配置文件，不同 VLAN 内的装置在没设置路由的情况下无法 Ping 通，因此要修改 VLAN 的设置，使它们在一个 VLAN 中，或设置路由使 VLAN 之间可以通信。这类故障有时很难发现，需要一定的经验积累，在配置之前，如果不能查出配置有问题，可以先恢复出厂默认配置，然后再一步一步地配置。

7.6.4 系统数据错误

1. 故障现象

交换机出现满载、丢包、错包等情况，甚至会造成系统全方位的故障，影响局域网的通信。

2. 原因分析

工业以太网交换机系统是硬件和软件的结合体。在工业以太网交换机内部有一个可刷新的只读存储器，它保存的是这台工业以太网交换机所必需的软件系统。这类错误也和常见的 Windows、Linux 一样，由于当时设计的原因，系统存在一些漏洞，可能会导致工业以太网交换机满载、丢包、错包等情况的发生。

3. 安全措施

（1）将受影响保护的相关功能停用，如退出本线路保护“启动失灵”发送软压板、母联差动闭锁重合闸 GOOSE 接收软压板和对应母线差动保护的失灵 GOOSE 接收软压板等。

（2）将受影响测控的遥信、遥测数据封锁。

（3）备份 VLAN 划分等配置文件。

4. 操作验证

一般交换机异常，先重启一次；若异常没有消失，则需进行交换机的配置检查或维修更换。交换机系统提供了诸如 Web、简易文件传送协议（trivial file transfer protocol，TFTP）等方式来下载并更新系统，所以有关管理人员要多关注设备厂商的网站，如果推出新的系统或新的补丁，应当及时更新，以防止错误的发生。

第 8 章

其他二次设备调试及异常处理

本章主要包括智能变电站其他二次设备（备自投、故障录波装置、保护信息子站）的调试、验收及异常处理。

8.1 备自投调试流程及验收标准

国家电网有限公司范围内要求：备用电源自动投入使用装置（以下简称备自投）应采用独立式装置，满足可靠性、选择性、灵敏性和速动性的要求，并具有与继电保护同等的可信赖性和安全性。为保证可信赖性，宜采用满足要求、原理简单、独立性强的设计方案，尽量减少与保护装置间的依赖。为保证安全性，应采用由可靠的硬件和软件构成的装置，并应具有必要的自动检测、闭锁、告警等措施。装置内（含通道）任一元件失效或故障（出口继电器除外），均不应导致装置误动作，且应发出装置异常信号。

智能变电站内 110kV 电压等级的备自投均采用 SV 点对点采样、GOOSE 点对点跳闸的模式，主要验收内容及要求如下：

（1）装置检查：检查装置外观、接地、绝缘、版本定值等应正确。

（2）SV 及 GOOSE 检查：检查装置零漂、采样精度、GOOSE 开入开出应正确。

（3）功能调试验证：对照装置定值清单，各种备自投方式下，装置充放电及动作逻辑应正确。

（4）外部关联逻辑功能验证：配合保护装置传动，检查装置动作及闭锁逻辑应正确。

（5）信号回路验证：装置动作、异常、告警等信号正确，监控系统信息正确。

（6）录波验证：录波器应能正确启动录波，各个模拟量和开关量名称定义应正确。

（7）整组传动：各种方式下带断路器传动正确，信号正确，故障录波器、故障信息管理系统数据正确，监控系统信息正确。

装置调试的基本流程参照如图 8－1 的流程图。

本节将以 PCS－9651DA－D 系列为例，针对 110kV 电压等级的智能变电站备自投调试流程进行介绍。

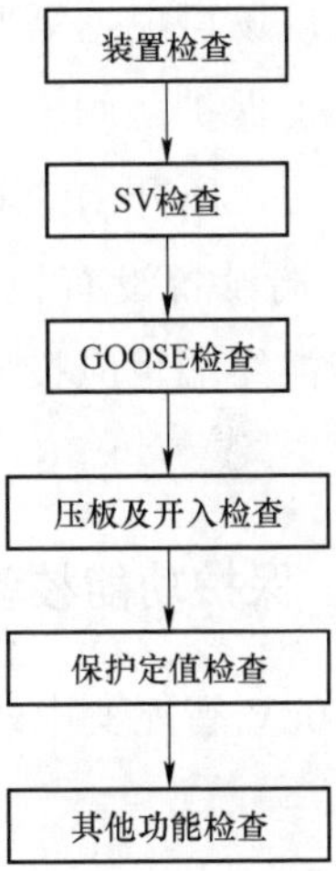

图 8－1　装置调试的基本流程

8.1.1　装置检查

开始调试前应对保护屏及装置进行检查，保护装置外观应良好、插件齐全、端子排及压板无松动。对直流回路、交流电压、交流电流回路进行绝缘检查时，必须断开保护装置直流电源，拔出所有逻辑插件。合上直流电源对装置进行上电检查，核对程序版本应与现场要求符合，定值能正确整定。

8.1.2　SV 及 GOOSE 检查

1. 零漂检查

进入【信息查看】→【保护状态】→【模拟量】→【实时量值】菜单，在不加任何模拟量输入时分别检查电流电压回路的零漂。

保护数据菜单显示受【SV 接收软压板】控制，不投 SV 接收软压板时显示数据固定为 0。

【信息查看】→【保护状态】→【模拟量】→【双 AD 采样】菜单显示接收到的双 AD 的采样，不受接收压板控制。

2. 采样精度试验

对装置施加数字电压、电流信号，进入【信息查看】→【保护状态】→【模拟量】菜单查看装置显示的采样值，显示值与实测的误差应不大于 2.5%或 $0.01I_N$（0.1V）中的较大值，相角误差小于 2°。

3. 开入量检查

对装置施加数字开关量，进入【信息查看】→【保护状态】→【开入量】，查看各个开入量状态，投退各个功能压板和开入量，装置能正确显示当前状态，同时有详细的变位报告。

4. 开出传动检查

在现场可根据需要选择是否进行装置的 GOOSE 传动或带开关传动试验，可以验证保护跳闸出口、保护跳闸信号、报警接点是否正确。一旦装置投检修压板之后，所开出的 GOOSE 带“检修位”标志。当进行 GOOSE 传动时应保证接收端设备没有投入检修，以防止直接跳开断路器。当进行带开关传动试验时智能终端也应投入检修，如果智能终端不开出，应检查智能终端是否投入检修。

8.1.3 保护功能校验

110kV 智能变电站备自投主要有 4 种功能，对应 4 种运行方式，如表 8－1 所示。

表 8－1　　PCS－9651C 备自投功能配置表

序号	功能描述	说明
1	备自投方式 1	电源 1 主供，当电源 1 失电时，自投电源 2
2	备自投方式 2	电源 2 主供，当电源 2 失电时，自投电源 1
3	备自投方式 3	电源 1、2 分别主供，当电源 1 失电时，自投分段
4	备自投方式 4	电源 1、2 分别主供，当电源 2 失电时，自投分段

1. 备自投方式 1 测试

（1）准备工作：

1）整定逻辑定值［自投方式 1］为“1”，软压板［备自投投入软压板］和［自投方式 1 软压板］为“1”。

2）取测试仪三个开出分别和保护装置开入［TWJ1］、［分段 TWJ］和［TWJ2］输入端子相连接。

3）测试仪电压分别输出连接到 Ⅰ 母和 Ⅱ 母的电压端口。

（2）测试过程：

1）使开入［TWJ2］保持“1”，［TWJ1］和［分段 TWJ］为“0”。

2）给Ⅰ母和Ⅱ母注入三相对称额定电压（大于［有压定值］）模拟正常运行状态（如果逻辑定值［检进线 2 电压］被置“1”，那么此时进线 2 的电压端子也必须同时通入额定电压）。

3）经延时［备自投充电时间］，液晶上“▯”变为“▮”，此时表示备自投充电完成。撤去两母线上的电压，模拟进线 1 故障。

4）经延时［方式 1 跳闸时间］，备自投方式 1 动作跳进线 1 断路器，“跳闸”灯被点亮并发动作报文［自投跳电源 1］，同时相关的动合接点动作闭合。

5）在延时［开关拒跳放电延时］（从装置发跳令开始计时）没有结束之前，使开入［TWJ1］由“0”变“1”，模拟开关 1 已跳开。经短延时［方式 12 合闸短延时］，装置发合闸命令，“合闸”灯被点亮并发动作报文［自投合电源 2–1］，合上开关 2。充放电及动作逻辑如图 8–2 所示。

2. 备自投方式 2 测试

备自投方式 2 充放电及动作逻辑与方式 1 类似，不同之处在于电源 2 作为主供电源，电源 1 作为备用电源。

（1）准备工作：

1）整定逻辑定值［自投方式 2］为“1”，软压板［备自投投入软压板］和［自投方式 2 软压板］为“1”。

2）取测试仪三个开出分别和保护装置开入［TWJ1］、［分段 TWJ］和［TWJ2］输入端子相连接。

3）测试仪电压分别输出连接到Ⅰ母和Ⅱ母的电压端口。

（2）测试过程：

1）使开入［TWJ1］保持“1”，［TWJ2］和［分段 TWJ］为“0”。

2）给Ⅰ母和Ⅱ母注入三相对称额定电压（大于［有压定值］）模拟正常运行状态（如果逻辑定值［检进线 1 电压］被置“1”，那么此时进线 1 的电压端子也必须同时通入额定电压）。

3）经延时［备自投充电时间］，液晶上“▯”变为“▮”，此时表示备自投充电完成。撤去两母线上的电压，模拟进线 2 故障。

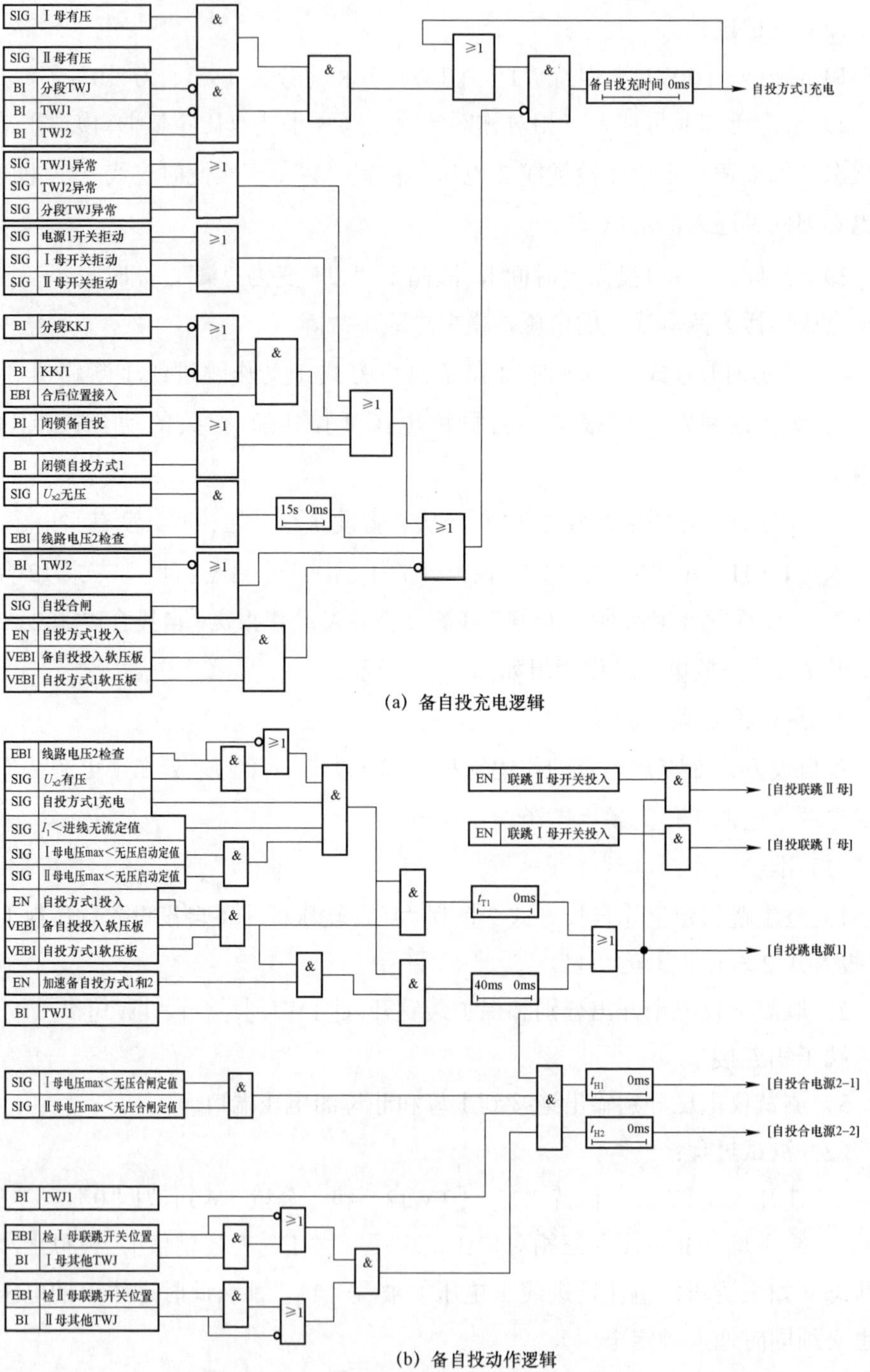

(a) 备自投充电逻辑

(b) 备自投动作逻辑

图 8-2 备自投充放电及动作逻辑

4）经延时［方式2跳闸时间］，备自投方式2动作跳进线2断路器，“跳闸”灯被点亮并发动作报文［自投跳电源2］，同时相关的动合触点动作闭合。

5）在延时［开关拒跳放电延时］（从装置发跳令开始计时）没有结束之前，使开入［TWJ2］由“0”变“1”，模拟开关2已跳开。经短延时［方式12合闸短延时］，装置发合闸命令，“合闸”灯被点亮并发动作报文［自投合电源1-1］，合上开关1。

3. 备自投方式3测试

（1）准备工作：

1）整定逻辑定值［自投方式3］为“1”，软压板［备自投投入软压板］和［自投方式3软压板］为“1”。

2）取测试仪三个开出分别和保护装置开入［TWJ1］、［分段 TWJ］和［TWJ2］输入端子相连接。

3）测试仪电压分别输出连接到Ⅰ母和Ⅱ母的电压端口。

（2）测试过程：

1）使开入［分段TWJ］保持“1”，［TWJ1］和［TWJ2］为“0”。

2）给Ⅰ母和Ⅱ母注入三相对称额定电压（大于［有压定值］）模拟正常运行状态。

3）经延时［备自投充电时间］，液晶上“▯”变为“▮”，此时表示备自投充电完成。

4）撤去Ⅰ母线上的电压，模拟进线1故障。经延时［方式3跳闸时间］，备自投方式3动作跳进线1断路器，“跳闸”灯被点亮并发动作报文［自投跳电源1］，同时相关的动合触点动作闭合。

5）在延时［开关拒跳放电延时］（从装置发跳令开始计时）没有结束之前，使开入［TWJ1］由“0”变“1”，模拟开关1已跳开。经延时［方式34合闸短延时］，装置发合闸命令，“合闸”灯被点亮并发动作报文［自投合分段］，合上分段开关。充放电及动作逻辑如图8-3所示。

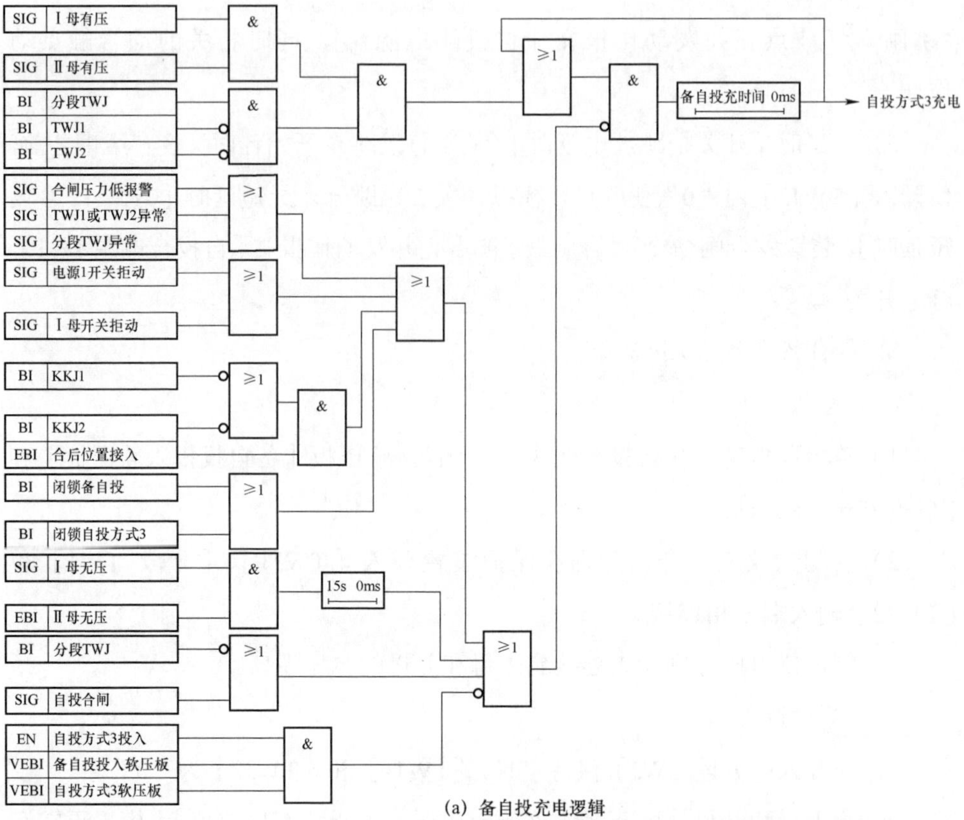

(a) 备自投充电逻辑

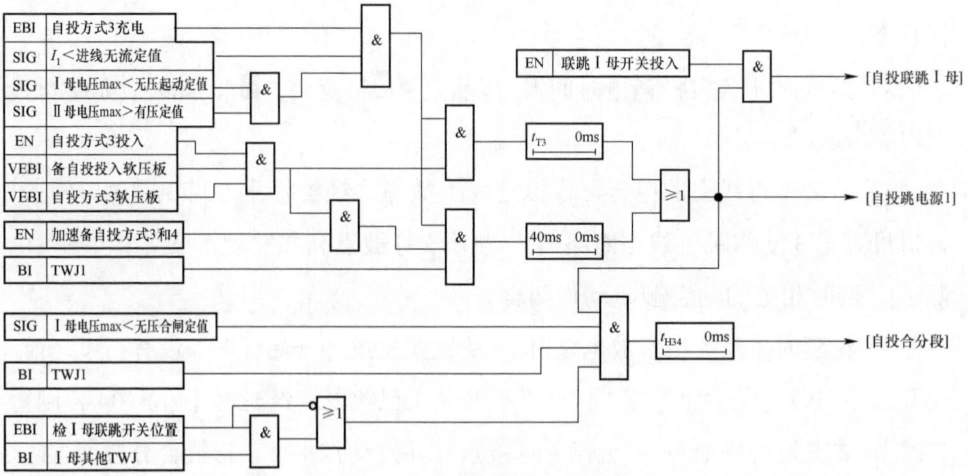

(b) 备自投动作逻辑

图 8-3 充放电及动作逻辑

4. 备自投方式 4 测试

备自投方式 4 充放电及动作逻辑与方式 3 类似，不同之处在于模拟线路 2 故障，Ⅱ母电压失电。

（1）准备工作：

1）整定逻辑定值［自投方式 4］为“1”，软压板［备自投投入软压板］和［自投方式 4 软压板］为“1”。

2）取测试仪三个开出分别和保护装置开入［TWJ1］、［分段 TWJ］和［TWJ2］输入端子相连接。

3）测试仪电压分别输出连接到Ⅰ母和Ⅱ母的电压端口。

（2）测试过程：

1）使开入［分段 TWJ］保持“1”，［TWJ1］和［TWJ2］为“0”。

2）给Ⅰ母和Ⅱ母注入三相对称额定电压（大于［有压定值］）模拟正常运行状态。

3）经延时［备自投充电时间］，液晶上“□”变为“■”，此时表示备自投充电完成。

4）撤去Ⅱ母线上的电压，模拟进线 2 故障。经延时［方式 4 跳闸时间］，备自投方式 4 动作跳进线 2 断路器，“跳闸”灯被点亮并发动作报文［自投跳电源 2］，同时相关的动合触点动作闭合。

5）在延时［开关拒跳放电延时］（从装置发跳令开始计时）没有结束之前，使开入［TWJ2］由“0”变“1”，模拟开关 2 已跳开。经延时［方式 34 合闸短延时］，装置发合闸命令，“合闸”灯被点亮并发动作报文［自投合分段］，合上分段开关。

8.1.4　外部关联逻辑功能验证

1. 手分闭锁备自投功能验证

（1）分别加入开关 TWJ 开入量及母线电压，模拟任一运行方式，并充电完成。

（2）在方式 1 充电完成情况下，手动拉开电源 1 开关或分段开关，备自投应可靠放电、不动作；在方式 2 充电完成情况下，手动拉开电源 2 开关或分段开关，备自投应可靠放电、不动作；在方式 3、4 充电完成情况下，手动拉开电源 1 开关或电源 2 开关，备自投应可靠放电、不动作。

2. 其他保护动作闭锁备自投功能验证

在内桥接线方式中，当母线发生故障时，应闭锁对应方式下的备自投功能，否则将使备自投动作于故障母线，使得故障点遭受二次冲击。当然，为提高供电可靠性，备自投设置分段闭锁和总闭锁功能，在特殊情况下不应闭锁备自投动作逻辑。一次接线如图 8－4 所示。

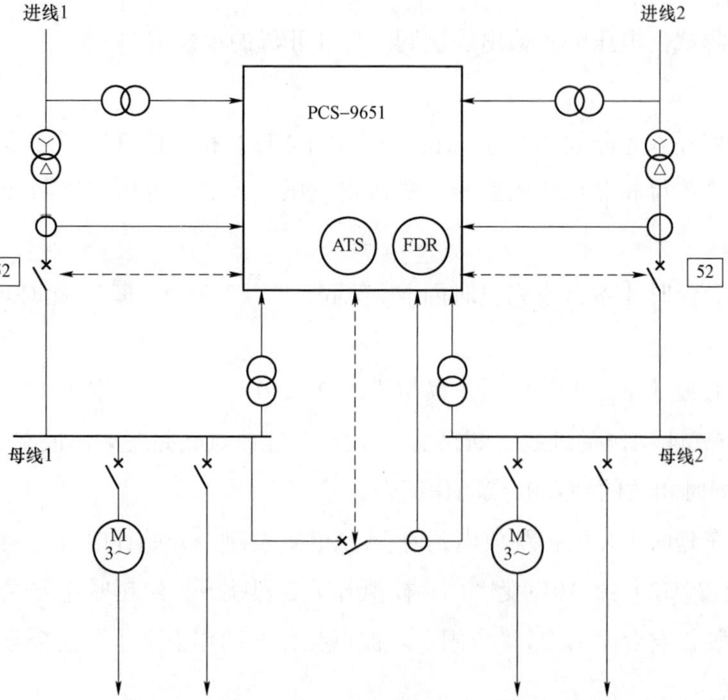

图 8－4　一次接线

（1）在方式 1 情况下，模拟Ⅱ母线区内故障，此时 2 号主变压器保护动作跳开分段开关及开关 2，闭锁备自投；模拟Ⅰ母线故障，此时 1 号主变压器保护动作跳开分段开关及开关 1，不应闭锁备自投，备自投正确动作合上开关 2。

（2）在方式 2 情况下，模拟Ⅰ母线区内故障，此时 1 号主变压器保护动作跳开分段开关及开关 1，闭锁备自投；模拟Ⅱ母线故障，此时 2 号主变压器保护动作跳开分段开关及开关 2，不应闭锁备自投，备自投正确动作合上开关 1。

（3）在方式 3、4 情况下，模拟Ⅰ母线区内故障，此时 1 号主变压器保护动作跳开分段开关及开关 1，闭锁备自投；模拟Ⅱ母线区内故障，此时 2 号主变压器保护动作跳开分段开关及开关 2，闭锁备自投。

8.1.5　整组试验

进行装置整组实验前，请将对应元件的控制字、软压板、硬压板设置正确；整组试验后，请检查装置记录的动作报告、SOE、录波器启动记录是否完整、正确，对于有通信条件的试验现场还应检查后台监控软件记录的事件是否正确。

8.1.6　扩大内桥接线备自投

有些 110kV 智能变电站采用扩大内桥接线形式，如图 8－5 所示。扩大内桥接线的备自投在进线备自投原理上与标准内桥接线并无不同，只是在分段备自投上略有差异，由原有分段 3QF 备自投扩展为分段 3QF 及 4QF 备自投。

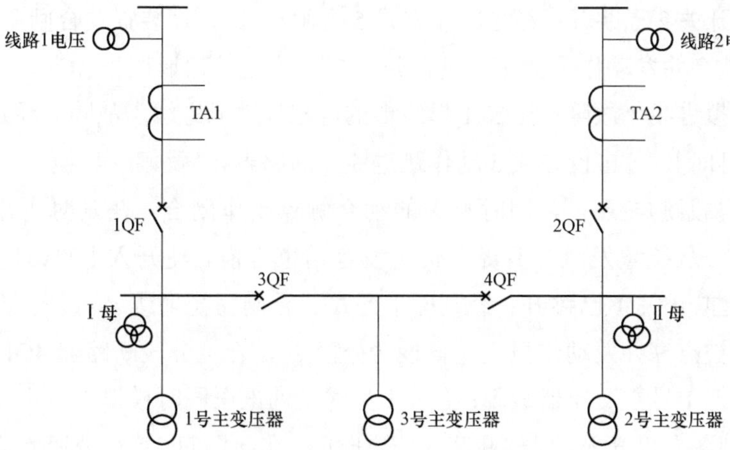

图 8－5　扩大内桥接线形式

1. 分段 4QF 断路器自投测试

模拟两条进线断路器 1QF、2QF 及分段断路器 3QF 在合位，4QF 在分位，分别模拟Ⅰ母、Ⅱ母失压故障。

（1）准备工作：

1）整定逻辑定值［自投方式 5］为“1”，软压板［备自投投入软压板］和［自投方式 5 软压板］为“1”。

2）取测试仪四个开出分别和保护装置开入［TWJ1］、［分段 TWJ1］、［分段 TWJ2］和［TWJ2］输入端子相连接。

3）测试仪电压分别输出连接到Ⅰ母和Ⅱ母的电压端口。

（2）测试过程：

1）使开入［分段 TWJ2］保持“1”，［分段 TWJ1］、［TWJ1］和［TWJ2］为“0”。

2）给Ⅰ母和Ⅱ母注入三相对称额定电压（大于［有压定值］）模拟正常运行状态。

3）经延时［备自投充电时间］，液晶上“□”变为“■”，此时表示备自投充电完成。

4）模拟进线 2 故障：撤去Ⅱ母线上的电压，模拟进线 2 故障。经延时［方式 5 跳闸时间］，备自投方式 5 动作跳进线 2 断路器，“跳闸”灯被点亮并发动作报文［自投跳电源 2］，同时相关的动合触点动作闭合；在延时［开关拒跳放电延时］（从装置发跳令开始计时）没有结束之前，使开入［TWJ2］由“0”变“1”，模拟开关 2 已跳开；经延时［方式 5 合闸短延时］，装置发合闸命令，“合闸”灯被点亮并发动作报文［自投合分段 2］，合上分段断路器 4QF。

5）模拟进线 1 故障：撤去Ⅰ母线上的电压，模拟进线 1 故障。经延时［方式 5 跳闸时间］，备自投方式 5 动作跳进线 1 断路器，“跳闸”灯被点亮并发动作报文［自投跳电源 1］，同时相关的动合触点动作闭合；在延时［开关拒跳放电延时］（从装置发跳令开始计时）没有结束之前，使开入［TWJ1］由“0”变“1”，模拟开关 1 已跳开；经延时［方式 5 合闸短延时］，装置发合闸命令，“合闸”灯被点亮并发动作报文［自投合分段 2］，合上分段断路器 4QF。

6）模拟 1 号主变压器故障：撤去Ⅰ母线上的电压同时模拟 1 号主变压器保护动作闭锁备自投开入，保持此开入一定时间，在此期间，等待分段断路器 3QF 的跳闸位置，模拟 3QF 在分位，经延时合上分段断路器 4QF。

注：2、3 号主变压器故障时会闭锁此方式下备自投。

2. 分段 3QF 断路器自投测试

模拟两条进线断路器 1QF、2QF 及分段断路器 4QF 在合位，3QF 在分位，分别模拟Ⅰ母、Ⅱ母失压故障。

（1）准备工作：

1）整定逻辑定值［自投方式 6］为“1”，软压板［备自投投入软压板］和［自投方式 6 软压板］为“1”。

2）取测试仪四个开出分别和保护装置开入［TWJ1］、［分段 TWJ1］、［分段 TWJ2］和［TWJ2］输入端子相连接。

3）测试仪电压分别输出连接到Ⅰ母和Ⅱ母的电压端口。

（2）测试过程：

1）使开入［分段 TWJ1］保持“1”，［分段 TWJ2］、［TWJ1］和［TWJ2］为“0”。

2）给Ⅰ母和Ⅱ母注入三相对称额定电压（大于［有压定值］）模拟正常运行状态。

3）经延时［备自投充电时间］，液晶上“▯”变为“▮”，此时表示备自投充电完成。

4）模拟进线 1 故障：撤去Ⅰ母线上的电压，模拟进线 1 故障。经延时［方式 6 跳闸时间］，备自投方式 6 动作跳进线 1 断路器，“跳闸”灯被点亮并发动作报文［自投跳电源 1］，同时相关的动合触点动作闭合；在延时［开关拒跳放电延时］（从装置发跳令开始计时）没有结束之前，使开入［TWJ1］由“0”变“1”，模拟开关 1 已跳开；经延时［方式 6 合闸短延时］，装置发合闸命令，“合闸”灯被点亮并发动作报文［自投合分段 1］，合上分段断路器 3QF。

5）模拟进线 2 故障：撤去Ⅱ母线上的电压，模拟进线 2 故障。经延时［方式 6 跳闸时间］，备自投方式 6 动作跳进线 2 断路器，“跳闸”灯被点亮并发动作报文［自投跳电源 2］，同时相关的动合触点动作闭合；在延时［开关拒跳放电延时］（从装置发跳令开始计时）没有结束之前，使开入［TWJ2］由“0”变“1”，模拟开关 2 已跳开；经延时［方式 6 合闸短延时］，装置发合闸命令，“合闸”灯被点亮并发动作报文［自投合分段 1］，合上分段断路器 3QF。

6）模拟 2 号主变压器故障：撤去Ⅱ母线上的电压同时模拟 2 号主变压器保护动作闭锁备自投开入，保持此开入一定时间，在此期间，等待分段断路器 4QF 的跳闸位置，模拟 4QF 在分位，经延时合上分段断路器 3QF。

注：1、3 号主变压器故障时会闭锁此方式下备自投。

8.2 故障录波装置调试流程及验收标准

国家电网有限公司范围内要求：为记录电力系统有关电气量的变化过程及继电保护与安全自动装置的动作行为，故障录波信息应能够反应电力系统扰动过程中一次设备电气量的变化及二次装置的动作过程。智能变电站故障录波装置应根据电压等级和站内实际网络配置情况按全站需要记录的 SV、GOOSE 等通道信息总量配置，且应留有适量裕度。故障录波装置的 GOOSE 和 SV 接入量应满足终期要求。站内所有间隔的合并单元和智能终端信息均应接入故障录波装置。双套配置的故障录波装置（或录波采集单元）应相互独立，且不应跨接双重化的过程层网络。

智能变电站的故障录波装置在功能上和传统变电站相同，但在输入方面两者完全不同，前者使用数字信号的输入，即 SV 和 GOOSE 信号，这些信息可以通过直采的方式获得，即 SV 直接由合并单元输入，GOOSE 则由保护装置或智能终端获得，这种方式的前提是相关装置有镜像端口，采用直采方式的优点是信息具有实时性，缺点是增加光缆数目。也可以通过网采获取 SV 和 GOOSE 信息，即所有信息从交换机上下载获取，这种方式的缺点是存在时延，可以通过延时补偿解决，优点是结构简单、减少光缆。双套配置的采用网络通信方式的故障录波装置典型系统架构如图 8－6 所示。

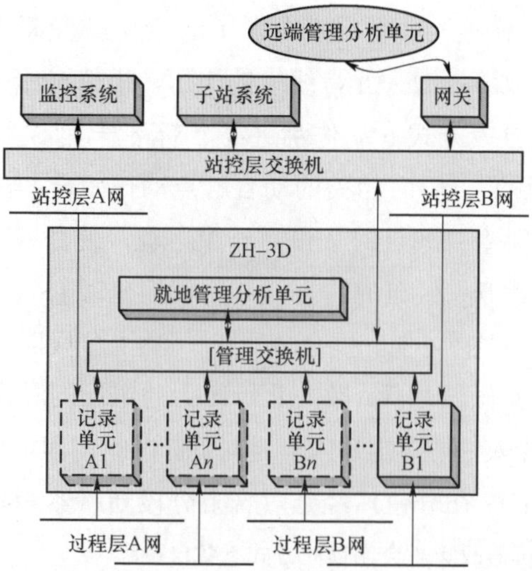

图 8－6　双套配置的采用网络通信方式的故障录波装置典型系统架构图

1. 国家电网有限公司对于智能变电站故障录波装置的功能及技术要求

（1）装置应能完成线路、变压器、发电机变压器组各侧断路器、隔离开关及继电保护的开关量和电气量的采集和记录、故障启动判别、信号转换等功能。对于线路，装置还应能记录高频信号量。

（2）装置应具有线路、变压器及发电机变压器组的异常或故障数据的触发记录功能，当机组或电网发生大扰动时，能自动地对扰动的全过程按要求进行触发记录，并当暂态过程结束后，自动停止触发记录。

（3）装置应具有连续记录扰动全过程数据的能力，并能根据内置判据在连续记录数据上标记出扰动特征，以便事件（扰动）提醒和数据检索。

（4）装置记录的数据应有足够的真实性，能准确反应非周期分量及谐波分量。

（5）装置内存容量应满足在规定的时间内连续发生规定次数的故障时能不中断地存入全部故障数据的要求。

（6）在装设装置的线路、变压器或发电机变压器组故障时，装置应能提供简要的故障信息报告，以便于运行人员的处理。输出信息至少应包括故障元件、故障类型、故障时刻、启动原因（第一个启动暂态记录的判据名称）、保护及断路器动作情况、安全自动装置动作情况等。对线路故障，还应能提供故障测距结果。

（7）装置应具有本地和远方通信接口及与之相关的软件、硬件配置，能就地实现存储录波数据、调试、整定和修改定值、监视信号、复归信号、控制操作、形成故障报告、远程传送、通信接口等功能，并在远方实现修改定值、监视信号、复归信号、控制操作等功能，同时还应具备与保护和故障信息管理子站系统的接口，以实现对装置的故障警告、启动、复归和波形的监视、管理等，并具有远传功能将录波信息送往调度端。装置数据通信应符合 DL/T 860《变电站通信网络和系统》系列标准的要求。

（8）装置应具有向其他就地及远方存储设备方便、快速导出数据的功能，也应具有利用数据网方式实现远方调用连续录波数据的功能，并可按时段和记录通道实现选择性调用。

（9）装置面板应便于监测和操作。应具有装置运行、启动、故障或异常的报警指示等，并应有录波启动报警、异常报警、故障报警和电源消失报警等主要报警硬接点信号输出。

（10）装置屏柜端子不应与装置弱电系统（指 CPU 的电源系统）有直接电气上的联系。针对不同回路，应分别采用光电耦合、带屏蔽层的变压器磁耦合等隔离措施。

（11）对于数字信号接入的装置应能实现预警功能，当报文或网络异常时，给出预警信号；当发生采样值异常或 GOOSE 异常时，应启动录波。装置宜具备原始报文检索和分析功能，可显示原始 SV 报文的波形曲线。

（12）装置硬件及结构。

1）对装置记录量的配置要求如下：不少于 64 路模拟量信号/128 路开关量信号；接入的 MU 个数不少于 24 台，经挑选的 SV 通道数不少于 128 路。GOOSE 控制块不少于 64 个，经挑选的 GOOSE 信号不少于 512 路。“经挑选的通道”是指录波后在 COMTRADE 文件中可见的通道。

2）装置宜由下列功能单元组成：数据采集单元、数据处理单元、管理单元。

2. 故障录波装置的现场调试

故障录波装置的现场调试相对简单，一般可以在站内网络搭建完毕后与保护装置的整组试验同步进行，调试前应对故障录波装置的配置文件进行检查，主要调试内容及要求如下。

（1）调试前准备工作：检查故障录波装置导入的 SCD 文件是否与系统集成商提供的 SCD 文件一致；检查故障录波 VLAN，即故障录波应能对交换机哪些端口进行录波，如果 VLAN 错误，那么录波装置可能对某个间隔无法录波。

（2）模拟量验证：配合通流和通压试验，核对录波装置能正确启动，波形文件正确，且模拟量名称定义正确，符合调度命名。

（3）开关量验证：配合保护装置传动，核对录波装置能正确启动，且开关量名称定义正确，符合调度命名。

（4）录波文件就地调取验证：录波装置根据定值能正确启动并就地调取查看、复制。

（5）录波文件远传验证：具有远传功能的故障录波装置，录波主站远方调用录波文件正确。

（6）装置信号验证：装置动作、异常、告警等信号正确，监控系统信息正确。

8.3　保信子站调试流程及验收标准

继电保护故障信息管理子站（以下简称保信子站）主要用于连接厂站内的继电保护、测控及故障录波等 IED 设备，担负着站内故障信息的上传下达任务，可以实时提取装置的定值、遥测值、开关量、压板状态等信息，允许对装置发送控制命令（如修改定值、远程复归等）。当电网发生故障时，能立即采集和处理装置上送的故障事件、告警信息、开关变位及故障波形，同时向上级调度主站转发突发故障信息。随着智能变电站的发展，保信子站作为重要的保护信息感知装置，发挥的桥梁作用也越来越明显。典型的系统架构图如图 8-7 所示。

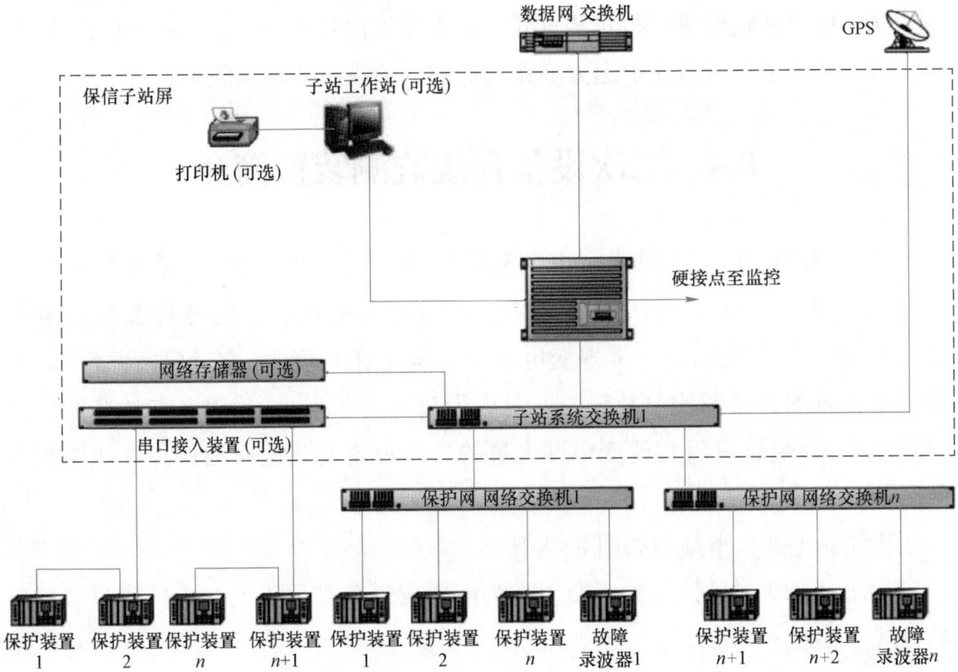

图 8-7　系统架构图

智能变电站的保信子站与常规变电站类似，采用 IEC 61850《电力应用自动化用通信网络和系统》协议与保护装置进行通信，一般可以在站内网络搭建完毕后与保护装置的整组试验同步进行，主要调试内容及要求如下：

（1）数据库建模检查：保信子站应具备主接线及保护配置示意图，且图形建模与现场情况相符，命名符合调度规范。

（2）数据处理功能检查：检查保护信息分类、合并及排序，定值检查、录波分析、故障测距、数据上传等子系统功能正确完备，具备保护装置通信状态监视、告警功能。

（3）数据上送功能检查：检查保信子站与保护通信正常，与主站通信及调用、上送数据正常，定值、采样值、录波数据、故障数据、保护通信告警等正确完备。

（4）与保护网络通信检查：检查保信子站调取保护信息功能正常，定值、采样值、录波数据、故障数据等正确完备。

（5）整组传动：结合保护验收核对保护装置上送到保信子站所有报文信息正确，同一型号装置抽检一台。

（6）信号回路检查：检查装置异常、告警等信号正确，监控系统信息正确。

（7）保信子站具备保护远方操作功能的，验收时应逐项验证。

8.4 二次设备在线监测装置简介

智能变电站的二次回路由电缆回路变为光纤“虚回路”，采用的三层两网的网络架构增加了信息交互的层级，同时设备数量、信号种类与数量都大幅增加，复杂度远高于常规变电站，运维工作难度大。在这种背景下，站内二次设备的在线监测与故障诊断已成为研究的热点，二次设备在线监测装置应运而生，该装置可对智能变电站大量的二次设备及其虚回路进行在线监测及故障诊断。

智能变电站典型结构如图 8－8 所示。

二次设备状态监测与诊断装置作为间隔层设备部署于安全Ⅰ区，该装置单独呈现，如图 8－9 所示。

该装置由数据管理单元与数据采集单元组成：数据采集单元负责采集、处理并转发过程层数据至数据管理单元；数据管理单元负责采集站控层网络数据，并汇同数据采集单元转发而来的过程层数据进行集中处理、存储与界面展示。同时，数据管理单元还负责将二次设备在线监视与诊断的结果等信息传送至主站端。

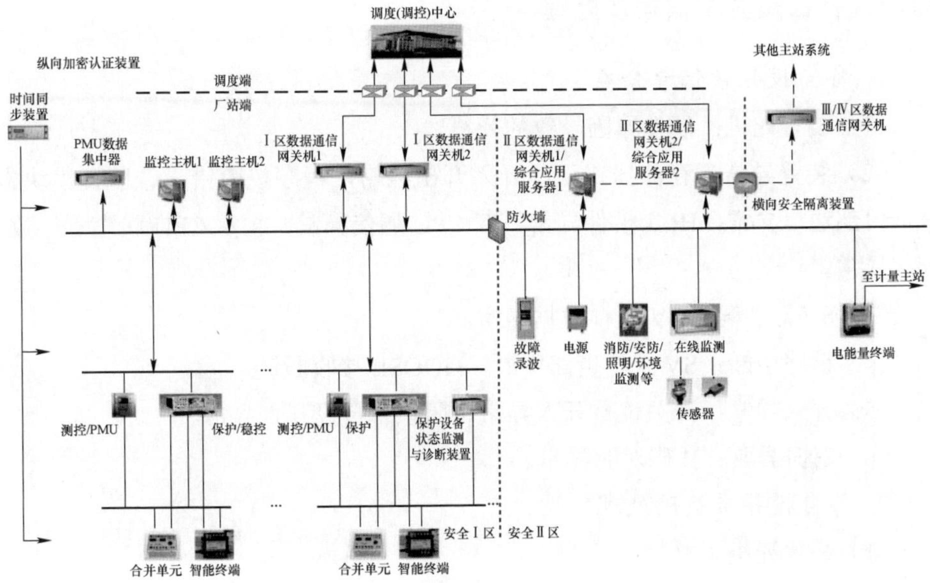

图 8－8　智能变电站典型结构

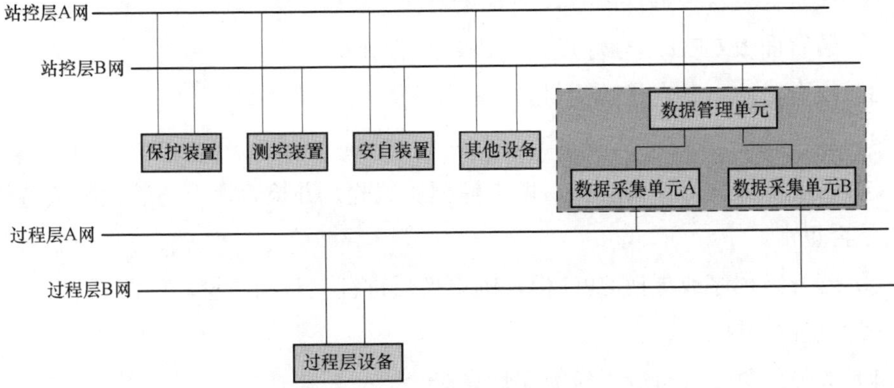

图 8－9　二次设备状态监测与诊断装置

8.5　其他二次设备典型异常现场现象、影响及处理措施

本节通过故障异常现象、原因分析、安全措施、操作验证几个环节，详细介绍备自投、故障录波装置、保护信息子站异常信号及其处理方法。

8.5.1 备自投异常信号及处理

1. 备自投异常信号分类

（1）装置死机：硬件原因导致的死机。

（2）装置异常：存储器错误，开入开出异常，程序校验错误、监视模块告警，内部通信异常，HMI 模件异常，双 CPU 通信异常，主从 CPU 状态不一致、开入异常。

（3）SV 总告警：SV 采样数据异常。

（4）链路中断：SV 采样链路中断，GOOSE 接收断链。

（5）开入异常：开关位置开入异常、闭锁备自投开入异常。

（6）对时异常：B 码对时异常。

2. 备自投异常缺陷处理

（1）装置死机。

1）故障现象：装置无法进行正常操作。

2）原因分析：

① 装置失电告警触点闭合，装置失电。

② 装置面板 CPU 运行灯熄灭，CPU 插件死机。

3）安全措施：备自投改信号。

4）操作验证：

① 若电源板故障，则更换后做电源模块试验，并检查所有与装置相关链路通信是否正常。

② 若升级程序或更换 CPU 板，则更换后进行完整的装置功能测试。

（2）链路中断。

1）故障现象：备自投“告警”灯亮。

2）原因分析：

① 备自投故障。

② 链路对侧装置故障。

③ 交换机故障。

④ 光纤链路故障。

3）安全措施：备自投改信号。

4）操作验证：

① 检查当地监控后台，查看 GOOSE 和 SV 链路通信二维表：若备自投故障，则二维表中与备自投 GOOSE 和 SV 通信均为中断状态；若只有单条链路中断，则可能为本侧光口、对侧装置或光纤回路故障。采用抓包方式检查，在对侧装置处抓包，若无报文或报文异常，可判断为对侧装置故障。在备自投接收光纤处抓包，若报文正常，可判断为备自投接收光模块故障。

② 备自投装置故障：若电源板故障，更换后做电源模块试验，并检查所有与保护装置相关的链路通信是否正常；若升级程序或更换 CPU 板、通信板，更换后需进行完整的保护功能测试；若其他插件故障，更换后需测试该插件的功能。

③ 对侧装置故障：若电源板故障，则更换后做电源模块试验，并检查所有与该装置相关的链路通信是否正常及相关保护的采样值是否正常；若升级程序或更换 CPU 板、通信板，更换后需进行完整的装置测试；若其他插件故障，更换后需测试该插件的功能。

④ 光纤或熔接口故障，则更换备芯或重新熔接光纤，更换后测试光功率正常，链路中断恢复。

（3）开入异常。

1）故障现象：装置“告警”灯亮，发装置异常信号。

2）原因分析：

① 备自投异常：开入插件异常。

② 智能终端异常：软件原因、CPU 板件故障、通信板件故障、其他插件故障。

③ 变压器保护异常：软件原因、CPU 板件故障、通信板件故障、其他插件故障。

3）安全措施：备自投改信号。

4）操作验证：

① 检查装置告警报文：如报××位置异常，装置面板告警灯点亮，是因为装置跳位且有流，则检测开关位置回路；如报××拒跳，装置面板告警灯点亮，是因为装置跳令发出后 5s 内未收到跳位，则检测跳闸回路及开关位置回路；如报备自投充电不成功告警，装置面板告警灯点亮，是因为备自投功能投入时超过 20s 仍未充电完成（自检功能投入），则检查充放电条件；如报控制回路异常告警，装置面板告警灯点亮，是因为分段开关跳位与合位同时为 1 或 0，则检测

分段开关位置回路；如报弹簧未储能告警，装置面板告警灯点亮，是因为连续 20s 收到弹簧未储能开入，则检查弹簧未储能开入；如报 GPS 脉冲消失，检查 GPS 对时信号和装置对时方式。

② 位置异常：若外部电缆开入信号不符合现实情况，则检查外部回路，修正后位置异常消失，做传动试验。

③ 位置异常：若是过程层开入插件故障，则更换过程层开入插件，更换后检查备自投内开入量。

④ 拒跳：排查跳闸回路，若是操作插件问题，则更换操作插件；查看开关位置回路故障，若是开入插件问题，则更换开入插件，更换后进行传动试验。

⑤ 充电不成功：检查充电功能压板和控制字是否投入，并检查开关跳合位开入是否符合充电条件，修正后正常充电即可。

⑥ 控制回路异常：检查跳合位监视回路，若是过程层操作插件故障，则更换操作插件，更换后进行传动试验。

8.5.2 故障录波器异常处理

1. 故障录波装置异常信号分类

（1）装置死机、失电：硬件原因导致的死机、失电。

（2）开入异常：装置开入异常。

（3）采样异常：装置采样异常。

（4）站控层通信中断：装置或通信链路异常导致与主站通信中断。

（5）同步异常：时间有误，对不上同步时钟系统。

2. 故障录波装置异常缺陷处理

（1）装置死机/重启、失电。

1）故障现象：装置无法进行正常操作。

2）原因分析：装置故障、装置电源空气断路器跳闸、软件原因。

① 检查故障录波器死机是否与外接信号有关，断开所有接入报文。若仍死机/重启，则初步判断为装置自身软件和硬件引起，否则说明由外部报文输入触发。

② 对于装置自身原因，需进一步检查电源（输入输出）、其他硬件（内存、硬盘、插件）、软件。

③ 对于外部输入原因，需要检查报文是否有效（时间序列、内容、流量）。

如果报文一切正常，则可能是报文触发了装置的潜在异常。

3）安全措施：断开故障录波器的录波启动、装置异常告警开出触点。

4）操作验证：

① 检查电源端子处的输入电压，电源屏与电源端子之间连线是否完好。排除接触不良、电压不足等问题。

② 检查装置电源模块输出是否达到设计要求，排除因模块老化、抗干扰能力不足、输出功率不足或不稳定使装置无法正常运行的情况。

③ 检查内存、硬盘、其他插件是否安装良好，装置温度是否在正常范围内，排除因硬件异常导致的装置自复位。

④ 检查软件是否有相关界面提示或跟踪信息可供参考。

⑤ 手动启动试验，主站调阅试验。

（2）开入异常。

1）故障现象：故障录波器内显示的开入量与实际不符。

2）原因分析：GOOSE 开入报文的发送端故障或故障录波器故障。

① 检查后台，若多套与该 GOOSE 报文相关的其他装置有开入异常信号，则初步判断为该 GOOSE 发送端故障。

② 在故障录波器 GOOSE 报文接收端抓包，若抓包报文异常，则初步判断为该 GOOSE 发送端故障；若报文正常，则为故障录波器故障。

3）安全措施：断开故障录波器的录波启动、装置异常告警开出触点、退出相关开关量启动定值。

4）操作验证：

① GOOSE 发送端故障：升级程序或更换板件。若电源板故障，更换电源板后需做电源模块试验，并检查所有与合并单元相关装置的采样值是否正常；若升级程序或更换 CPU 板、通信板，更换后进行完整的合并单元测试。

② 故障录波器故障：升级程序或更换板件。若电源板故障，更换电源板后需做电源模块试验，并检查所有 SV 接收与计算采样值正常；若升级程序或更换 CPU 板、通信板，更换后进行完整的录波功能测试。

（3）采样异常。

1）故障现象：故障录波器内显示的采样值与实际不符。

2）可能原因：合并单元故障或故障录波器故障。

① 检查后台，若多套与该合并单元相关的保护装置有采样异常信号，则初

步判断为合并单元故障。

② 在故障录波器 SV 报文接收端抓包，若抓包报文异常，则初步判断为合并单元故障，若报文正常则为故障录波器故障。

3）安全措施：断开故障录波器的录波启动、装置异常告警开出触点、退出相关采样值启动定值。

4）操作验证：

① 合并单元故障；升级程序或更换板件。若电源板故障，更换电源板后需做电源模块试验，并检查所有与合并单元相关装置的采样值是否正常；若升级程序或更换 CPU 板、通信板，更换后进行完整的合并单元测试。

② 故障录波器故障：升级程序或更换板件。若电源板故障，更换电源板后需做电源模块试验，并检查所有 SV 接收与计算采样值正常；若升级程序或更换 CPU 板、通信板，更换后进行完整的录波功能测试。

（4）站控层通信中断。

1）故障现象：故障录波器与主站通信中断。

2）原因分析：故障录波器故障或故障录波器至省调接入网非实时交换机的链路故障，省调接入网非实时交换机至省调网关路由器之间的设备故障，包括纵向加密装置、主站自动化策略配置错误均可能导致站控层通信中断。

① 检查故障录波器是否异常，如有异常告警信息，则为故障录波器故障。

② 用 Ping 命令，检查故障录波器至省调接入网非实时交换机是否能够 Ping 通。若无法 Ping 通，则为此区间故障，逐一排查此区间设备。

③ 用 Ping 命令，检查省调主站至省调接入网非实时交换机是否能够 Ping 通。若无法 Ping 通，则为此区间故障，逐一排查此区间设备。

3）安全措施：主站相关设备网安置检修，执行网络安全措施，防止出现网安告警。

4）操作验证：

① 交换机故障：升级程序或更换装置。若电源板故障，更换电源板后需做电源模块试验，并检查所有网口通信是否正常；若升级程序或更换装置，更换后进行完整的交换机功能测试。

② 网线连接异常：更换备用网线，更换通信恢复。

③ 策略配置错误：按照变电站配置策略，客户端收到 Ping 响应，通信恢复。

（5）同步异常。

1）故障现象：故障录波器与 GPS 时间不一致。

2）可能原因：故障录波器故障或 GPS 故障。

① 检查时钟设备信号输入有效性，若多套与故障录波器接收相同时钟信号输出板的装置也有采样同步异常信号，则初步判断为同步时钟故障；若其他装置无告警，则用同步信号测试仪验证信号是否有效。

② 对时信号有效时，检查故障录波器对时配置，如果时钟选择与输入相符，则为故障录波器故障。

3）安全措施：无。

4）操作验证：

① 时钟设备故障：升级程序或更换板件。若电源板故障，则更换电源板后需做电源模块试验，并检查所有同步输出口的信号是否有效；若升级程序或更换 CPU 板、扩展板，则更换后进行完整的时钟设备测试。

② 故障录波器故障：升级程序或更换板件。若电源板故障，则更换电源板后需做电源模块试验，并检查所有对时功能正常；若程序升级或更换 CPU 板、对时板，则更换后进行完整的录波功能测试。

8.5.3　保信子站异常处理

1. 保信子站异常信号分类

（1）装置死机：硬件原因导致的死机。

（2）电源异常：电源插件异常导致装置失电。

（3）站控层通信中断：装置或通信链路异常导致与主站通信中断。

2. 保信子站异常缺陷处理

（1）装置死机。

1）故障现象：装置死机。

2）原因分析：系统崩溃、软硬件不兼容、扩展网卡故障、强制关机或掉电。

3）操作验证：

① 系统崩溃：确认是否是硬件问题，重新安装系统。

② 软硬件不兼容：升级软件程序，消除问题。

③ 扩展网卡故障：重新安装网卡驱动。

④ 强制关机或掉电：重新安装系统，严格按照正确步骤关/开机。

（2）电源异常。

1）故障现象：装置失电。

2）原因分析：电源线或电源模块损坏，装置直流空气断路器故障。

① 若空气断路器上、下端直流电压不一致，则空气断路器故障。

② 若装置电源端子上直流电压值正常，则确认为装置电源板故障。

3）操作验证：

① 空气断路器故障：更换后确认装置正常启动。

② 装置故障：需更换电源板，更换后做电源模块试验。

（3）站控层通信中断。

1）故障现象：通信中断。

2）原因分析：

① 网线或网口松动。

② 交换机故障。

③ 保护更换模型文件。

3）操作验证：

① 网线或网口松动：确认是否是网口或网线松动，重新固定插入。

② 交换机故障：确认是否是交换机故障，重启交换机尝试修复。如通信依旧未恢复，则中断，并请联系厂家更换。

③ 保护更换模型文件：确认保护是否更换模型，如确定更换，则联系厂家更新子站模型。

第9章

典型案例分析

9.1 智能变电站主变压器保护链路异常的分析

9.1.1 现场检查情况

2013年6月20日，110kV ××变电站1号主变压器差动保护、高后备保护装置报链路异常信号，现场检查保护装置采样正常，通道状态及品质位都为1（正常），查看通道报告为110kV进线一品质因数异常、桥TA1品质因数异常。主变压器保护手动录波波形如图9－1所示。通过对录波波形分析，发现高压侧B相电流Q和高压桥A相电流Q波形是方波波形，保护装置接收到高压侧B相电流Q和高压桥A相电流Q品质因数变位，导致保护装置报链路异常信号。

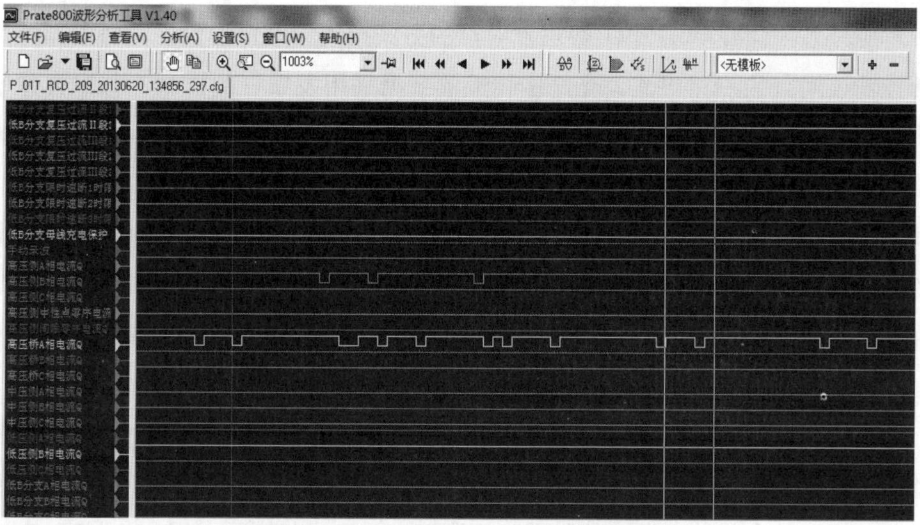

图9－1 主变压器保护手动录波波形

现场工作人员通过对光纤接线检查、抓包合并单元发出的数据进行分析，发现主变压器保护双AD采样不一致门槛值设置过低，导致双AD采样不一致闭锁置1，主变压器保护装置发110kV进线一、桥开关TA1品质因数异常直接闭锁保护。

9.1.2 异常原因分析

1. 光纤接线检查分析

智能变电站保护装置的电流采样与传统变电站电缆连接不同，智能变电站保护装置电流是由光纤连接。电流由模拟信号转为数字信号通过光纤从电子互感器出来传给合并单元，再由合并单元将各单相电压、电流数字量进行合并，然后按照一定格式传给保护装置。光纤连线中断或接触不良以及衰耗对保护装置的采样会产生很大的影响。现场检修人员根据竣工图纸检查合并单元至主变压器保护装置之间各光纤连线正确、光纤接口牢靠，然后使用光功率机测量合并单元和1号主变压器保护电流采样光纤数据，测试结果显示110kV进线一和高压桥光纤接线连接正确，采样结果正确，衰耗在正常范围内。

2. 数据失帧、丢包检查分析

主变压器上的间隔配置互感器－采集器－合并单元，和主变压器保护装置一一对应介入。合并单元MU数据点对点的方式接入主变压器保护，每根光纤负责传输该间隔的三相电流。光纤中传输的数据采用发布订阅机制，每个合并单元均按照IEC 61850－9－2－2011《公用电力事业自动化的通信网络和系统 第9－2部分：专用通信服务映射（SCSM） 通过ISO/IEC 8802－3的抽样值》帧结构发送数据包，每帧报文中均包含有站内唯一的AppID组号、MAC地址、VLANID、SVID、ConRev等。尽管是直采接入方式，但考虑到数据的安全和准确性，主变压器保护装置在接收数据时按照上述信息标签和信息结构接收，只有完全对应时才能正确接收。

现场通过网络分析仪对110kV进线一、桥开关合并单元抓包1min，对抓包数据进行分析如图9－2所示，从图中可以看出在1min的抓包文件中110kV进线一、桥开关合并单元发出的数据完好正确，没有失帧或丢包现象，只有2次发送频率抖动报文。

图 9－2　网络分析仪分析 110kV 进线 1 合并单元数据图

3. 双 AD 采样不一致分析

保护装置在对双 AD 数据的实现方法上有三种不同方式。

（1）双 CPU，每路数据进入一个，两个 CPU 与逻辑出口。

（2）双核心，两路数据同时进入同一个 CPU，其中一路数据做启动逻辑，一路数据做跳闸逻辑，出口前启动逻辑和跳闸逻辑相“与”。

（3）双 CPU 单核心，双 AD 同时进入 CPU，如果双 AD 数据异常则将该组数据的品质因数置为无效用以闭锁保护，如果正常则进入保护 CPU 进行逻辑运算。

本站主变压器保护装置采用第三种方式，在双 AD 数据异常时直接闭锁保护装置，不会造成保护误动作。双 CPU 单核心数据流程图如图 9－3 所示。

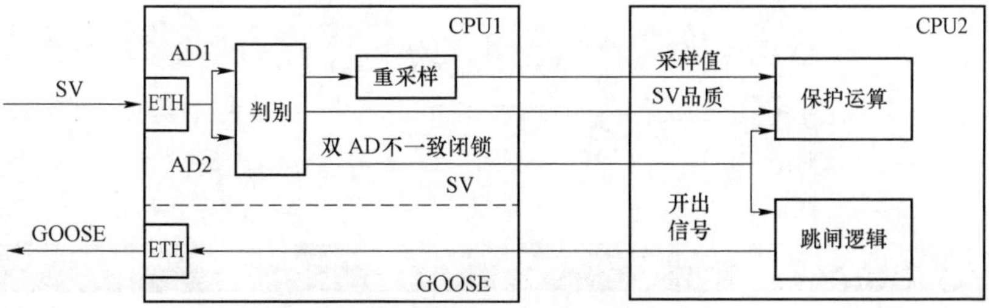

图 9－3　双 CPU 单核心数据流程图

对于双 AD 数据，当主变压器保护装置接收到经过合并单元合并之后的双 AD 数据之后，保护装置现判断其幅值差和相角差是否在误差允许的范围内。如果在误差保护范围内，保护装置就认为该组数据正常，可以正常使用；若两组数据相差比较大，保护装置就认定该组数据异常，保护不宜直接采用，为防止保护误动作，此时应闭锁保护。本站的主变压器保护双 AD 判别的方案：当两路 AD 的矢量差大于 10%，并且采样的幅值差大于 100 000（一次值为 10A）时，则认为 AD 数据异常。假设第一路数据位 I_1，第二路数据位 I_2（I_1、I_2 均为瞬时值），则当（$I_1>1.1I_2$ 或 $I_1<0.9I_2$）且（$|I_1-I_2|>100\,000$）时认为双 AD 数据异常。

通过网络分析仪对合并单元发出的数据进行双 AD 偏差分析，从图 9－4 可以看出 AD1 通道和 AD2 通道 A、B、C 相保护电流有 162 032 个越限点数，越限比例达到 67.51%，最大偏差达到 72.00%。保护装置接收到 AD1 通道和 AD2 通道电流数据偏差远远大于双 AD 判据，因而保护装置接收到双 AD 采样不一致信号发 110kV 进线一、桥开关 TA1 品质因数异常。现场工作人员对主变压器保护装置双 AD 判别的方案进行认真分析讨论，并查看双 AD 采样不一致门槛值，发现主变压器保护双 AD 采样不一致门槛值为 10 0000（一次值为 10A），110kV 进线一开关、桥开关 TA 变比是 2000/5，所以 AD1 通道和 AD2 通道二次电流只要

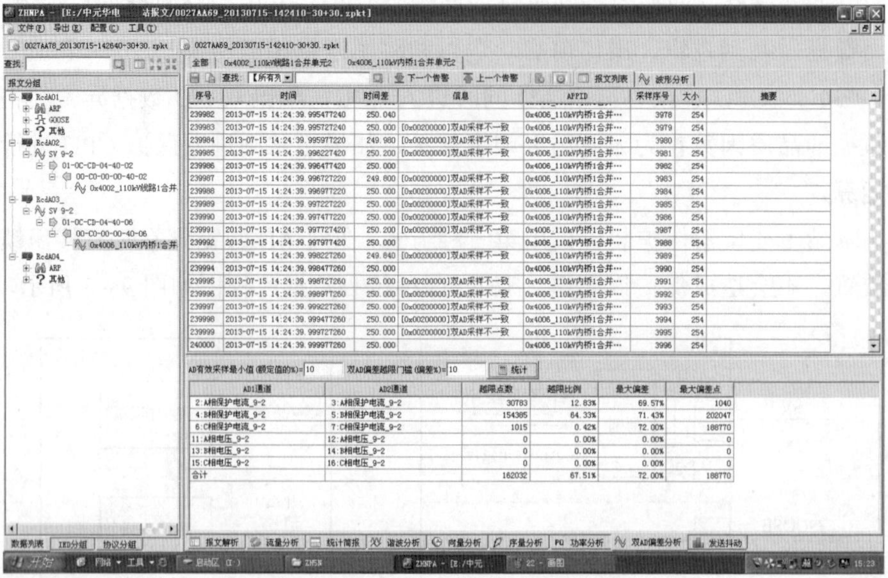

图 9－4　110kV 内桥 1 合并单元数据分析图

相差 0.025A 时，双 AD 采样不一致，闭锁就置 1，主变压器保护装置发 110kV 进线一、桥开关 TA1 品质因数异常直接闭锁保护。把保护双 AD 采样不一致门槛值更改为 600 000（一次值为 60A）时，双 AD 采样不一致信号消失，保护品质因数恢复正常。

9.2　光模块损坏导致合并单元 GOOSE 告警的分析

9.2.1　现场检查情况

2015 年 11 月 3 日，220kV ××变电站发 220kV Ⅰ母合并单元 GOOSE 告警信号，当天保护人员赴现场检查发现：220kV Ⅰ母合并单元 GOOSE 光纤连接正常，合并单元随机报 GOOSE 报警动作、GOOSE 报警复归，动作与复归之间时间差有时短至几十秒，有时长达数小时。现场检查过程中合并单元自动复归。合并单元报警信号如图 9－5 所示。

2015 年 11 月 5 日，220kV ××变电站 220kV Ⅰ母合并单元再次频繁发 GOOSE 告警信号，保护人员再次赴现场检查，合并单元依然再次自动复归。

2015 年 11 月 6 日，厂家人员赴现场检查设备情况，在现场检查过程中约 14 时，220kV ××变电站再次发 220kV Ⅰ母合并单元 GOOSE 告警信号。合并单元报警信号如图 9－6 所示。

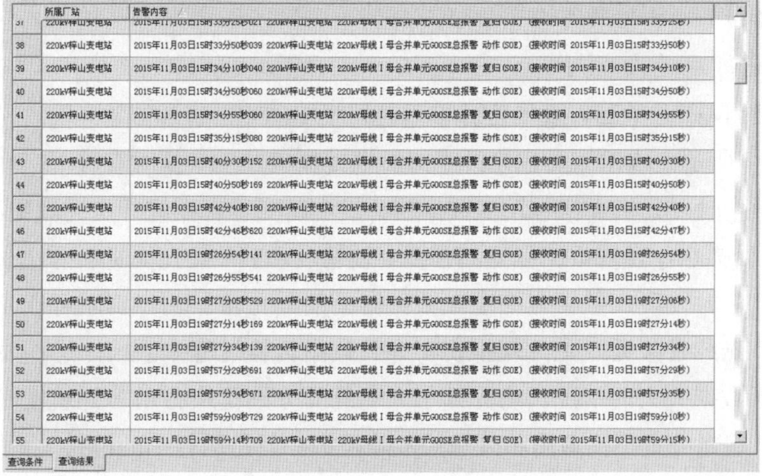

	所属厂站	告警内容
37	220kV梓山变电站	2015年11月03日15时33分25秒021 220kV梓山变电站 220kV母线Ⅰ母合并单元GOOSE总报警 复归(SOE) (接收时间 2015年11月03日15时33分25秒)
38	220kV梓山变电站	2015年11月03日15时33分50秒039 220kV梓山变电站 220kV母线Ⅰ母合并单元GOOSE总报警 动作(SOE) (接收时间 2015年11月03日15时33分50秒)
39	220kV梓山变电站	2015年11月03日15时34分10秒040 220kV梓山变电站 220kV母线Ⅰ母合并单元GOOSE总报警 复归(SOE) (接收时间 2015年11月03日15时34分10秒)
40	220kV梓山变电站	2015年11月03日15时34分50秒060 220kV梓山变电站 220kV母线Ⅰ母合并单元GOOSE总报警 动作(SOE) (接收时间 2015年11月03日15时34分50秒)
41	220kV梓山变电站	2015年11月03日15时34分55秒060 220kV梓山变电站 220kV母线Ⅰ母合并单元GOOSE总报警 复归(SOE) (接收时间 2015年11月03日15时34分55秒)
42	220kV梓山变电站	2015年11月03日15时35分15秒080 220kV梓山变电站 220kV母线Ⅰ母合并单元GOOSE总报警 动作(SOE) (接收时间 2015年11月03日15时35分15秒)
43	220kV梓山变电站	2015年11月03日15时40分30秒152 220kV梓山变电站 220kV母线Ⅰ母合并单元GOOSE总报警 复归(SOE) (接收时间 2015年11月03日15时40分30秒)
44	220kV梓山变电站	2015年11月03日15时40分50秒169 220kV梓山变电站 220kV母线Ⅰ母合并单元GOOSE总报警 动作(SOE) (接收时间 2015年11月03日15时40分50秒)
45	220kV梓山变电站	2015年11月03日15时42分40秒180 220kV梓山变电站 220kV母线Ⅰ母合并单元GOOSE总报警 复归(SOE) (接收时间 2015年11月03日15时42分40秒)
46	220kV梓山变电站	2015年11月03日15时42分46秒620 220kV梓山变电站 220kV母线Ⅰ母合并单元GOOSE总报警 动作(SOE) (接收时间 2015年11月03日15时42分47秒)
47	220kV梓山变电站	2015年11月03日19时26分54秒141 220kV梓山变电站 220kV母线Ⅰ母合并单元GOOSE总报警 复归(SOE) (接收时间 2015年11月03日19时26分54秒)
48	220kV梓山变电站	2015年11月03日19时26分55秒541 220kV梓山变电站 220kV母线Ⅰ母合并单元GOOSE总报警 动作(SOE) (接收时间 2015年11月03日19时26分55秒)
49	220kV梓山变电站	2015年11月03日19时27分05秒529 220kV梓山变电站 220kV母线Ⅰ母合并单元GOOSE总报警 复归(SOE) (接收时间 2015年11月03日19时27分06秒)
50	220kV梓山变电站	2015年11月03日19时27分14秒169 220kV梓山变电站 220kV母线Ⅰ母合并单元GOOSE总报警 动作(SOE) (接收时间 2015年11月03日19时27分14秒)
51	220kV梓山变电站	2015年11月03日19时27分34秒139 220kV梓山变电站 220kV母线Ⅰ母合并单元GOOSE总报警 复归(SOE) (接收时间 2015年11月03日19时27分34秒)
52	220kV梓山变电站	2015年11月03日19时57分29秒691 220kV梓山变电站 220kV母线Ⅰ母合并单元GOOSE总报警 动作(SOE) (接收时间 2015年11月03日19时57分29秒)
53	220kV梓山变电站	2015年11月03日19时57分34秒671 220kV梓山变电站 220kV母线Ⅰ母合并单元GOOSE总报警 复归(SOE) (接收时间 2015年11月03日19时57分35秒)
54	220kV梓山变电站	2015年11月03日19时59分09秒729 220kV梓山变电站 220kV母线Ⅰ母合并单元GOOSE总报警 动作(SOE) (接收时间 2015年11月03日19时59分10秒)
55	220kV梓山变电站	2015年11月03日19时59分14秒709 220kV梓山变电站 220kV母线Ⅰ母合并单元GOOSE总报警 复归(SOE) (接收时间 2015年11月03日19时59分15秒)

查询条件　查询结果

图 9－5　2015.11.03 合并单元报警信号

	所属厂站	告警内容
317	220kV梓山变电站	2015年11月06日17时24分31秒055 220kV梓山变电站 220kV母线Ⅰ母合并单元GOOSE总报警 动作(SOE) (接收时间 2015年11月06日17时24分33秒)
318	220kV梓山变电站	2015年11月06日17时24分40秒015 220kV梓山变电站 220kV母线Ⅰ母合并单元GOOSE总报警 复归(SOE) (接收时间 2015年11月06日17时24分41秒)
319	220kV梓山变电站	2015年11月06日17时28分24秒146 220kV梓山变电站 220kV母线Ⅰ母合并单元GOOSE总报警 动作(SOE) (接收时间 2015年11月06日17时28分24秒)
320	220kV梓山变电站	2015年11月06日17时28分26秒018 220kV梓山变电站 220kV母线Ⅰ母合并单元GOOSE总报警 复归(SOE) (接收时间 2015年11月06日17时28分27秒)
321	220kV梓山变电站	2015年11月06日17时28分30秒138 220kV梓山变电站 220kV母线Ⅰ母合并单元GOOSE总报警 动作(SOE) (接收时间 2015年11月06日17时28分31秒)
322	220kV梓山变电站	2015年11月06日17时29分59秒147 220kV梓山变电站 220kV母线Ⅰ母合并单元GOOSE总报警 复归(SOE) (接收时间 2015年11月06日17时29分59秒)
323	220kV梓山变电站	2015年11月06日17时30分01秒098 220kV梓山变电站 220kV母线Ⅰ母合并单元GOOSE总报警 动作(SOE) (接收时间 2015年11月06日17时30分03秒)
324	220kV梓山变电站	2015年11月06日17时30分10秒108 220kV梓山变电站 220kV母线Ⅰ母合并单元GOOSE总报警 复归(SOE) (接收时间 2015年11月06日17时30分11秒)
325	220kV梓山变电站	2015年11月06日17时30分44秒193 220kV梓山变电站 220kV母线Ⅰ母合并单元GOOSE总报警 动作(SOE) (接收时间 2015年11月06日17时30分44秒)
326	220kV梓山变电站	2015年11月06日17时30分46秒060 220kV梓山变电站 220kV母线Ⅰ母合并单元GOOSE总报警 复归(SOE) (接收时间 2015年11月06日17时30分47秒)
327	220kV梓山变电站	2015年11月06日17时30分50秒210 220kV梓山变电站 220kV母线Ⅰ母合并单元GOOSE总报警 动作(SOE) (接收时间 2015年11月06日17时30分51秒)
328	220kV梓山变电站	2015年11月06日17时34分34秒157 220kV梓山变电站 220kV母线Ⅰ母合并单元GOOSE总报警 复归(SOE) (接收时间 2015年11月06日17时34分34秒)
329	220kV梓山变电站	2015年11月06日17时34分36秒162 220kV梓山变电站 220kV母线Ⅰ母合并单元GOOSE总报警 动作(SOE) (接收时间 2015年11月06日17时34分37秒)
330	220kV梓山变电站	2015年11月06日17时34分40秒202 220kV梓山变电站 220kV母线Ⅰ母合并单元GOOSE总报警 复归(SOE) (接收时间 2015年11月06日17时34分41秒)
331	220kV梓山变电站	2015年11月06日17时51分29秒555 220kV梓山变电站 220kV母线Ⅰ母合并单元GOOSE总报警 动作(SOE) (接收时间 2015年11月06日17时51分30秒)
332	220kV梓山变电站	2015年11月06日17时51分32秒184 220kV梓山变电站 220kV母线Ⅰ母合并单元GOOSE总报警 复归(SOE) (接收时间 2015年11月06日17时51分33秒)
333	220kV梓山变电站	2015年11月06日17时51分35秒004 220kV梓山变电站 220kV母线Ⅰ母合并单元GOOSE总报警 动作(SOE) (接收时间 2015年11月06日17时51分37秒)
334	220kV梓山变电站	2015年11月06日17时51分39秒845 220kV梓山变电站 220kV母线Ⅰ母合并单元GOOSE总报警 复归(SOE) (接收时间 2015年11月06日17时51分40秒)

查询条件 查询结果

图 9-6　2015.11.06 合并单元报警信号

9.2.2　现场处理情况

1. 220kV 220kV Ⅰ母合并单元设备检查判断

2015 年 11 月 6 日，厂家技术人员在现场检查合并单元报文信息，装置报“GOOSE1 数据集断链”“GOOSE2 数据集断链”“GOOSE3 数据集断链”，即光纤内传输所有信息均无法接收，初步判断光纤通道存在故障。现场合并单元装置由于频繁报 GOOSE 断链动作、复归信号，判断可能是光电转换模块损坏，导致合并单元装置接收数据不稳定，现场更换光电转换模块后，故障依然存在。判断合并单元装置接收终端无故障。

2. 光纤通道检查判断

2015 年 11 月 6 日，现场合并单元装置报 GOOSE 断链告警，现场光纤连接如图 9-7 所示。技术人员在光纤Ⅰ的 a 端处抓包发现数据时有时无，而且能够接收到数据时，分析数据包发现数据包已发生畸变。根据光纤走向图依次在 b、c、d、e 处抓包，发现数据包依然存在上述情况。将 f 处光纤Ⅲ断开，在交换机端口上抓包时发现，数据包完整，数据时间间隔正常。初步判断可能光纤Ⅰ、光纤Ⅱ、光纤Ⅲ某处发生外观损伤，导致数据传输过程中丢帧，进而发生数据畸变甚至数据丢失的情况。将光纤Ⅰ、光纤Ⅱ分别更换备用芯处理发现故障依然存在，将光纤Ⅲ更换备用芯处理后故障消失。但是运行 1min 后，合并单元重发 GOOSE 断链告警信号，故障现象依然如前。判断光纤通道无故障。

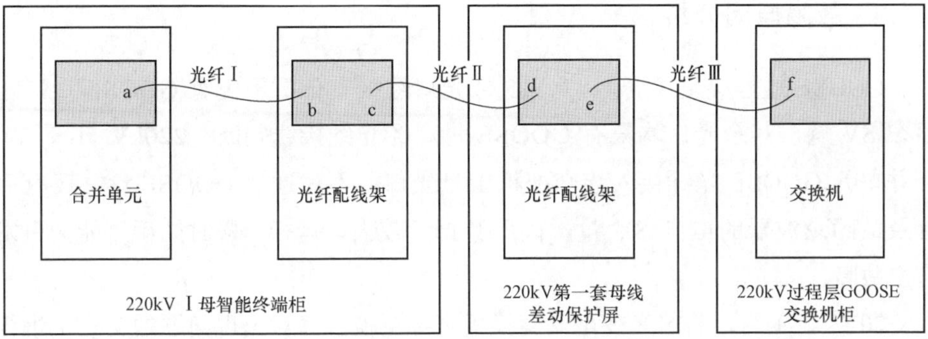

图9－7 现场光纤连接示意图

3. 交换机设备检查判断

2015 年 11 月 6 日，现场技术人员将交换机 f 处光纤Ⅲ断开，在交换机端口上抓包时发现，数据包完整，数据时间间隔正常。将光纤恢复后发现故障消失，但是运行 1min 后，合并单元重发 GOOSE 断链告警信号，故障现象依然如前。现场将交换机 f 处端口连接抓包工具进行长时间抓包后发现，开始时刻数据完整、报文正常，但是 1min 左右之后，接收到的数据速率减慢，有些报文发生畸变，再长时间之后发现，抓包工具接收不到任何报文。现场技术人员判断有可能交换机输出光口故障，将交换机重新划分 VLAN，将该光纤改至备用光纤口 9 号口后，故障消失，并且经过一段时间观察后发现，设备已恢复正常运行状态。

220kV 过程层 GOOSE 交换机背面如图 9－8 所示。

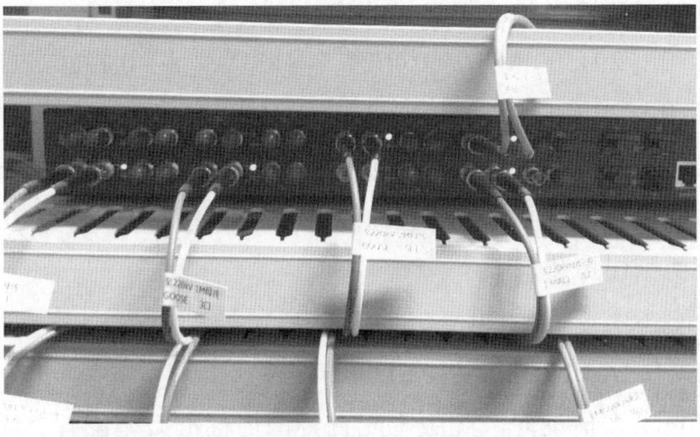

图9－8 220kV 过程层 GOOSE 交换机背面

9.2.3 故障原因分析

GOOSE 过程层交换机 1、7、15 号光口经报文分析不仅有 GOOSE 量，还存在 SV 量，其余光口均只有 GOOSE 量。经光纤接线判断，220kV Ⅰ母 TV 合并单元 GOOSE 光纤接入该交换机 1 号光口，不仅通过 GOOSE 量，还有后台及故障录波器的电压 SV 量，因此数据量较大，运行一段时间后可能会引发输出故障。

2017 年 1 月，将××变电站交换机全部更换，并对出现问题的交换机进行检测，通过检测发现该交换机 ST 光模块内部的限幅放大芯片（LA）失效，芯片工作异常，导致交换机故障。

9.3 虚端子未连接导致纵联差动通道采样异常的分析

9.3.1 现场检查情况

2018 年 2 月 6 日，110kV ××变电站××间隔报“纵联差动保护启动”，保护人员对该装置进行现场检查。

（1）现场进行模拟量相量测量。以Ⅰ母电压 A 相为基准，A、B、C 相电流均为 0.1729A，A 相角度 162°，B 相角度 45°，C 相角度 −80°。与保护装置测量值进行对比，采样值正确，同时观察故障录波器采样值也正确。通过以上情况判断，合并单元采样值传输至保护装置与故障录波器均正确。

（2）检查保护装置纵联差动通道采样。

本侧：$I_a=0.1729\angle 0^\circ$ A，$I_b=0.1729\angle -113^\circ$ A，$I_c=0.1729\angle 124^\circ$ A。

对侧：$I_a=0.1729\angle -146^\circ$ A，$I_b=0.1729\angle 90^\circ$ A，$I_c=0.1729\angle -31^\circ$ A。

纵联差动通道采样值不为相互反相，存在 30° 左右角差，故存在纵联差动电流。联系电厂侧检查电厂侧保护装置内纵联差动通道采样也存在 30° 左右角差。

（3）检查两侧保护装置版本。

本侧：CSC163AE V2.052013.0854F1 23FD。

对侧：CSC163A V2.032013.10 CC5F 5DB9。

联系厂家技术人员询问，此版本配置为国内标准版本配置。不存在装置版本不匹配问题。

（4）检查两侧保护装置控制字。联系厂家技术人员确认，可能引起通道采样异常控制字仅有“通道 A 选择内时钟”控制字，检查两侧保护装置控制字设置，两侧保护装置控制字均选择“内时钟”对时方式。不存在控制字投入错误导致通道采样异常。

9.3.2　合并单元对 SV 报文的要求

智能变电站中，一次设备智能化要求实时电气量和状态量采集由传统的集中式改为分布式采样，合并单元是其中重要的组成部分，它对来自二次转换器的电流或电压数据进行时间相关组合，完成数据同步、电压切换等功能。间隔层设备对合并单元发出的 SV 报文有严格的要求，报文应满足以下要求：

（1）SV 报文丢帧率。检验 SV 报文的丢帧率，10min 内不丢帧。

（2）SV 报文的完整率。检验 SV 报文中序号的连续性，SV 报文的序号应从 0 连续增加到 $50N-1$（N 是每个周波的采样点数，合并单元每个周波采 80 个点，所以 SV 报文中的序号范围是 0～3999），再恢复到 0，任意相邻两帧 SV 报文的序号应连续。

（3）SV 报文发送频率。80 点采样时，SV 报文应每一个采样点一帧报文，SV 报文的发送频率应与采样频率一致，即 1 个 APDU 包含 1 个 ASDU。

（4）SV 报文发送间隔离散度。检验 SV 报文发送间隔是否等于理论值 $20/N$（单位为 ms，N 为每周波采样点数，一个周波采 80 个点，一个周波 20ms，故采样间隔为 0.25ms）。测出的间隔抖动应在 ±10μs 之内。

（5）SV 报文品质。在互感器工作正常时，SV 报文品质应无置位，在互感器工作异常时，SV 报文品质应不附加任何延时正确置位。

9.3.3　故障原因分析

在 SCD 文件虚端子连接时，保护装置与合并单元之间的“额定延时”通道虚端子未连接，导致本侧电流采样传输至对侧未经过通道延时修正，而对侧为常规站，其电流采样为实时值。故本侧电流采样与对侧电流采样存在一个通道延时的时间差。间隔合并单元因为级联母线合并单元电压采样，合并单元设置通道延时为1750μs，角差为 $\frac{1750}{1000}\times\frac{1}{20}\times 360^\circ = 31.5^\circ$。

以 31.5° 角差为例，A 相差动电流 $I_{CA}=2I_A\sin\frac{31.5^\circ}{2}=0.542I_A$。现场实际运行过程中纵联差动通道的角差在 25°～30° 波动，故差动电流为相电流一半左右。

9.3.4 处理情况

由后台厂家更改 SCD 文件，连接保护装置与合并单元之间的“额定延时”通道虚端子，保护厂家从 SCD 文件中导出配置文件下载到保护装置中。

9.4 网络报文丢包造成备自投装置动作异常的分析

9.4.1 事故经过

某变电站 110kV 一次系统电气主接线如图 9－9 所示。主接线方式为不完全扩大内桥接线方式。正常运行方式为 578 线路带 1 号主变压器运行，577 线路通过 500 开关带 2 号主变压器运行，400 开关处于热备用方式。

2020 年 5 月 11 日，由于 577 线路故障，577 对侧保护动作，跳开 577 对侧开关，造成该变电站内 110kV Ⅱ母失压，备自投保护装置动作，跳开 500 开关，但是未合上 400 开关。

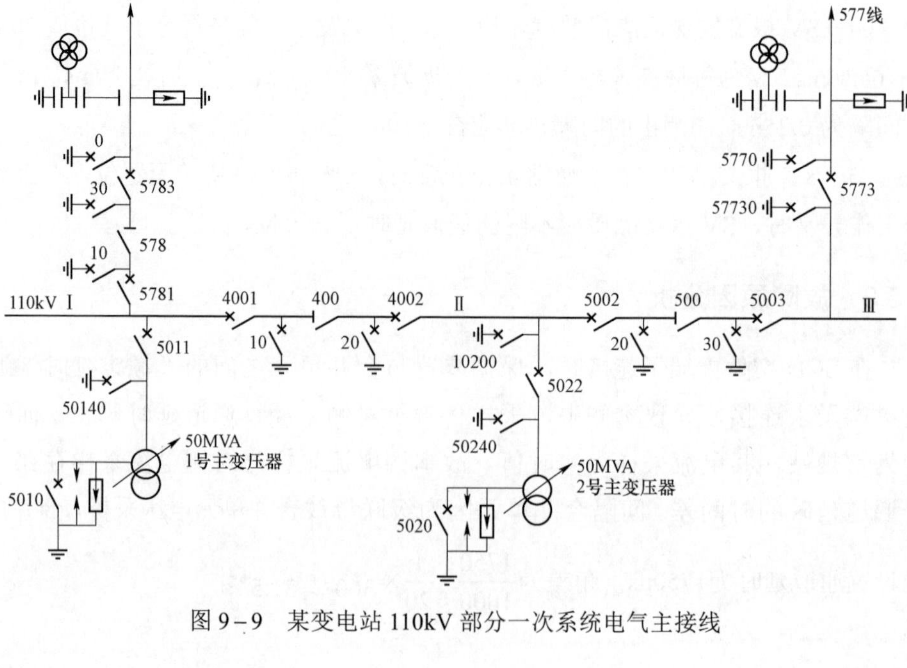

图 9－9 某变电站 110kV 部分一次系统电气主接线

现场备自投保护装置如下：

2020 年 5 月 11 日，16:29:23.310，备自投启动；

3502ms，跳电源 2 断路器；

2020 年 5 月 11 日，16:29:27.309，断路器拒跳。

9.4.2　事故分析与处理

通过图 9－10 备自投保护故障录波文件进行查看，备自投发出 500 开关跳闸命令，但是备自投未接收到 500 开关跳闸位置信号。

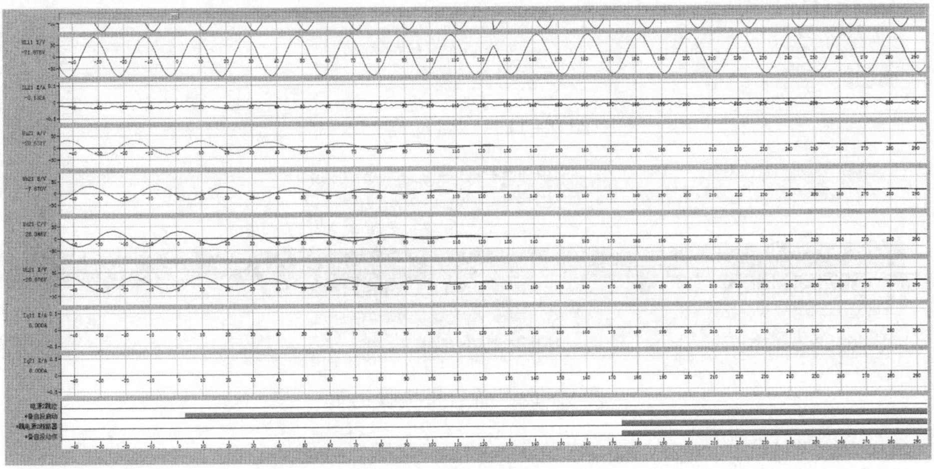

图 9－10　110kV 备自投动作录波

通过后台检查开关变位信息如图 9－11 所示，发现 16:29:26.812 备自投动作发出跳 500 开关指令，16:29:26.896 内桥 2 测控装置收到开关跳闸位置。备自投发出跳闸命令 84ms 后，测控装置接收到开关跳闸位置，可认为 500 开关实际跳开。

在图 9－12 后台信号记录中发现 16:31:37.327，备自投接收到 500 开关分闸位置。在备自投发出跳闸命令 2min10s 后，备自投接收到开关分闸位置，认定为备自投接收 GOOSE 报文异常。

现场检查，备自投采用直采直跳接线方式，排除光纤通道、光纤模块等硬件故障后，认定为软件系统故障。抓取网络报文进行分析，报文分析软件显示合智一体装置发送给备自投的网络报文存在大量丢包现象（如图 9－13 所示），软件中显示 SV、GOOSE 报文均存在丢帧现象。

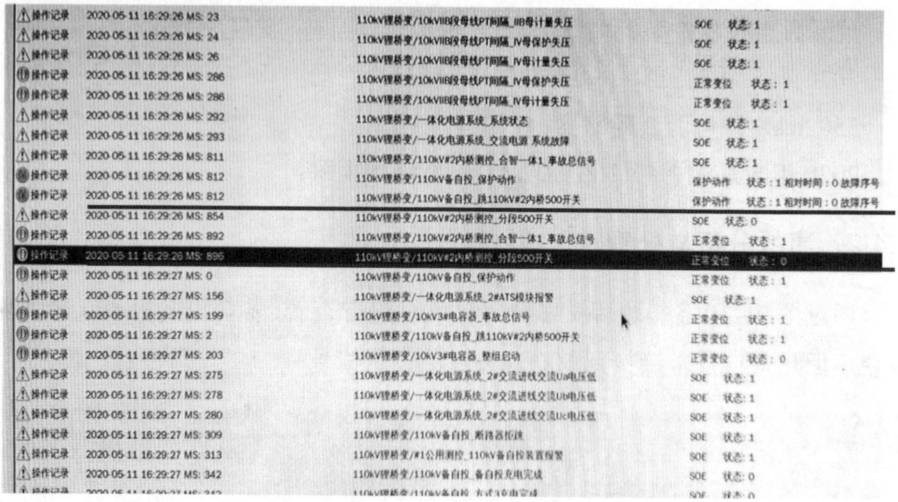

图 9-11　后台动作记录

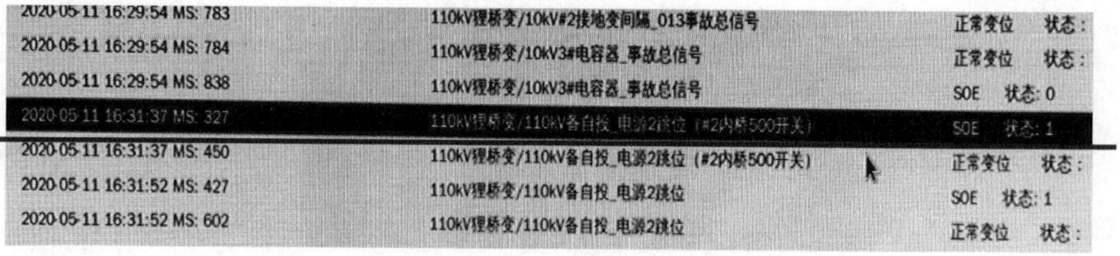

图 9-12　备自投接收记录

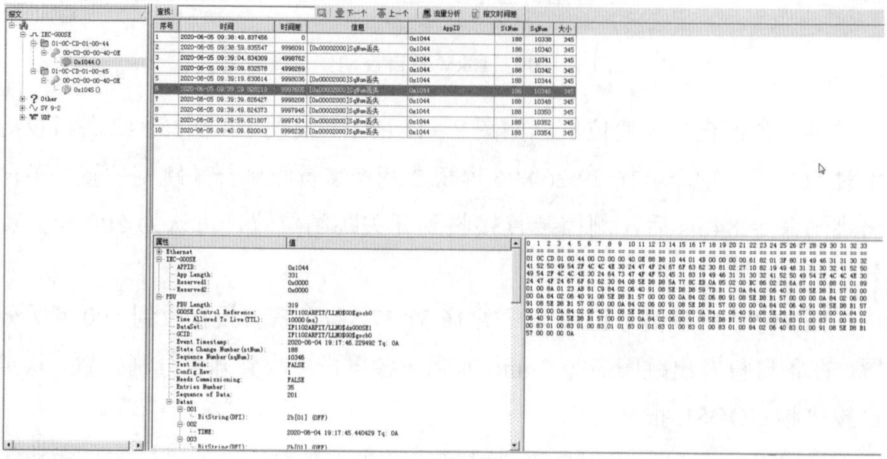

图 9-13　丢包分析记录

分析丢包原因为网口流量过大导致通道堵塞，无法进行信息处理，最终合智一体装置发出的报文存在丢帧的现象。从合智一体装置配置文件进行分析。

在调试初期，将 1 号插件的 SV 发送模块配置到 2 号插件上，从图 9－14 的配置上可以看出，SMV Tx 发送的 1 个数据即“IF1102AMUSV01/LLN0SVsmvcb0”，实际上应该发送是“IF1102AMUSV01/LLN0SVsmvcb1”，或者是，因为本身配置上所有的 SV 均从 1 号插件发送，因此 2 号本身也可以不配置 SV 发送。

```
OutVarName = B01.Czx.Goose_Reclose1

[SMV Tx]
numSmvCb = 1

[SMVCB1] ##2内桥合智一体1
[Common]
SvID = IF1102AMUSV01/LLN0$SV$smvcb0
ConfRev = 1
NoASDU = 1
NumofSmpdata = 44

[DstAddr]
Addr = 01-0C-CD-04-00-0E
Priority = 6
VID = 000
Appid = 400E

[DATA1] #B01 额定延迟时间
```

图 9－14　修改前配置文本

修改配置文件，如图 9－15 所示，不进行配置 SV 发送即可。

```
[SMV Tx]
numSmvCb = 0

[SMV Rx]
numSmvCb = 0
numInput = 0
```

图 9－15　修改后配置文本

再次抓取网络报文分析，报文分析软件提示各报文均正常，未出现红色告警信息，如图 9－16 所示。

针对现场进行多次试验验证，备自投已可以正确接收各开关位置，能够正确进行逻辑判断。

9.4.3　整改措施

智能变电站与常规变电站相比，其通信方式和采样模式都发生变化，因此，智能变电站保护装置、智能组件等二次设备，尤其是备自投更需要进行详细的验收和试验。针对此类问题提出了以下改进措施。

（1）制定完善的二次设备验收、检验流程。主要包含以下内容：

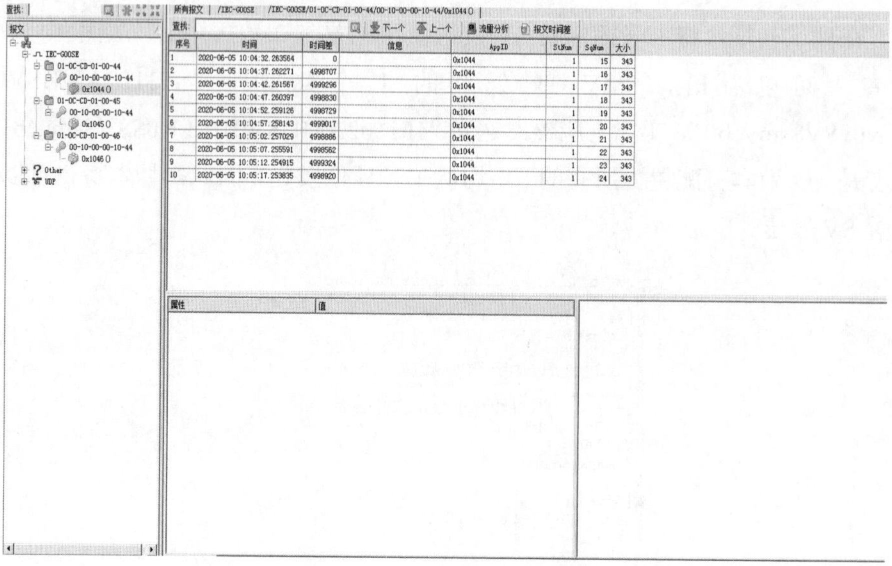

图 9－16　修改后抓包记录

1）外观检查。检查装置外观是否存在异常。

2）装置温度检查。检查装置运行温度是否异常。

3）装置电源检查。检查装置电源是否异常；检查在不同电源电压时装置运行状况。

4）二次回路检查。检查二次回路绝缘状况、电流回路、电压回路、信号回路等是否异常。

5）光纤回路检查。检查光纤回路衰耗是否异常。

6）网络报文检查。检查装置发送报文、接收报文是否异常。

7）装置配置检查。检查装置配置文件是否错误。

8）装置逻辑检查。检查装置逻辑程序是否异常。

9）压板检查。检查装置检修压板、软压板、硬压板是否异常。

10）系统运行检查。检查装置与故障录波系统等其他系统联网运行是否异常。

（2）加强工作人员对二次装置运维操作培训，提高运维人员的技术水平。根据变电站接线方式不同，二次装置尤其是备自投运行逻辑可能略有差异，需要运维人员在异常告警时进行仔细分析。在装置投运之前，对运维人员做好站内二次装置相关培训，并形成相关操作逻辑说明、装置异常说明、装置运行说明，有利于保持二次装置的稳定运行状态。便于运行人员及时发现并汇报处理二次装置的运行隐患，保障电网的安全运行。

9.5　CPU 内存数据出错造成智能终端告警的分析

9.5.1　现场异常告警情况

2022 年××月××日 10:12，××变电站 220kV 线路 B 套智能终端装置出现告警，装置告警灯点亮。运维人员断电重启装置后告警复归、告警灯熄灭，该智能终端恢复正常运行。

9.5.2　异常告警分析

根据智能终端告警情况，及时安排人员去现场处理，上召装置运行日志，发现日志中有“内存检测出错”，经分析，确认智能终端告警是由装置 CPU 插件内存数据出错引起，内存芯片如图 9－17 所示。

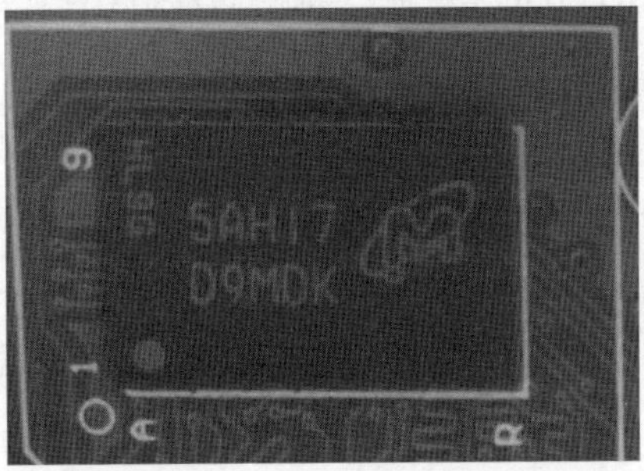

图 9－17　内存芯片

内存芯片内部高度集成，存在随机、不重复单个信息位错误的可能，各芯片厂家通过优化工艺设计、使用纠错码等技术，已极大降低了内存数据出错的概率，但内存数据出错问题仍无法完全避免。智能终端在早期的底层程序中增加了严格的告警机制和完备的防误机制。装置程序对内存数据出错处理机制如下：

（1）告警机制：装置上电后程序初始化，对内存中数据进行备份；装置运行过程中，程序使用“和校验”比对的方法不断检测内存数据，发现内存数据出错后，触发“内存检测出错”处理机制，装置告警并点亮告警灯；装置断电重启后恢复正常。

（2）防误机制：其一，装置核心出口逻辑固化于 CPU 插件的逻辑运算芯片中运行，不受外部内存芯片影响，外部内存芯片仅负责装置告警信号判断、装置运行事件记录、人机界面交互等；其二，装置出口逻辑采用双代码处理，对收到的保护 GOOSE 命令，在应用程序入口处一分为二，以相互独立代码进行运算，一个用于开放启动继电器，另一个用于跳合闸。两种防误措施相结合，从而确保了装置不会出现误动和拒动。

这与现场装置出现“内存检测出错”、装置告警不复归、断电重启后告警消失现象是一致的。

9.5.3 异常告警情况处理

为有效减少因内存数据出错引发装置告警的概率，通过升级智能终端 CPU 插件程序，增加内存数据出错纠正功能。

升级步骤和注意事项：

（1）退出智能终端的断路器跳闸、断路器遥分出口硬压板，确认相关保护、测控装置等都已做好投检修硬压板、退保护功能软压板和 GOOSE 出口压板的防护措施。

（2）投入智能终端装置检修硬压板。

（3）备份智能终端各插件版本信息。

（4）备份智能终端装置里的系统文件 config.txt、参数文件 setting.txt、配置文件 goose.txt 等。

（5）装置升级。

（6）断电重启装置，运行正常后，核对程序版本信息和装置参数。

（7）校正装置及相关装置 GOOSE 输入输出及相关功能。

（8）退出智能终端检修硬压板。

（9）确定本装置及相关联设备没有告警信号。

（10）退出相关保护、测控的检修硬压板、投保护功能软压板和 GOOSE 出口压板，恢复正常运行。

通过升级后，在智能终端底层程序中增加了内存数据出错纠正机制，优化了内存数据出错告警判据。即在装置运行过程中，程序对内存数据进行逐字节比对，发现内存数据出错后，纠正出错数据，并记录纠正次数，当纠正次数累积超过 5 次后，装置告警并点亮告警灯。

9.6　采样板程序异常造成 SV 断链的分析

9.6.1　现场异常告警情况

2018 年××月××日，220kV ××线路保护发生 SV 链路出错异常，现场检查光纤通道正常，在保护装置后能正常接收到合并单元发送的 SV 数据，确定保护装置采样插件异常，更换采样插件后恢复正常。

2018 年××月××日，××主变压器 A 套主变压器保护发生 SV 链路出错异常，现场检查光纤通道正常，在保护装置后能正常接收到合并单元发送的 SV 数据，确定保护装置采样插件异常，更换采样插件后恢复正常。

9.6.2　现场异常告警分析

故障插件返厂后进行全面分析，通过视检确认外观无明显问题；将故障插件重走单板测试流程，对板上各关键器件（包括 DSP、RAM 和 FPGA 等）进行功能测试，未发现异常。此外，将故障插件按现场配置组试验装置，进行 48h 循环的高低温压力试验，也未能复现异常现象。厂家人员通过对现场异常现象的分析，认为此采样插件的 FPGA 程序是导致此异常的可疑原因。进一步比较 FPGA 版本之间的差异，发现现场装置中的 FPGA 程序均为升级前的版本。进一步对程序的各组成部分进行纵向和横向的比较，经过共同元素的比较排除，发现新版本 FPGA 程序中增加了一级对 RAM 的控制信号的同步逻辑，此逻辑不影响 RAM 操作的功能行为，但恰好能解决现场的断链故障。

网络接收允许接收列表在 FPGA 内部以 RAM 的形式存储，在系统初始化阶段由软件写入至 FPGA 内，在长期运行过程中，由于 RAM 的地址信号未做同步化处理，出现亚稳态行为，导致 RAM 内容在没有实际写行为的情况下被改写。通过提高 FPGA 内部 RAM 信号的亚稳态出现的概率的方法来加速异常现象的复现，最终观察到了与现场行为一致的异常现象，RAM 的内容在没有写操作的情况下发生了变化，从而导致网络数据允许接收列表内容与实际接收的报文不一致，出现断链现象。

9.6.3 异常告警情况处理

为保证保护装置正常采集电流电压，消除SV断链的可能，结合停电检修机会，对相关保护进行软件升级，以消除该问题。

升级步骤和注意事项：

（1）退出保护，并做好安全措施。

（2）进行更换程序工作的人员做好防静电措施。

（3）打印原装置的定值清单，保存定值清单、保存CID配置文本、保存过程层配置文本。

（4）下装升级后的程序（可通过工具软件进行程序烧录或者采用电子盘的方式进行升级）。

（5）装置重启后运行灯应点亮，检查装置的版本号、校验码、程序形成时间是否为升级后的程序信息。

（6）打印定值单，核对定值，确保无误。

（7）还原后台通信配置文本和过程层文本。

（8）对保护装置进行功能校验、开关传动。

9.7 光纤配线架光纤衰耗大造成主变压器保护异常的分析

9.7.1 现场异常告警情况

××××年××月××日，220kV ××变电站2号主变压器B套保护装置异常、告警灯点亮，现场复归不掉，D5000系统发“2号主变压器第二套保护装置运行异常”信号，如图9-18所示。检修人员现场调取2号主变压器保护告警报告，发现告警原因为SV2板光口1（低压侧SV直采）接收光功率越下限，如图9-19所示，测试合智一体至2号主变压器B套保护之间光功率，发现2号主变压器B套合智一体直采尾纤光功率正常，但在2号主变压器B套保护光纤配线架处测试该光缆共计16芯光纤线芯衰耗均过大。

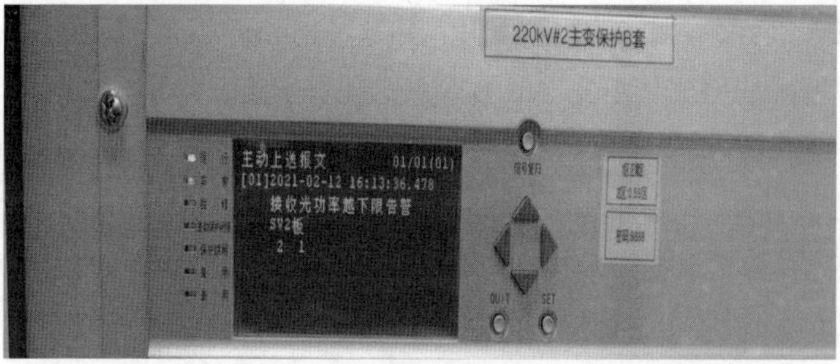

图 9－18　缺陷消除前，2 号主变压器 B 套保护装置运行异常

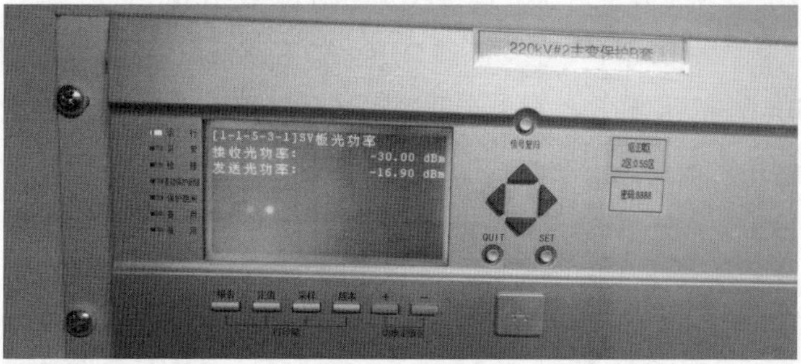

图 9－19　缺陷消除前，2 号主变压器 B 套保护装置低压侧 SV 采样接收光功率

9.7.2　现场异常告警检查分析

现场调取 2 号主变压器保护告警报告，发现告警原因为 SV2 板光口 1（低压侧 SV 直采）接收光功率越下限，通过查看装置光口光强信息，发现光口 1 接收光功率为－33dBm，超过保护装置接收功光率下限值（－31dBm），故发此异常信号。

测试 2 号主变压器 B 套合智一体至 2 号主变压器 B 套保护之间光纤链路功率，发现 2 号主变压器 B 套合智一体直采尾纤衰耗正常，但在 2 号主变压器 B 套保护光纤配线架处测试该光缆共计 16 芯光纤线芯衰耗均过大，纤芯接收光功率最小为－27.2dBm（用途为 2 号主变压器保护直跳低压侧开关），亦不能满足保护装置运行可靠性要求。选取衰耗测试相对较小的纤芯（－30dBm）更换后，2 号主变压器 B 套保护异常信号消失。

第二天，调度通知该异常信号频繁动作复归，检修人员再次赴现场进行处理。测试 2 号主变压器 35kV 侧 3502 开关柜内第一组光纤配线架至 2 号主变压器 A 套保护光纤配线架光纤纤芯衰耗，均在－18dBm 以下，可满足保护正常运行要求。现场采取将 2 号主变压器 B 套保护尾纤（低压侧 SV 直采以及直跳低压侧开关）环至 2 号主变压器 A 套保护光纤配线架解决方案进行临时处理，更换后光纤纤芯衰耗在正常范围，“保护装置运行异常”信号复归。

现场对 1、2 号主变压器共计 4 套保护进行接收光功率检查，发现 1 号主变压器 A 套、B 套保护低压侧 SV 直采以及直跳低压侧开关光纤衰耗衰耗均较大，均可能出现接收功率越下限情况，不能满足保护装置运行可靠性要求。1 号主变压器 A 套保护直跳低压侧开关光纤接收光功率为－29dBm，低压侧 SV 直采光纤接收光功率为－28dBm；1 号主变压器 B 套保护直跳低压侧开关光纤接收光功率为－27.21dBm，低压侧 SV 直采光纤接收光功率为－27.69dBm，如图 9－20～图 9－22 所示。

图 9－20　1 号主变压器 A 套保护装置低压侧 SV 采样/直跳 GOOSE 接收光功率
（B09 端口 3 为直跳 GOOSE 接收光口，端口 4 为低压侧 SV 采样光口）

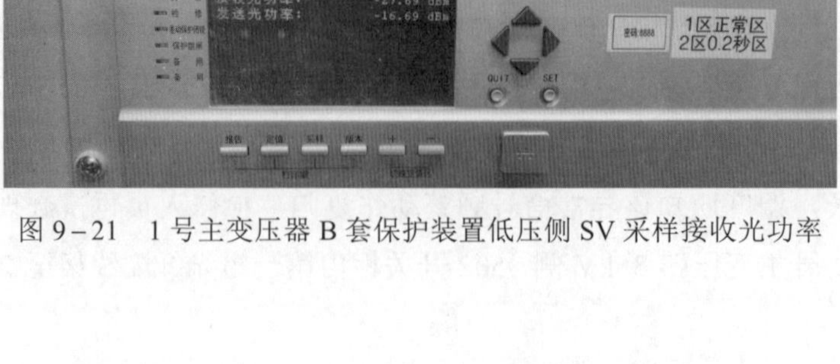

图 9－21　1 号主变压器 B 套保护装置低压侧 SV 采样接收光功率

图 9－22　1 号主变压器 B 套保护装置低压侧直跳 GOOSE 接收光功率

将 1 号主变压器 35kV 侧 3501 开关转检修后，工作人员对 3501 开关柜至 1 号主变压器 A、B 套保护共计 32 芯光纤进行测试，发现全部光纤纤芯接收光功率均在－28dBm 以上，光纤衰耗大。工作人员对光纤配线架光纤重新熔接后，衰耗过大情况无明显改善，再将 3501 开关合智一体尾纤直接熔接至主变压器保护光缆后（跨过 3501 开关柜内光纤配线架），测试光纤衰耗正常。

综合以上现象，判断造成光纤衰耗较大的原因为光纤配线架产品质量较差，更换新的光纤配线架并重新熔接后，测试光纤纤芯接收光功率正常，均在－19dBm 以下。

现场对原开关柜内存在问题的光纤配线架 1、2 号芯熔接，对其进行试验验证。如图 9－23 所示，将 1 号芯接至测试源（光功率为－19.01dBm），经 1、2 号芯后测试光功率为－30.77dBm，试验结果证实经光纤配线架后，光纤接收光功率衰耗明显过大，光纤配线架即为造成衰耗异常的根源。

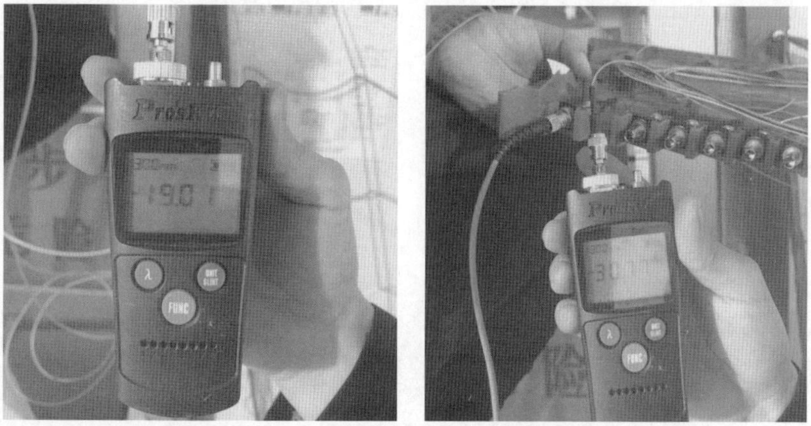

图 9－23　经光纤配线架前后，接收光功率对照

9.7.3 异常告警情况处理

对 1、2 号主变压器共计 6 组光纤配线架（1 号主变压器 4 组，2 号主变压器 2 组）进行更换，3502 开关柜前两组光纤配线架测试光功率正常，更换后整理开关柜及 1 号主变压器保护柜光纤配线架光纤，并检查保护装置低压侧 SV 直采以及直跳低压侧开关光纤接收光功率，均在正常范围。恢复送电后，检查 1、2 号主变压器保护装置采样正常，保护及合智一体运行正常。

后期整改措施：

（1）进一步加强光纤配线架产品质量把关，产品须出具出厂测试报告、合格证明，不合格产品禁止进入系统。

（2）设备安装调试单位须出具光纤衰耗的测试报告。为防范类似事件的再次发生，在以后的二次设备验收中，加强对保护及自动化设备光纤衰耗项的把关。

参 考 文 献

[1] 国家能源局. 继电保护器和安全自动装置通用技术条件：DL/T 478—2013 [S]. 2013.

[2] 国家能源局. 电力系统动态记录装置通用技术条件：DL/T 553—2013 [S]. 2013.

[3] 国家能源局. 备用电源自动投入装置技术条件：DL/T 526—2013 [S]. 2013.

[4] 国家能源局. 继电保护和电网安全自动装置检验规程：DL/T 995—2016 [S]. 2016.

[5] 中华人民共和国国家质量监督检验检疫总局. 智能变电站继电保护通用技术条件：GB/T 32901—2016 [S]. 2016.

[6] 中华人民共和国国家质量监督检验检疫总局. 智能变电站时间同步系统及设备技术规范：GB/T 33591—2017 [S]. 2017.

[7] 中华人民共和国国家质量监督检验检疫总局. 智能变电站继电保护检验测试规范：GB/T 34871—2017 [S]. 2017.

[8] 中华人民共和国国家质量监督检验检疫总局. 继电保护及二次回路安装及验收规范：GB/T 50976—2014 [S]. 2014.

[9] 中华人民共和国国家质量监督检验检疫总局. 智能变电站工程调试及验收标准（附条文说明）：GB/T 51420—2020 [S]. 2020.

[10] 国家电网公司. 智能变电站智能终端技术规范：Q_GDW 428—2010 [S]. 2010.

[11] 国家电网公司. 电子式电压互感器技术规范：Q_GDW 425—2010 [S]. 2010.

[12] 国家电网公司. 智能变电站继电保护技术规范：Q_GDW 441—2010 [S]. 2010.

[13] 国家电网公司. 智能变电站调试规范：Q_GDW 689—2012 [S]. 2012.

[14] 国家电网公司. 智能变电站网络报文记录及分析装置技术条件：Q_GDW 715—2012 [S]. 2012.

[15] 国家电网公司. 线路保护及辅助装置标准化一设计规范（含编制说明）：Q_GDW 1161—2014 [S]. 2014.

[16] 国家电网公司. 变压器、高压并联电抗器和母线保护及辅助装置标准化设计规范：Q_GDW 1175—2013 [S]. 2013.

[17] 国家电网公司. IEC61850 工程继电保护应用模型：Q_GDW 1396—2012 [S]. 2012.

[18] 国家电网公司. 智能站合并单元技术规范条件：Q_GDW 1426—2016 [S]. 2016.

[19] 国家电网公司. 智能变电站继电保护通用技术条件：Q_GDW 1808—2012 [S]. 2012.

[20] 国家电网公司. 继电保护状态检修导则：Q_GDW 1806—2013 [S]. 2013.
[21] 国家电网公司. 电子式电流互感器技术规范：Q_GDW 1847—2012 [S]. 2012.
[22] 国家电网公司. 电子式电压互感器技术规范：Q_GDW 1848—2012 [S]. 2012.
[23] 国家电网公司. 模拟量输入式合并单元检测规范：Q_GDW 11015—2013 [S]. 2013.
[24] 国家电网公司. 智能变电站二次系统标准化现场调试规范：Q_GDW 11145—2014 [S]. 2014.
[25] 何磊. IEC61850 应用入门 [M]. 北京：中国电力出版社，2012. 4.
[26] 国家电力调度通信中心. 国家电网公司继电保护培训教材（上册）[M]. 北京：中国电力出版社，2009.
[27] 国家电力调度通信中心. 国家电网公司继电保护培训教材（下册）[M]. 北京：中国电力出版社，2009.